光伏发电站设计与施工技术研究

张云川 ◎ 著

吉林科学技术出版社

图书在版编目(CIP)数据

光伏发电站设计与施工技术研究 / 张云川著. -- 长春 : 吉林科学技术出版社, 2022.4
ISBN 978-7-5578-9298-2

Ⅰ. ①光… Ⅱ. ①张… Ⅲ. ①光伏电站－设计②光伏电站－工程施工 Ⅳ. ①TM615

中国版本图书馆 CIP 数据核字(2022)第 072750 号

光伏发电站设计与施工技术研究

著　张云川
出版人　宛　霞
责任编辑　钟金女
封面设计　北京万瑞铭图文化传媒有限公司
制　版　北京万瑞铭图文化传媒有限公司
幅面尺寸　185mm×260mm
开　本　16
字　数　324 千字
印　张　14.25
印　数　1–1500 册
版　次　2023年1月第1版
印　次　2023年1月第1次印刷

出　版　吉林科学技术出版社
发　行　吉林科学技术出版社
地　址　长春市南关区福祉大路5788号出版大厦A座
邮　编　130118
发行部电话/传真　0431-81629529　81629530　81629531
81629532　81629533　81629534
储运部电话　0431-86059116
编辑部电话　0431-81629510
印　刷　廊坊市印艺阁数字科技有限公司

书　号　ISBN 978-7-5578-9298-2
定　价　69.00 元

前言

近年来，在国家光伏发电产业相关政策的有力推动下，我国光伏产业发展变化巨大，全产业链的产品产能、质量和技术都有了长足的发展和进步，系统成本逐年下降，应用领域持续扩大。在大型地面光伏电站为国内的光伏发电带来令人瞩目的装机容量和市场地位的同时，分布式光伏发电在各地的安装和应用也遍地开花、如火如荼。

政府和城乡居民都在利用太阳能光伏发电积极开展光伏农业、光伏扶贫、光伏养老、家庭及工商业屋顶发电等多种形式的推广和应用，广大用户对太阳能光伏发电这一绿色能源从逐步认识了解到接触认可，再到纷纷拥有自己的各类太阳能光伏电站，既是传统电力的消费者，又是新能源电力的生产者。这些践行者不仅感受到了太阳能光伏发电带来的投资回报和稳定收益，更重要的是他们以实际行动参与到了清洁能源的利用和绿色环保的社会生活中，在享受最时尚的绿色生活的同时，为保护环境、建设绿水青山做出了贡献。

针对太阳能光伏发电产业突飞猛进的发展和新能源光伏发电的大面积推广应用，为使广大读者能全面了解和参与到太阳能光伏发电的实际工作中，尽快成为行家里手，本书从太阳能发电的原理出发，对太阳能光伏发电设备、光伏发电站接入电网要求、方阵结构、整体设计、现场施工及安装调试等内容做了详细的探讨，书中主要通过言简意赅的语言、丰富全面的知识点以及系统的结构，对光伏发电站设计与施工进行了全面且深入地分析与研究，充分体现了科学性、发展性、实用性、针对性等显著特点，对光伏发电站的设计与施工提供有益的借鉴。

撰写本书过程中，参考和借鉴了一些知名学者和专家的观点及论著，在此向他们表示深深的感谢。由于水平和时间所限，书中难免会出现不足之处，希望各位读者和专家能够提出宝贵意见，以待进一步修改，使之更加完善。

目录

第一章 太阳能发电的原理

第一节 能量与能源

无论何种能量，最终利用其为我们工作、生活服务，但一次能源往往无法直接利用，只能将其转化为二次能源。为了节能减排的需要、经济发展的需要，必须大力发展新能源特别是太阳能。

一、能量及其转化

构成客观世界的三大基础是物质、能量和信息。

物体之所以会运动，从一种状态到另一种状态，就是物体内存在着能量的缘故。所以能量是各种物质的属性，是一切物质运动的动力，没有能量，物质就停止呆滞。

从热力学的角度看，能量是物质运动的度量，运动是物质存在的方式，因此一切物质都有能量。能量所具有的六种主要形式是机械能、热能、电能、辐射能、化学能和核能。其中热能和电能是能量利用的最基本形式。

能量守恒和转换定律指出："自然界的一切物质都具有能量，能量既不能创造也不能消灭，只能从一种形式转换成另一种形式，从一个物体传递到另一个物体；在能量的转换与传递过程中，能量的总量恒定不变。"

能量转化是一个普遍的现象，自然界中物质运动形式的变化总伴随着能量的相互转化。自然界进行的能量转换过程是有方向性的。

不需要外界帮助就能自动进行的过程称为自发过程，反之为非自发过程。自发过程都有一定的方向，如水总是从高处向低处流，气体总是从高压向低压膨胀，热量总是从高温物体向低温物体传递。严格地说能量的转化和转移是有区别的。通常不同形式的能量发生的是转化；同一形式的能量在不同物体间或同一物体的不同部分间发生的是转移。

二、能源

（一）能源的含义

在自然界里有一些自然资源本身就拥有某种形式的能量，它们在一定条件下转换成人们所需要的能量形式，这种自然资源就是能源，如煤、石油、天然气、太阳能、风能、水能、核能等。

能源是人类活动的物质基础。从某种意义上讲，人类社会的发展离不开优质能源的出现和先进能源技术的利用。在当今世界，能源的发展，能源和环境，是全世界、全人类共同关心的问题，也是我国社会经济发展的重要问题。

能源也称为能量资源。关于能源的定义，目前约有20种。《科学技术百科全书》定义为“能源是可从其获得热、光和动力之类能量的资源”；《大英百科全书》定义为“能源是一个包括所有燃料、流水、阳光和风的术语，人类用适当的转换手段便可让它为自己提供所需的能量”；我国的《能源百科全书》定义为“能源是可以直接或经转换提供人类所需的光、热、动力等任一形式能量的载能体资源”。可见，能源是一种呈多种形式的，且可以相互转换的能量的源泉。确切而简单地说，能源是自然界中能为人类提供某种形式能量的物质资源。

（二）能源和自然资源的区别

在能源和自然资源的概念中，二者的区别如下。（1）能源和自然资源的概念外延是交叉关系。即有一些自然资源不属于能源，如铁矿石、铝土等；而有一些自然资源本身也属于能源，如煤、石油、天然气等；另外有一些能源就不属于自然资源，如核电、水电、火电等。（2）自然资源直接来源于自然界，而且具有自然属性；而能源则不同，它既可以直接来源于自然界，又可以间接来源于自然界，既具有自然属性又具有经济属性。

（三）能源的分类

能源种类繁多，经过人类不断开发与研究，更多新型能源不断为人们所认识，并开始满足人类的需求。根据不同的划分方式，能源可分为不同的类型。

1. 根据产生的方式及是否可以再利用分类

首先根据产生的方式以及是否可以再利用，能源可分为一次能源和二次能源、可再生能源和不可再生能源。

（1）一次能源

一次能源是从自然界取得的未经任何加工或转换的能源，包括可再生的水力资源和不可再生的煤炭、石油、天然气资源，其中水、石油和天然气是一次能源的核心，它们成为全球能源的基础；除此之外，太阳能、风能、地热能、潮汐能、生物能以及核能等可再生能源也属一次能源的范围。

（2）二次能源

二次能源是一次能源经过加工或转换得到的能源，包括电力、煤气、汽油、柴油、焦炭、洁净煤、激光和沼气等。一次能源转换成二次能源会有能量损失，但二次能源有更高的终端利用效率，也更清洁和便于使用。

（3）可再生能源

可再生能源是指自然界中在一定时期内可以不断再生、永续利用、取之不尽、用之不竭的资源，它对环境无害或危害极小，而且资源分布广泛，适宜就地开发利用。可再生能源主要包括太阳能、风能、水能、生物质能、地热能和海洋能等。

（4）不可再生能源

不可再生能源泛指人类开发利用后，在现阶段不可能再生的能源资源。如煤和石油都是古生物的遗体被掩压在地下深层中，经过漫长的地质年代而形成的（故也称为“化石能源”），一旦被燃烧耗用后，不可能在数百年乃至数万年内再生，因此称为“不可再生能源”。

2. 根据能源消耗后是否造成环境污染分类

根据能源消耗后是否造成环境污染可分为污染型能源和清洁型能源，污染型能源包括煤炭、石油等，清洁型能源包括水力、电力、太阳能、风能以及核能等。

清洁能源也称绿色能源，它有狭义和广义两种概念。狭义的清洁能源是指可再生能源，如水能、生物能、太阳能、风能、地热能和海洋能。这些能源消耗之后可以恢复补充，很少产生污染。广义的清洁能源则是指在能源的生产及其消费过程中，对生态环境低污染或无污染的能源，如天然气、清洁煤（将煤通过化学反应转变成煤气或“煤”油）和核能等。

3. 根据能源使用的类型分类

根据能源使用的类型分为常规能源和新型能源。

（1）常规能源

常规能源是在现有经济和技术条件下，已经大规模生产和广泛使用的能源，包括一次能源中的可再生的水力资源和不可再生的煤炭、石油、天然气、核裂变能等。

（2）新型能源

新型能源是在新技术上系统开发利用的能源，包括太阳能、风能、地热能、海洋能、生物能以及用于核能发电的核燃料等。新能源大部分是天然和可再生的，是未来世界持久能源系统基础。

4. 其他分类

能源也可分为商品能源和非商品能源。

（1）商品能源

商品能源是作为商品流通环节大量消耗的能源，目前主要有煤炭、石油、天然气、水电和核电五种。

（2）非商品能源

非商品能源是就地利用的薪柴、秸秆等农业废弃物及粪便等能源，通常是可再生的。非商品能源在发展中国家农村地区的能源供应中占有很大比重。

随着全球各国经济发展对能源需求的日益增加，现在许多发达国家都更加重视对可再生能源、清洁能源以及新型能源的开发与研究；同时我们也相信随着人类科学技术的不断进步，专家们会不断开发研究出更多新能源来替代现有能源，以满足全球经济发展与人类生存对能源的高度需求，而且我们能够预计地球上还有很多尚未被人类发现的新能源正等待我们去探寻与研究。

（四）能源转换

能源转换是指为了适应生产和生活的需要，改变能源物理形态的能源生产工艺过程。能源转换一般是将一级能源转变成二级能源。一级能源是从自然界直接取得的能源，如流过水坝的水，采出的原油、原煤、天然气和天然铀矿等。自然界中能够直接用作终端能源（即通过用能设备供消费者使用的能源）使用的一级能源很少，天然气是少数几种可作为终端能源使用的一级能源之一。二级能源是经一级能源转换得到的，能作为终端能源使用，例如电能、煤气、液化气和油制气等。

自然界的能源，人类一般很难直接利用。能源转换可以让我们重复多次使用能源或者更加符合实际需求使用能源，因此生活离不开能源转换。人类利用能源的过程，就是对能量进行转换和传递的过程。其方式一般有六种。

1. 从燃料到热能

作为能源使用的化石燃料一般都要经过燃烧而转化为热能，热能可以直接利用，也可以通过热机转化为机械能，再通过发电机进一步转化为电能，例如煤经过燃烧就将化学能转变成热能。

2. 从热能到机械能

从热能到机械能就是把热能通过热机转化为机械能，机械能可以直接利用，例如带动蒸汽机车、带动发电机等。

3. 从机械能到机械能

从机械能到机械能就是把一种形式的机械能转化成另一种形式的机械能，例如利用风能、水能等带动风车、水轮机等。

4. 从机械能到电能

从机械能到电能就是利用机械能带动发电机产生电能，例如风能发电、水能发电、内燃机发电等。

5. 从电能到热能、光能、机械能

电能是人们利用最广泛的能源，例如用电能可以带动电炉，使电灯发光、电动机转动等。

6. 从光能到电能

例如利用太阳能发电。

（五）中国的能源状况

中国目前是世界上第二位能源生产国和消费国。能源供应持续增长，为经济社会发展提供了重要的支撑。能源消费的快速增长，为世界能源市场创造了广阔的发展空间。中国已经成为世界能源市场不可或缺的重要组成部分，对维护全球能源安全，正在发挥着越来越重要的积极作用。我国政府正在以科学发展观为指导，加快发展现代能源产业，坚持节约资源和保护环境的基本国策，把建设资源节约型、环境友好型社会放在工业化、现代化发展战略的突出位置，努力增强可持续发展能力，建设创新型国家，继续为世界经济发展和繁荣做出更大贡献。

1. 能源发展现状

我国能源资源总量比较丰富，特别拥有较为丰富的化石能源资源。其中，煤炭占主导地位。

2. 面临的问题

（1）人均能源资源与人均消费量不足

我国虽然有丰富多样的能源资源，但由于人口众多，导致人均能源资源相对不足。

（2）能源资源分布不均

我国煤炭资源的 64% 集中在华北地区，水电资源约 70% 集中在西南地区，而能源消耗地则分布在东部经济较发达地区，因此“北煤南运”“西气东送”“西电东送”的不合理格局将长期存在，造成能源输送损失和过大的运输建设投资。

（3）能源构成以煤为主

我国能源生产和消费构成中煤占有主要地位。煤炭在我国目前一次能源消费总量中占 70% 以上，全国直接燃烧煤炭占总煤耗量的约 84%；与世界能源构成相比，我国煤炭的比重比世界平均水平高 1 倍以上。

（4）工业部门消耗能源占有很大的比重

我国工业部门消耗能源的比重最大，商业和民用消耗次之，交通运输和农业生产消耗较小。与工业国家相比，我国工业部门耗能比重过大，这种能耗比例关系反映了我国工业生产中的工艺设备落后，能源管理水平低。

（5）农村能源短缺，以生物质能为主

据统计，中国农村生活用能的 2/3 依靠薪柴和秸秆，煤炭供应不足，优质油、气能源的供应严重短缺，农村人口生活用煤过少。

（6）能源资源开发难度较大

中国煤炭资源地质开采条件较差，大部分储量需要井工开采，极少量可供露天开采。石油天然气资源地质条件复杂，埋藏深，勘探开发技术要求较高。未开发的水力资源多集中在西南部的高山深谷，远离负荷中心，开发难度和成本较大。非常规能源资源勘探程度低，经济性较差，缺乏竞争力。

（7）以煤为主的能源结构不合理

由于大量燃煤会严重污染环境，会导致能源效率低下，交通运输压力增大，能源供应不安全，所以这种能源结构亟待调整。

三、环境保护

环境保护是指人类为解决现实的或潜在的环境问题，协调人类与环境的关系，保障经济社会的持续发展而采取的各种行动的总称。其方法和手段有工程技术的、行政管理的，也有法律的、经济的、宣传教育的等。其内容主要有如下几方面：（1）防治由生产和生活活动引起的环境污染，包括防治工业生产排放的“三废”（废水、废气、固体废物）、粉尘、放射性物质以及产生的噪声、振动、恶臭和电磁微波辐射，交通运输活动产生的有害气体、废液、噪声，海上船舶运输排出的污染物，工农业生产和人民生活使用的有毒有害化学品，城镇生活排放的烟尘、污水和垃圾等造成的污染。(2)防止由建设和开发活动引起的环境破坏，包括防止由大型水利工程、铁路、公路干线、大型港口码头、机场和大型工业项目等工程建设对环境造成的污染和破坏，农垦和围湖造田活动、海上油田、海岸带和沼泽地的开发、森林和矿产资源的开发对环境的破坏和影响，新工业区、新城镇的设置和建设等对环境的破坏、污染和影响。(3)保护有特殊价值的自然环境，包括对珍稀物种及其生活环境、特殊的自然发展史遗迹、地质现象、地貌景观等提供有效的保护。

另外，城乡规划、控制水土流失和沙漠化、植树造林、控制人口的增长和分布、合理配置生产力等，也都属于环境保护的内容。环境保护已成为当今世界各国政府和人民的共同行动和主要任务之一。我国则把环境保护确定为我国的一项基本国策，并制定和颁布了一系列环境保护的法律法规，以保证这一基本国策的贯彻执行。

四、循环经济

企业生产、产品消费及其废弃的全过程中，把传统的依赖资源消耗的线形增长的经济，转变为依靠生态型资源循环来发展的经济称为循环经济。循环经济要求以资源的高效利用和循环利用为目标，以“减量化、再利用、资源化”为原则，以物质闭路循环和能量梯次使用为特征，按照自然生态系统物质循环和能量流动方式运行的经济模式。它要求运用生态学规律来指导人类社会的经济活动，其目的是通过资源高效和循环利用，实现污染的低排放甚至零排放，保护环境，实现社会、经济与环境的可持续发展。循环经济是把清洁生产和废弃物的综合利用融为一体的经济，本质上是一种生态经济，它要求运用生态学规律来指导人类社会的经济活动。

五、可持续发展

“可持续发展”的概念，最先是20世纪70年代在斯德哥尔摩举行的联合国人类环境研讨会上正式提出。最广泛采纳的定义是在20世纪80年代由世界环境及发展委员会所发表的布特兰报告书上提出的，即既满足当代人的需求，又不对后代人满足其需求的能力构成危害的发展。这是一个密不可分的系统，既要达到发展经济的目的，又要保护好人类赖以生存的大气、淡水、海洋、土地和森林等自然资源和环境，使子孙后代能够永续发展和安居乐业。可持续发展与环境保护既有联系，又不等同。环境保护是可持续发展的重要方面。可持续发展的核心是发展，但要求在严格控制人口、提高人口素质和保护环境、资源永续利用的前提下进行经济和社会的发展。

六、能源的可持续发展

我国将“提高效率，保护环境，保障供给，持续发展”作为中国能源发展战略的构建依据，也就是说节能效率优先，环境发展协调，内外开发并举，以煤炭为主体、电力为中心，油气和新能源全面发展，以能源的可持续发展和有效利用支持经济社会的可持续发展。

七、节能减排

节能减排指的是减少能源浪费和降低污染物排放。

（一）实行节能减排的意义

我国经济近期增长快速，各项建设取得了巨大成就，但同时也付出了巨大的资源和环境代价，经济发展与资源环境的矛盾日趋尖锐，群众对环境污染问题反应强烈。这种状况与经济结构不合理、增长方式粗放直接相关。不加快调整经济结构、转变增长方式，将导致资源支撑不住，环境容纳不下，社会承受不起，经济发展难以为继的局面。只有坚持节约发展、清洁发展、安全发展，才能实现经济又好又快发展。同时，温室气体排放引起全球气候变暖，备受国际社会广泛关注。进一步加强节能减排工作，也是应对全球气候变化的迫切需要，是我们应该承担的责任。

（二）节能减排的工作重点

1. 要加快产业结构调整

要大力发展第三产业，以专业化分工和提高社会效率为重点，积极发展生产性服务业；以满足人们需求和方便群众生活为中心，发展生活性服务业；要大力发展高新技术产业，坚持走新型工业化道路，促进传统产业升级，提高高新技术产业在工业中的比重。积极实施“腾笼换鸟”战略，加快淘汰落后的生产能力、工艺、技术和设备；对不按期淘汰的企业，要依法责令其停产或予以关闭。

2. 要大力发展循环经济

要按照循环经济理念，加快园区生态化改造，推进生态农业园区建设，构建跨产业生态链，推进行业间废物循环。要推进企业清洁生产，从源头减少废物的产生，实现由末端治理向污染预防和生产全过程控制转变，促进企业能源消费、工业固体废弃物、包装废弃物的减量化与资源化利用，控制和减少污染物排放，提高资源利用效率。

3. 要强化技术创新

组织培育科技创新型企业，提高区域自主创新能力。加强企业与科研院校合作，构建技术研发服务平台，着力抓好技术标准示范企业建设。围绕资源高效循环利用，积极开展替代技术、减量技术、再利用技术、资源化技术、系统化技术等关键技术研究，突破制约循环经济发展的技术瓶颈。

4. 要加强组织领导，健全考核机制

成立发展循环经济建设节约型社会工作机构，研究制定发展循环经济建设节约型社会的各项政策措施。设立发展循环经济建设节约型社会专项资金，重点扶持循环经济发展项目、节能降耗活动、减量减排技术创新补助等。把万元生产总值、化学需氧量和二氧化硫排放总量纳入国民经济和社会发展年度计划；建立健全能源节约和环境保护的保障机制，将降耗减排指标纳入政府目标责任和干部考核体系。

八、新能源

新能源从广义上讲，就是指有别于传统依靠矿物质原料燃烧的能源，如太阳能、风能、生物质能、核能、潮汐能等。

当代社会最广泛使用的能源是煤炭、石油、天然气和水力，特别是石油和天然气的消耗量增长迅速，已占全世界能源消费总量的60%左右。但是，石油和天然气的储量是有限的，而煤炭资源虽然远比石油和天然气资源丰富，但是直接使用煤炭严重污染环境，因此亟须研究把煤炭转化成为气体或液体燃料的技术。将目前的以化石能源为基础的常规能源系统，逐步过渡到持久的、多样化的、可以再生的新能源系统，以避免能源危机的出现。

目前，部分可再生能源利用技术已经取得了长足的发展，并在世界各地形成了一定的规模。生物质能、太阳能、风能以及水力发电、地热能等的利用技术已经得到了应用。

目前可再生能源在一次能源中的比例总体上偏低，一方面是与不同国家的重视程度与政策有关，另一方面与可再生能源技术的成本偏高有关，尤其是技术含量较高的太阳能、生物质能、风能等。据IEA的研究预测，在未来可再生能源发电的成本将大幅度下降，从而增加它的竞争力。可再生能源利用的成本与多种因素有关，因而成本预测的结果具有一定的不确定性。但这些预测结果表明了可再生能源利用技术成本将呈不断下降的趋势。

我国政府高度重视可再生能源的研究与开发，并制定颁布了《中华人民共和国可再生能源法》，重点发展太阳能光热利用、风力发电、生物质能高效利用和地热能的利用。近年来在国家的大力扶持下，我国在风力发电、海洋能发电以及太阳能利用等领域都取得了很大的进展。

新能源（或称可再生能源）主要有太阳能、风能、地热能、生物质能等。生物质能在经过了几十年的探索后，国内外许多专家都表示这种能源方式不能大力发展，它不但会抢夺人类赖以生存的土地资源，更会导致社会不健康发展；地热能的开发和空调的使用具有同样特性，如大规模开发必将导致区域地面表层土壤环境遭到破坏，必将引起再一次的生态环境变化；而风能和太阳能对于地球来讲是取之不尽、用之不竭的健康能源，它们必将成为今后替代能源的主流。

随着能源危机日益临近，新能源已经成为今后世界上的主要能源之一。其中太阳能已经逐渐走入我们寻常的生活，可是它们作为新能源如何在实际中去应用？新能源的发展究竟会是怎样的格局？这些问题将是我们在今后很长时间里需要探索的。

九、分布式能源

分布式能源系统是相对于传统集中式供能的能源系统而言的，传统的集中式供能系统采用大容量设备、集中生产，然后通过专门的输送设施（大电网、大热网等）将各种能量输送到较大范围的众多用户；而分布式能源系统则是直接面向用户，按用户的需求就地生产并供应能量，是具有多种功能，可满足多重目标的中小型能源转换利用的系统。

（一）分布式能源系统的特征

（1）直接面向当地用户的需求，布置在用户附近，简化能源的输送环节，进而减少能量输送成本，同时增加用户能量供应的安全性。（2）系统受用户需求的制约，相对于传统的集中式供能系统而言均为中、小容量。（3）随着经济、不同能源技术的发展和成熟，可供选择技术也日益增多。（4）通过选择合适的技术，经过系统优化和整合，可以更好地同时满足用户多种要求（如高效、可靠、经济、环保、可持续发展等），实现多个功能目标。

（二）分布式能源系统的分类

分布式能源系统的核心及重要组成部分是分布式冷热电联产系统，其种类繁多。

1. 按能源利用形式分类

有化石能源、可再生能源以及这两种能源互补的分布式冷热电联产系统。

2. 按热机类型分类

有燃气轮机、内燃机、汽轮机、斯特林发动机以及燃料电池等分布式冷热电联产系统。

3. 按系统规模分类

有楼宇型、区域型、产业型和城市型分布式冷热电联产系统等。

（三）分布式供能冷热电联产系统

1. 组成

分布式供能冷热电联产系统是指在用户附近，以小规模、分散式的方式布置，可独立输出电、冷或热量的系统。目前，分布式供能冷热电联产系统主要是由以液体或气体为燃料的内燃机、燃气轮机、各种工程用的燃料电池、余热锅炉、蒸汽轮机、溴化锂冷热水机组等有机组合起来的高效率的环保型冷热电联供系统。应用分布式发电冷热电联产系统，可将发电系统中排放出来的废热，用余热锅炉进行制冷（供热）或驱动空调冷（热）水机组运行，能量分步供给，从而达到节能环保的目的。

2. 工作原理

压缩空气和燃料混合燃烧所产生的高温高压燃气在透平处膨胀做功获得轴输出回转力带动发电机发电，发电过程中同时排出高温烟气（温度在 800℃左右），产生的废热由余热锅炉转换成热水或蒸汽，热水可直接供给用户或用于热驱动制冷机制冷。

当用户需求热能大时，可开启备用锅炉来补充不足的热量。由于有备用锅炉，当用户用电减少、发电过程中产生的废热降低时，不会对用户用热（冷）产生影响。系统使用的燃料有天然气、油田伴生气、煤层气、污水处理厂沼气、垃圾填埋场沼气、生物沼气、柴油、煤油等，一般用户主要使用天然气。

（四）分布式供能冷热电联产系统的优点

（1）可减少公用电源由于停电等事故带来的影响，并保障电力、热能的稳定供应。（2）夏季，由于大量地使用空调，造成用电紧张，而冷热电联产系统利用发电机组排放的余热制冷（供热），为用户提供电能的同时还可以供冷、供热，减轻了公用电网在高峰负荷时的压力。（3）冷热电联产系统可以对能源进行分层使用，使得能源综合利用率最高达 85%。（4）冷热电联产系统主要以燃气为燃料，一次能源利用率可达 80% 以上。输送燃气损耗低，在终端产生相同能量所消耗的燃料比公用电网供电所消耗的要少，排出的污染物低温烟气和温室效应气体减少，降低了对空气的污染程度。（5）公用发电系统投入一种燃料（一次能源）获取一种二次能源（电能或热能），而冷热电联产系统投入一种燃料可获取两种以上二次能源。(6)冷热电联产系统与外部电网配合，可增加用户供电可靠性。当人们遇到不可抗争的自然灾害、人为破坏事故、意外灾害等造成外部大电网崩溃的情况下，可以保证用户的供电和空调需求，成为用能孤岛，特别适合重要用户的用能需求。(7)使用冷热电联产系统可增大天然气消费量，降低空调用电量，提高燃气管网利用率，降低燃气管网的负荷差，使得供电、用气的消费比例趋于正常。

（五）分布式能源系统发展概况

“分布式能源系统”的概念提出已有几十年，其主要形式是冷热电联产系统（CCHP），它是应用能的梯级利用原理的必然选择，能源利用率很高，所以技术发展迅速。

第二节 辐射与电磁辐射

一、辐射

辐射是指以电磁波或粒子（如 α 粒子、β 粒子等）的形式向外扩散的能量，自然界中的一切物体，只要温度在绝对温度零度以上，都以电磁波和粒子的形式时刻不停地向外传送热量，这种传送能量的方式被称为辐射。辐射之能量从辐射源向外所有方向直线放射。物体通过辐射所放出的能量，称为辐射能。辐射按伦琴 / 小时（R）计算。辐射的一个重要特点是“对等的”，即不论物体（气体）温度高低都向外辐射，甲物体向乙物体辐射，同时乙物体也向甲物体辐射。

二、电磁辐射

（一）电磁辐射（电磁波）的定义

变化的电场与磁场会交替地产生由近及远，互相垂直（亦与自己的运动方向垂直），并以一定速度在空间传播的辐射能量，这种辐射的能量称为电磁辐射，亦称为电磁波。电磁辐射按照频率分类，从低频率到高频率，依次为无线电波、微波、红外线、可见光、紫外线、X 射线和伽马射线等。人眼可接收到的电磁辐射，波长为 380 ~ 780 nm，称为可见光。自然界只要是本身温度大于绝对零度的物体，都可以放射电磁辐射，而世界上并不存在温度等于或低于绝对零度的物体。因此，人们周边所有的物体时刻都在进行电磁辐射。尽管如此，只有处于可见光频域以内的电磁波，才是可以被人们看到的。电磁波可以在真空中传播，各种电磁波在真空中传播时速率固定，在数值上等于光速。

电磁波为横波。电磁波的磁场、电场及其行进方向三者之间互相垂直。振幅沿传播方向的垂直方向作周期性交变，其强度与距离的平方成反比，波本身带动能量，任何位置的能量功率与振幅的平方成正比。

电磁辐射包括太阳辐射、热辐射、无线电波等。

（二）电磁辐射的度量和单位

1. 辐射通量及单位

定义：单位时间通过任意面积上的辐射能量称为辐射通量。

单位：J/s 或 W。

2. 辐射通量密度（E）及单位

定义：单位面积上的辐射通量称为辐射通量密度。

单位：J/（s，m^2）或 W/m^2。

辐射通量密度又被称为辐射强度、辐射能力或放射能力。

（三）物体对辐射的吸收、反射和透射

当辐射通过介质时，部分被透射，部分被吸收，部分被反射（散射）。根据能量守恒定律，三部分辐射的总和等于入射到介质的辐射能量。

1. 概念

（1）吸收率（a）

$$a=Q_a/Q$$

吸收率是物体吸收辐射能量占总辐射能量的比率。

（2）反射率（r）

$$r=Q_r/Q$$

反射率是物体反射辐射能量占总辐射能量的比率。

（3）透射率（d）

$$d=Q_d/Q$$

透射率是通过物体的辐射能量占总辐射能量的比率。

（4）黑体

对于投射到该物体上所有波长的辐射都能全部吸收的物体称为绝对黑体。故有

$$a=1，r=d=0$$

（5）灰体

透射率 $d=0$，吸收率 $a=（1-r）$，且 a 不随波长而变化的物体称为灰体。

2.a、r、d 的变化

对于不同的物体，其 a、r、d 各不相同，它们分别随物体性质的改变而变化。同一物质，对不同波长的辐射，其 a、r、d 也各不相同，这种性质称为物体对辐射的选择性吸收、反射和透射。

三、光的反射和折射

电磁波入射到介质界面时，会发生波的反射和折射现象，这与光学中光的反射与折射规律完全相同，因为光属于电磁波，光学中的反射定律、折射定律完全适合于普遍的电磁波。光通常指可见光，即指能刺激人的视觉的电磁波，它的频率范围为 3.9×10^{14} ~ 7.6×10^{14} Hz。这只是整个

电磁波谱中范围极小的一部分。

发射（可见）光的物体叫作（可见）光源。太阳是人类最重要的光源。

光在同种均匀介质中沿直线传播。在几何光学中，以一条有箭头的几何线代表光的传播方向，叫作光线。

（一）光的反射

光在两种物质分界面上改变传播方向又返回原来物质中的现象，叫作光的反射。

相关名词如下：

1. 入射点

入射光线与镜面的交点。

2. 法线

过入射点且垂直于镜面的直线叫作法线。

3. 入射角

入射光线与法线的夹角叫作入射角。

4. 反射角

反射光线与法线的夹角叫作反射角。

光的反射定律：在反射现象中，反射光线、入射光线和法线都在同一个平面内（反射光线在入射光线和法线所决定的平面内），反射光线、入射光线分居法线两侧，反射角等于入射角，简称为三线共面，两线分居，两角相等。

在反射现象中，光路是可逆的。

漫反射是投射在粗糙表面上的光向各个方向反射的现象。当一束平行的入射光线射到粗糙的表面时，表面会把光线向着四面八方反射，所以入射线虽然互相平行，由于各点的法线方向不一致，造成反射光线向不同的方向无规则地反射，这种反射称为“漫反射”或“漫射”。这种反射的光称为漫射光。很多物体，如植物、墙壁、衣服等，其表面粗看起来似乎是平滑的，但用放大镜仔细观察，就会看到其表面是凹凸不平的，所以本来是平行的太阳光被这些表面反射后，弥漫地射向不同方向。

漫反射的每条光线均遵循反射定律。平行光束经漫反射后不再是平行光束。由漫反射形成的物体亮度，一般视光源强度和反射面性质而定。

（二）光的折射

光从一种透明介质斜射入另一种透明介质时，传播方向发生偏折，这种现象叫光的折射。光的折射与光的反射一样都是发生在两种介质的交界处，只是反射光返回原介质中，而折射光进入到另一种介质中，由于光在两种不同的物质里传播速度不同，故在两种介质的交界处传播方向发生变化，这就是光的折射。光在两种介质的交界处，既发生折射，同时也发生反射。反射光光速与入射光相同，折射光光速与入射光不同。

光的折射定律：光在折射现象中，入射光线、法线、折射光线在同一平面内，入射光线与折射光线分居法线两侧，入射角的正弦与折射角的正弦之比等于光在第一种介质中的速度与光在第二种介质中的速度之比。即

$$\frac{\sin i}{\sin r}=\frac{v_1}{v_2}$$

两种介质，我们通常将折射率较小的介质称为光疏介质，将折射率较大的介质称为光密介质，而光疏介质和光密介质是相对的。通常情况下，当光从光疏介质射入光密介质时，折射角小于入射角，光从光密介质射入光疏介质时，折射角大于入射角。当光由光密介质射入光疏介质时，随着入射角增大折射光线越来越偏离法线，折射光线越来越弱，而反射光线就越来越强，当入射角增大到某一角度时，折射角达到90°，折射光线完全消失，只剩下反射光线，这种现象叫作全反射。刚好能发生全反射的入射角即折射角为90° 的入射角叫全反射的临界角。显然，要发生全反射存在两个必要条件，即光线从光密介质入射到光疏介质，入射角等于或大于临界角。

（三）光的散射

在自然界中，我们会看到天空是蔚蓝色的，落日是殷红的，为什么会呈现这种现象呢？这是由于地球周围的大气层对阳光进行散射而形成的。原来，光在传播过程中，遇到两种均匀媒质的分界面时，会产生反射和折射现象。但当光在不均匀媒质中传播时，由于一部分光线偏离原方向，不能直线前进，就会向四面八方散开，形成光的散射现象。地球周围由空气形成的大气层，就是这样一种不均匀媒质。因此我们看到的天空的颜色，实际上是经大气层散射后光线的颜色。研究表明，大气对不同色光的散射作用是不同的，波长短的光受到的散射最厉害。当太阳光受到大气分子散射时，波长较短的蓝光被散射得多一些。由于天空中布满了被散射的蓝光，地面上的人就看到天空呈现出蔚蓝色。空气越是纯净、干燥，这种蔚蓝色就越深、越艳。如果天空十分纯净，没有大气和其他微粒的散射作用，我们将看不到这种璀璨的蓝色。同样的道理，旭日初升或日落西山时，直接从太阳射来的光所穿过的大气层厚度，比正午时接受由太阳射来的光所穿过的大气层厚度要厚得多。太阳光在大气层中传播的距离越长，被散射掉的短波长的蓝光就越多，长波长的红光的比例也显著增多。最后到达地面的太阳光，它的红色成分也相对增加。因此，才会出现满天红霞和血红夕阳，实际上发光的太阳表面的颜色始终没有变化。

第三节 太阳辐射与太阳能发电

一、太阳辐射

太阳是地球上光和热的主要源泉，太阳一刻不停地将它巨大的能量源源不断输送到地球上来。热量的传播有传导、对流和辐射三种形式。太阳能是以辐射的方式向广阔无垠的宇宙传播它

的热量和微粒的。这种传播的过程就叫作太阳能辐射。太阳能辐射不仅是地球获得热量的根本途径，而且也是对人类和其他一切生物的生存活动以及地球气候变化最重要的影响因素。

太阳辐射分为两种。一种是从太阳光球层表面发射出来的光辐射，因为它以电磁波的形式传播光热，所以也叫作电磁波辐射。这种辐射由可见光和人眼看不见的不可见光组成。另外一种是微粒辐射，它是由正电荷的质子和大致等量的带负电荷的电子以及其他粒子所组成的粒子流。微粒辐射平时比较弱，能量也不稳定，在太阳活动极大期最为强烈，对人类和地球高层大气有一定的影响。但是一般来说，不等它辐射到地球表面上，便在日地遥远的途中逐渐消失了。因此，平常所说的太阳辐射，一般都指光辐射。

由于大气的存在和影响，到达地球表面的太阳辐射分成两个部分。一部分叫作直接辐射，另一部分叫作散射辐射，这两个部分的和叫作总辐射。直接投射到地球表面的太阳光线叫作直接辐射；不是直接投射到地球表面，而是通过大气、云、雾、水滴、灰尘以及其他物体的不同方向的散射而到达地面的太阳光线，叫作散射辐射。这两种辐射的能量，差别是很大的。一般来说，晴朗的白天直接辐射占总辐射的大部分，阴雨天散射辐射占总辐射的大部分，夜晚则完全是散射辐射。利用太阳能，实际上是利用太阳的总辐射能。但是，对于大多数太阳能设备而言，则主要是利用太阳辐射能的直接辐射部分。

（一）相关概念

1. 太阳辐射强度

为了表示太阳辐射能的大小，我们引进太阳辐射强度（太阳辐射通量密度）的概念。所谓太阳辐射强度是指在单位时间内垂直投射到单位面积上的太阳辐射能量。其单位为瓦 / 平方米（W/m^2）。该物理量通常表征的是太阳辐射的瞬时强度；而在一段时间内，太阳投射到单位面积上的辐射能量称为辐射量或辐照量，单位为千瓦时 /[平方米 · 年（或月、日）]。该物理量表征的是辐射总量，通常测量积累值。

2. 太阳常数（S）及其变化范围

太阳常数定义：当地球位于日地平均距离（约为 1.496×10^8 km）时，在地球大气上界投射到垂直于太阳光线平面上的太阳辐射强度。

太阳常数变化范围：1325 ~ 1457 W/m^2。

我国采用的太阳常数值为 1382 W/m^2。

3. 大气质量

在标准状况下，海平面气压为 1013 hPa，气温为 0℃时，太阳光垂直投射到地面所经路程中，单位截面积空气柱的质量称为一个大气质量数 m。不同太阳高度角，阳光经过的大气质量数也不同。当太阳高度角很小时，m 值很大，随着太阳高度角的增大，m 值很快减少。太阳在地平面时所通过的 m 值比在天顶时大 35.4 倍。在计算大气质量数时需要考虑如下几个问题：（1）地球是一个弯曲的表面，所以地球大气上界是一条曲线；（2）光线在大气中传播的路径也是一条曲线，这是由于大气密度随高度而递减，光线穿过不同密度的介质时发生折射而形成的；（3）空气密度在水平方向上也是不均匀的。

为解决上述问题，要作如下假设：①光线在大气中传播的路径是一条直线；②大气上界的表面设为平面；③水平方向上的密度是均一的。常用的大气质量数计算式为

$$h=P/P_0$$

式中：P/P_0—观测地气压与经过纬度订正的海平面气压之比；

h—太阳高度角。

4. 大气透明度

太阳辐射从大气上界进入大气层后还要受大气透明度的影响。大气透明度的特征量用透明系数 a 表示。它是指透过一个大气质量后的辐射强度与透过前的辐射强度之比。也就是当太阳位于天顶时，到达地面的太阳辐射通量密度 R_s 与在大气上界的太阳辐射通量密度即太阳常数 R_{se} 的比值。即

$$a=R_s/R_{se}$$

a 值表明辐射通过大气后的削弱程度。实际上，对不同波长的波削弱也不相同，a 仅表征对各种波长的平均削弱情况。大气透明系数与大气中的水汽、水汽凝结物、尘埃杂质等有关。这些物质越多，大气透明程度越差，透明系数越小。因而太阳辐射受到的削弱越强，地面获得的太阳辐射也越少。a 是一个小于 1 的数，其取值是：当天空特别晴朗、污染较少时，a=0.9；当污染特别严重、天空特别混浊时，a=0.6；一般情况下 a=0.84 左右。由于太阳直接辐射主要由太阳高度角决定，所以其值有明显的日变化、年变化和随纬度的变化。一天中，无云的天气条件下，中午太阳高度角最大，直接辐射最强；日出、日落时太阳高度角最小，直接辐射最弱。一年中，对一个地区来说，直接辐射夏季最大，冬季最小。但如果夏季，大气中的水汽含量增加，云量增多，会使直接辐射减弱很多，使得直接辐射的最大月平均值出现在春末夏初季节。太阳直接辐射还随纬度而改变。一年中低纬地区比高纬地区的太阳高度角大，所以获得的直接辐射也多，但全年直接辐射的最大值出现在回归线附近，而不在赤道。

原因是赤道上空云雨较多，太阳被遮蔽时间长。

5. 太阳高度角

太阳高度角简称太阳高度。对于地球上的某个地点，太阳高度角是指太阳光的入射方向和地平面之间的夹角，专业上讲太阳高度角是指某地太阳光线与该地作垂直于地心的地表切线的夹角。

太阳高度是决定地球表面获得太阳热能数量的最重要的因素。

用 h 来表示太阳高度这个角度的话，可以得出某地某时的太阳高度角

h=90° –纬度差（同一纬度相减，异纬相加）

太阳赤纬又称赤纬角，是地球赤道平面与太阳和地球中心的连线之间的夹角。赤纬角以年为周期，在 +23° 26′ 与 –23° 26′ 的范围内移动，成为季节的标志。每年 6 月 21 日或 22 日赤

纬角达到最大值为 +23° 26′ 称为夏至，该日中午太阳位于地球北回归线正上空，是北半球日照时间最长、南半球日照时间最短的一天。随后赤纬角逐渐减少，至 9 月 21 日或 22 日等于零时，全球的昼夜时间均相等为秋分。再至 12 月 21 日或 22 日赤纬角减至最小值 -23° 26′ 为冬至，此时阳光斜射北半球，昼短夜长，而南半球则相反。当赤纬角又回到零度时为春分，即 3 月 21 日或 22 日，如此周而复始形成四季。因赤纬值日变化很小，一年内任何一天的赤纬角 δ 可用下式计算：

$$\sin\delta = 0.39795\cos[0.98563(N-173)]$$

式中：N 日数，自 1 月 1 日开始计算。

一定时间时，太阳高度角随着地方时和太阳赤纬的变化而变化。若太阳赤纬（与太阳直射点纬度相等）以 δ 表示，观测地地理纬度用 ϕ 表示（太阳赤纬与地理纬度都是北纬为正，南纬为负），地方时（时角）以 t 表示，得到太阳高度角的计算公式：

$$\sin h = \sin\varphi\sin\delta + \cos\varphi\cos\delta\cos t$$

正午时太阳在天空的位置为最高，这时的太阳高度称为正午太阳高度。一日之内，自日出至正午期间，太阳高度逐渐增高，正午之后，太阳高度逐渐降低，日落时为 0° 。只有在太阳能够直射的区域（南北回归线之间），正午太阳高度才可以达到 90° （即此地什么时候最热，太阳高度角最大）。以上公式可以简化为

$$\sin h = \sin\varphi\sin\delta + \cos\varphi\cos\delta$$

由两角和与差的三角函数公式，可得

$$\sin h = \cos(\varphi - \delta)$$

正午太阳高度角计算公式为

$$h = 90^{\circ} - |\varphi - \delta|$$

6. 方位角

太阳方位角是指太阳所在的方位，即太阳光线在地平面上的投影与当地子午线的夹角，可近似地看作竖立在地面上的直线在阳光下的阴影与正南方的夹角。方位角以正南方向为零，向西逐渐变大，向东逐渐变小，直到在正北方合在 ±180° 。

太阳方位角的计算式为

$$\cos A = \left(\sin h \odot \sin\varphi - \sin\delta\right) / \left(\cos h \odot \cos\varphi\right)$$

太阳直射点是地球表面太阳光入射角度（即太阳高度）为 90° 的地点。它是地心与日心连线和地球球面的交点。太阳直射点所在的经线的地方时为正午 12 时，活动规律为：春分（3 月

21日前后），太阳直射点在赤道，此后北移；夏至（6月22日前后），太阳直射点在北回归线上，此后南移；秋分（9月23日前后），太阳直射点在赤道，此后继续南移；冬至（12月22日前后），太阳直射点在南回归线上，在此之后向北移动。太阳直射点每时都在向西移动，每小时移过15° 经度。在计算中可粗略取每天移动0.25° 纬度。

7. 经纬线

在地球仪上，可以看到一条条纵横交错的线，这就是经纬线。连接南北两极的，叫经线。与经线相垂直的，叫纬线。纬线是一条条周长不等的圆圈。最长的纬线，就是赤道。经线和纬线是人们为了确定地球上的位置和方向，在地球仪和地图上画出来的，实际地面上并没有经纬线。不过，你想要看到你所在地方的经线并不难：立一根竹竿在地上，当中午太阳升得最高的时候，竹竿的阴影就是你所在地方的经线。古人以“子”为正北，以“午”为正南。因为经线指示南北方向，所以经线又叫子午线。

通过地球表面上任何一点，都能画出一条经线和一条与经线相垂直的纬线。这样，地球上就能画出无数条经线和纬线来。怎么样才能够区别出这些经线和纬线呢？最好的办法是给每一条经线和纬线起一个名字，这就是经度和纬度。用经度表示各条经线的名称，用纬度表示各条纬线的名称。

国际上规定，把通过英国格林尼治天文台原址的经线，叫作0° 经线，也叫本初子午线。从本初子午线向东、向西，各分作180° ，以东的180° 属于东经，习惯上用“E”作代号；以西的180° 属于西经，习惯上用“W”作代号。东经180° 和西经180° 是在同一条经线上，那就是180° 经线。在地球仪上，我们看到两条相对的经线可以组成一个大圆圈，叫作经线圈。任何一个经线圈，都可以把地球等分成两个半球。国际上习惯用20° W和160° E的经线圈，作为划分东、西半球的界线。因为这一经线圈基本上在大洋通过，避免把非洲和欧洲的一些国家分在两个半球上。

所有纬线都是圆，称为纬线圈，纬线圈的周长有长有短。赤道最长，往两极逐渐缩短，到两极后成一点；纬线都指示东西方向。最长的纬线一赤道，叫作0° 纬线。从赤道向北度量的纬度叫北纬，向南的叫南纬。南、北纬各有90° 。北极是北纬90° 。人们把南、北纬23.5° 的两条纬线分别称为南、北回归线，把南、北纬66.5° 的两条纬线分别叫作南极圈和北极圈。

由于经线连接南北两极，所以所有的经线长度都相等，都表示南北方向；纬线都表示东西方向。经线和纬线互相垂直、互相交织，就构成了经纬网。在阅读地图的时候，就可以借助经纬网来辨别方向，也可以判断出地球上任何一点的位置。

经线和纬线还可以把地球划分成几个不同的半球。像切西瓜一样，把地球沿赤道切开，赤道以北的半球，叫北半球；赤道以南的半球，叫南半球。如沿西经20° 和东经160° 经线把地球切开，由西经20° 向东到东经160° 的半球叫东半球，以西的半球叫西半球。

我们可以根据经度来判断时间。由于从本初子午线开始绕地球一周为360° ，一天有24 h，所以经度每隔 15° 相差 1 h。以伦敦本初子午线为标准时，每 15°，向东加 1 h，向西减 1 h。如北京经度 116°，以 120° 为准（大城市很少有直接在经度为 15° 倍数上的，大多以临近 15° 倍数经度为准）比伦敦多 8 h，故伦敦 6 点，北京时间就是 14 点。

（二）影响太阳辐射的因素

1. 大气条件对太阳辐射的影响

地球表面接收的太阳辐射要受到大气条件的影响而衰减，主要原因是由于空气分子、水蒸气和灰尘引起的大气散射和由臭氧、水蒸气和二氧化碳引起的大气吸收。在晴朗夏天的正午时刻，大约有 70% 的太阳辐射穿过大气直接到达地球表面；另有 7% 左右的太阳辐射经大气分子和粒子散射后，也最终抵达地面；其余的都被大气吸收或散射返回空间。

2. 地球相对太阳位置的影响

地球相对于太阳的位置可以通过如下几个指标进行考虑。

（1）太阳高度角

太阳在地平线以上的高度以地面与太阳光入射线之间的夹角来测量，称为高度角（或仰角）。太阳高度角愈大，太阳辐射强度愈大。因为对于某一地平面而言，太阳高度角小时，光线穿过大气的路线较长，能量衰减得就较多。同时，又因为光线以较小的角度投射到该地平面上，所以到达地平面的能量就较少；反之，则较多。太阳高度角因时、因地而异。一日之中，太阳高度角正午大于早晚，夏季大于冬季，低纬度地区大于高纬度地区。

（2）地球到太阳的距离和地球轴的倾斜

地球到太阳的距离和地球轴的倾斜同样影响到太阳能辐射量。当 6 ~ 8 月夏季来到北半球时，地球的北半球朝太阳倾斜。夏季白天时间很长，加之有利的地球轴倾斜，造成了夏季与冬季太阳能辐射总量的巨大差别。

日地距离又称太阳距离，指的是日心到地心的直线长度。由于地球绕太阳运行的轨道是个椭圆，太阳位于一个焦点上，所以这个距离是时刻变化着的。其最大值为 15210 万 km（地球处于远日点），最小值为 14710 万 km（地球处于近日点），平均值为 14960 万 km。由于大气对太阳辐射到达地面之前有很大的衰减作用，而这种衰减又与辐射穿过大气路程的长短有关系，太阳辐射在大气中经过的路程越长，能量损失得就越多；路程越短，能量损失得越少。所以，地球位于近日点时，获得太阳能辐射大于远日点。

3. 日照时间

太阳辐射强度与日照时间成正比。日照时间的长短，随纬度和季节而变化。

4. 海拔高度

海拔越高，大气透明度越好，所以从太阳投射来的直接辐射量也就越高。

5. 地形、地貌及障碍物的影响

在日常生活中经常会看到以下现象：当上午或下午太阳斜照时，高大的山峰、树林会遮住太阳，房屋、烟囱等建筑物也会挡住阳光。上述现象在冬天就更为突出，冬天时太阳在地球的南半球上空，在北半球的人看上去太阳离地平线的距离较夏天近得多，由于太阳斜射的影响，阳光更容易被地形、地貌及障碍物遮挡。

（三）地面对太阳辐射的反射

到达地面的太阳总辐射不能完全被地面吸收，有一部分将被地面反射。地面反射辐射的大小与地面对太阳辐射或称短波辐射的反射率有关。短波辐射反射率主要与下垫面的颜色、湿度、粗糙度、不同植被、土壤性质及太阳高度角等因素有关。

1. 颜色对反射率的影响

不同颜色的各种下垫面，对太阳辐射可见光部分有选择反射的作用。各种颜色表面的最强反射光谱，就是它本身颜色的波长。白色表面具有最强的反射能力，黑色表面的反射能力较小，绿色植物对黄绿光的反射率大。颜色不同，反射率有很大差别，例如新白雪面的反射率有80% ~ 95%，而黑钙土的反射率只有5% ~ 12%。

2. 土壤湿度对反射率的影响

反射率一般随土壤湿度的增大而减小。例如白沙土，随着湿度的增加其反射率从40%降到18%，减少了22%。这是因为水的反射率比陆面小的缘故。有试验指出，地面反射率与土壤湿度呈负指数关系。

3. 粗糙度对反射率的影响

随着下垫面粗糙度的增加，反射率明显减小。这是由于太阳辐射在起伏不平的粗糙地表面有多次反射，另外太阳辐射向上反射的面积相对变小，所以导致反射率变小。

4. 太阳高度角对反射率的影响

当太阳高度角比较低时，无论何种表面，反射率都较大。随着太阳高度角的增大，反射率减小。一天中太阳高度有规律地变化，使地面反射率也有明显的变化，中午前后较小，早、晚较大。

5. 几种下垫面对反射率的影响

植被反射率的大小与植被种类、生长发育状况、颜色和浓郁程度有关。植物颜色愈深，反射率愈小，绿色植物反射率在20%左右。植物苗期与裸地相差不多，反射率较大；生长盛期反射率变小，多在20%左右；成熟期，茎叶枯黄，反射率又增大。水面的反射率一般比陆面小，波浪和太阳高度角对水面的反射率有很大的影响。一般太阳高度角愈大，水面愈平静，反射率愈小，例如当太阳高度角大于60° 时，平静水面的反射率小于2%；高度角为30° 时，反射率增至6%；高度角为2° 时，反射率可达80%。新雪面的反射率可高达90%以上，脏湿雪面的反射率只有20% ~ 30%，冰面的反射率为30% ~ 40%。由于反射率随各地自然条件而变化，所以它在季节上的变化也是很大的。由此可见，即使总辐射的强度一样，不同性质的地表真正获得的太阳辐射仍有很大差别，这也是导致地表温度分布不均匀的重要原因之一。

到达地球表面的太阳辐射能的几条主要去路见表 1-1。

表 1-1 到达地球表面的太阳辐射能的几条主要去路（kJ/s）

直接反射	52000×10^9
以热能方式离开地球	81000×10^9
水循环	40000×10^9
大气流动	370×10^9
光合作用	40×10^9

太阳每秒钟释放出的能量为 3.865×10^{26}J，相当于每秒钟燃烧 1.32×10^{16}t 标准煤所发出的能量。太阳释放出的能量大约只有二十二亿分之一到达地球大气层，大约为 173×10^{12} kW。其中，被大气层吸收的约占 23%；被大气和尘粒反射回宇宙空间的大约占 30%；穿过大气层到达地球表面的太阳辐射能约占 47%；到达陆地表面的太阳辐射能大约为 17×10^{12}kW，只占到达地球范围内太阳辐射能的 10%。17×10^{12} kW 的能量相当于全球一年内消耗总能量的 3.5 万倍，由此可见太阳能利用的巨大潜力。

二、太阳能发电

太阳能是一种洁净的可再生的新能源，越来越受到人们的青睐，太阳能的开发利用更是当今国际上的一大热点，经过近些年的努力，太阳能技术有了长足进步，太阳能利用领域已由生活热水、建筑采暖等扩展到太阳能发电、工农业生产许多部门，人们已经强烈意识到，一个广泛利用太阳能和可再生能源的新时代——太阳能时代即将来到。

（一）太阳能的特点

太阳能作为一种新能源，与常规能源相比有如下特点：（1）它是人类可以利用的最丰富的能源。据估计，在过去漫长的 11 亿年中，太阳消耗了它本身能量的 2%。今后还可以供给地球人类使用几十亿年，可谓取之不尽，用之不竭。（2）地球上，无论何处都有太阳能，可以就地开发利用，不存在运输问题，尤其对交通不发达的农村、海岛和边远地区更具有利用的价值。（3）太阳能是一种洁净的能源。在开发利用时，不会产生固体废物、废水、废气，也没有噪声，更不会影响生态平衡，不会造成污染和公害。

（二）太阳能发电及利用形式

将太阳能转变为电能的过程称为太阳能发电。

目前利用太阳能发电主要有两大类型，一类是太阳能光发电（亦称光电太阳能），另一类是太阳能热发电（亦称光热太阳能）。

太阳能光发电是将太阳能直接转换成电能的一种发电方式。它包括光伏发电、光化学发电、光感应发电和光生物发电四种形式，在光化学发电中又分电化学光伏电池发电、光电解电池发电和光催化电池发电。

太阳能热发电是先将太阳能转化为热能，再将热能转化成电能。它有两种转化方式，一种是将太阳热能直接转化成电能，如半导体或金属材料的温差发电，真空器件中的热电子和热电离子发电，碱金属热电转换以及磁流体发电等；另一种方式是将太阳热能通过热机（如汽轮机）带动发电机发电，与常规热力发电类似，只不过是其热能不是来自燃料，而是来自太阳能。

目前，太阳能热发电按技术路线划分主要有四类：①技术相对成熟、目前应用最广泛的抛物面槽式；②效率提升与成本下降潜力最大的集热塔式；③适合以低造价构建小型系统的线性菲涅耳式；④效率最高、便于模块化部署的抛物面碟式。

按照太阳能的采集方式分有太阳能槽式热发电、太阳能塔式热发电、太阳能碟式热发电三类。其中槽式发电系统是利用抛物柱面槽式反射镜将阳光聚焦到管状的接收器上，并将管内的传热工质加热产生蒸汽，推动常规汽轮机发电；塔式发电系统是利用众多的定日镜，将太阳热辐射反射到置于高塔顶部的高温集热器（太阳锅炉）上，加热工质产生过热蒸汽，或直接加热集热器中的水产生过热蒸汽，驱动汽轮机发电机组发电；碟式发电系统是利用曲面聚光反射镜，将入射阳光聚集在焦点处，在焦点处直接放置斯特林发动机发电。

太阳能热发电还有一大特色，那就是其热能储存成本要比电池储存电能的成本低很多。例如，一个普通的保温瓶和一台笔记本计算机的电池所存储的能量相当，但显然电池的成本要高得多。

（三）太阳能光伏发电

1. 太阳能光伏发电的概念

将太阳能直接转换为电能的技术称为光伏发电技术。光伏发电技术是利用半导体界面的光生伏特效应将光能直接转变为电能的一种技术。这种技术的关键元件是太阳能电池。太阳能电池经过串联后进行封装保护可形成大面积的太阳能电池组件，再配合上逆变器等部件就形成了光伏发电系统。

2. 太阳能光伏发电的产生

自从第一块实用太阳能电池问世以来，太阳能光伏发电取得了长足进步。但与计算机和光纤通信比，太阳能光伏发电的发展要慢得多。其原因一方面是人们对信息的追求特别强烈，另一方面目前常规能源还能满足人类对能源的需求。

3. 太阳能光伏发电的特点

从太阳能获得电力，需通过太阳能电池进行光电转换来实现。它同以往其他电源发电原理完全不同，具有以下特点。

（1）取之不尽，用之不竭

太阳内部由于氢核的聚变热核反应，从而释放出巨大的光和热，这就是太阳能的来源。根据氢核聚变的反应理论计算，如果太阳像目前这样，稳定地每秒钟向其周围空间发射辐射能，在氢核聚变产能区中，氢核稳定燃烧的时间，可在60亿年以上，也就是说太阳能至少还可像现在这样有60亿年可以稳定地释放能量。

（2）就地可取，不需运输

矿物能源中的煤炭和石油资源在地理分布上的不均匀以及全世界工业布局的不均衡造成了煤炭和石油运输的不均衡。这些矿物能源必须经过开采后长途运送，才能到达目的地，给交通运输造成压力，而太阳能分布均匀，不需要长途运输。

（3）分布广泛，分散使用

太阳能年辐射总量一般大于5.04×10^6 kJ/m²，就有实际利用价值，若每年辐射量大于6.3×10^6 kJ/m²，则为利用价值较高的地区，世界上二分之一的地区均可达到这个数值。虽然太阳能分布也具有一定的局限性，但与矿物能、水能和地热能相比仍可视为分布较广的一种能源。

（4）不污染环境，不破坏生态

人类在利用矿物燃料的过程中，必然释放出大量有害物质，如SO_2、CO_2等，使人类赖以生存的环境受到了破坏和污染。此外，其他新能源中水电、核能、地热能等，在开发利用的过程中，也都存在着一些不能忽视的环境问题。但太阳能在利用中不会给空气带来污染，也不会破坏生态，是一种清洁安全的能源。

（5）周而复始，可以再生

在自然界可以不断生成并有规律地得到补充的能量，称为可再生能源。太阳能属于可再生能源。煤炭、石油和天然气等矿物能源经过几十亿年才形成，而且短期内无法恢复。当今世界消耗石油、天然气和煤炭的速度比大自然生成它们的速度要快一百万倍，如果按照这个消耗速度，在几十亿年时间所生成的矿物能源将在几个世纪内就被消耗掉，而太阳能我们几乎每天都可以得到。

当然太阳能光伏发电也有不足之处，表现在：①照射的能量分布密度小，要占用巨大面积；②获得的能源同四季、昼夜及阴晴等气象条件有关。比较而言，照射在地球上的太阳能非常巨大，大约40 min照射在地球上的太阳能，足以满足全球人类一年能量的需求。所以说，太阳能发电被誉为理想的能源，因此越来越受到世界各国的重视。

4. 太阳能光伏产业链

（1）产业链的定义

产业链是产业经济学中的概念，是各个产业部门之间基于一定的技术经济关联，并依据特定的逻辑关系和时空布局关系客观形成的链条式关联关系形态。产业链主要是基于各个地区客观存在的区域差异，着眼发挥区域比较优势，借助区域市场协调地区间专业化分工和多维性需求的矛盾，以产业合作作为实现形式和内容的区域合作载体。

产业链的本质是用于描述一个具有某种内在联系的企业群结构，它是一个相对宏观的概念，存在两维属性：结构属性和价值属性。产业链中大量存在着上下游关系和相互价值的交换，上游环节向下游环节输送产品或服务，下游环节向上游环节反馈信息。

（2）产业链类型

产业链分为接通产业链和延伸产业链。接通产业链是指将一定地域空间范围内的断续的产业部门（通常是产业链的断环和孤环形式）借助某种产业合作形式串联起来；延伸产业链则是将一条既已存在的产业链尽可能地向上下游拓展延伸。产业链向上游延伸一般使得产业链进入到基础产业环节和技术研发环节，向下游拓展则进入到市场拓展环节。产业链的实质就是不同产业的企业之间的关联，而这种产业关联的实质则是各产业中的企业之间的供给与需求的关系。

（3）产业链的形成

随着技术的发展，迂回生产程度的提高，生产过程划分为一系列有关联的生产环节。分工与交易的复杂化使得在经济中通过什么样的形式联结不同的分工与交易活动成为日益突出的问题。企业组织结构随分工的发展而呈递增式增加。因此，寻求一种企业组织结构以节省交易费用并进一步促进分工的潜力，相对于生产中的潜力会大大增加。企业难以应付越来越复杂的分工与交易活动，不得不依靠企业间的相互关联，这种搜寻最佳企业组织结构的动力与实践就成为产业链形成的条件。产业链的形成首先是由社会分工引起的，在交易机制的作用下不断引起产业链组织的深化。产业链形成的原因在于业价值的实现和创造，产业链是产业价值实现和增值的根本途径。任何产品只有通过最终消费才能实现产业价值，否则所有中间产品的生产就无意义。同时，产业链也体现了产业价值的分割。随着产业链的发展，产业价值由在不同部门间的分割转变为在不同产业链节点上的分割，产业链也是为了创造产业价值最大化，它的本质是体现“1+1 > 2”的价值增值效应。这种增值往往来自产业链的乘数效应，它是指产业链中的某一个节点的效益发生变化时，会导致产业链中的其他关联产业相应地发生倍增效应。产业链价值创造的内在要求是：生产效率，内部企业生产效率之和（协作乘数效应）；同时，交易成本≥内部企业间的交易成本之和（分工的网络效应）。企业间的关系也能够创造价值。价值链创造的价值取决于该链中企业间的投资。不同企业间的关系将影响它们的投资，并进而影响被创造的价值。通过鼓励企业做出只有在关系持续情况下才有意义的投资，关系就可以创造出价值来。

（4）光伏产业链

目前，我国太阳能光伏产业已经形成比较完整的产业链，特别是在太阳能电池制造方面已经达到了国际先进水平。太阳能电池产业主要分为晶体硅与薄膜电池产业两大类，其产业链分别如下：

1）晶体硅产业链

晶体硅产业链包括硅料、硅片、电池片、电池组件、应用系统产业五个环节。上游为硅料、硅片环节；中游为电池片、电池组件环节；下游为应用系统环节。从全球范围来看，晶体硅产业链五个环节所涉及的企业数量依次大幅增加，从上到下呈金字塔形结构。

我国大部分光伏企业的产品多集中在硅片、电池片和电池组件以及应用系统方面。硅料的利润增长点主要是来自高纯度的多晶硅，而纯度较低的工业硅（纯度为98% ~ 99%）价格极为低廉。

工业硅料的生产主要在发展中国家进行，是产业链中能耗高、污染高的一环。工业硅料经提纯后得到高纯度的硅料（纯度在99.999 9%以上）价格高昂。高纯度硅料的供应商主要来自美国、德国和日本的公司。随着光伏产业的发展，这些公司有扩大高纯度硅料产能的趋势。

在全球能源需求不断升高，传统能源价格居高不下以及对环境问题关注度不断提升的背景下，可再生能源在全球范围内得到快速发展。中国太阳能光伏产业也取得了骄人成绩，涌现了一大批优秀太阳能光伏企业。但我国整个太阳能光伏产业发展却并不尽如人意，存在核心技术落后、产业链发展不平衡、产品附加值低等问题。而产业链的发展与产业前景关系密切，正确认识我国太阳能光伏产业链发展现状与存在的问题，是推动我国光伏产业健康发展的条件。

将太阳能电池封装成太阳能电池组件是光伏产业链中的重要一环，没有良好的封装工艺，多好的太阳能电池也生产不出好的组件。太阳能电池的封装不仅可以使电池的寿命得到保证，而且还增强了电池的抗击强度，所以组件的封装质量非常重要。太阳能电池组件封装工艺的主要步骤，包括以下环节。

①电池测试

由于电池片制作条件的随机性，生产出来的电池性能不尽相同，如果将性能相差太大的电池片装入同一块组件，会导致高性能的电池片在组件工作过程中不能彻底发挥其发电能力，从而造成浪费。所以为了有效地将性能一致或相近的电池组合在一起，应根据其性能参数进行分类。电池测试即通过测试电池的输出参数（电流和电压）的大小对其进行分类。以提高电池的利用率，做出质量合格的电池组件。

②正面焊接

是将汇流带焊接到电池正面（负极）的主栅线上，汇流带为镀锡的铜带，我们使用的焊接机可以将焊带以多点的形式点焊在主栅线上。焊接用的热源为一个红外灯（利用红外线的热效应）。焊带的长度约为电池边长的2倍。多出的焊带在背面焊接时与后面的电池片的背面电极相连。

③背面焊接

是将72片电池串接在一起形成一个组件串，目前采用的工艺多是手动的，电池的定位主要靠一个模具板，上面有72个放置电池片的凹槽，槽的大小和电池的大小相对应，槽的位置已经设计好，不同规格的组件使用不同的模板，操作者使用电烙铁和焊锡丝将“前面电池”的正面电极（负极）焊接到“后面电池”的背面电极（正极）上，这样依次将72片串接在一起并在组件串的正负极焊接出引线。将电池串排列好后用汇流条串联起来，为层叠做准备。

④层叠

串接好的电池串经过检验合格后，将电池串、玻璃和切割好的EVA、玻璃纤维、底板按照一定的层次敷设好，准备层压。玻璃事先涂一层试剂以增加玻璃和EVA的黏结强度。敷设时保证电池串与玻璃等材料的相对位置，调整好电池间的距离，为层压打好基础。

敷设层次：由下向上为钢化玻璃、EVA、电池组、EVA、底板。

TPT（聚氟乙烯复合膜）用在组件背面，作为背面保护封装材料，具有耐老化、耐腐蚀、不透气等特点。对阳光起反射作用，对组件的效率略有提高，还具有较高的红外发射率，可降低组件的工作温度，也有利于提高组件的效率。

EVA是乙烯与醋酸乙烯酯的共聚物，是一种热融胶黏剂，常温下无黏性，便于操作，经过一定条件热压便发生熔融黏结与交联固化，并变得完全透明，挤压形成稳定胶层。

⑤组件层压

将敷设好的电池放入层压机内，通过抽真空将组件内的空气抽出，然后加热使EVA熔化将电池、玻璃和底板黏结在一起，最后冷却取出组件。层压工艺是组件生产的关键一步，层压温度、层压时间根据EVA的性质决定。层压后，太阳能电池组件内应无气泡，电池串间距均匀，汇流条平直。层压机设备的性能选择很重要，其温控精度≤ ±1℃，温度不均匀性≤ ±2℃。

层压时EVA熔化后由于压力而向外延伸固化形成毛边，所以层压完毕应将其切除。

⑥安装边框与接线盒

是给玻璃组件装铝框，以增加组件的强度，进一步密封电池组件，延长电池的使用寿命。边框和玻璃组件的缝隙用硅酮树脂填充。各边框间用角键连接。安装接线盒时，用硅胶将其黏合在组件背面指定位置上，并将组件内的汇流条连接到接线盒的电缆上。

⑦组件清洗

好的产品不仅有好的质量和好的性能，而且要有好的外观，所以此工序是为了保证组件的清洁度，清洗时还要将铝边框边上的毛刺去掉，确保组件在使用时不会对人体造成损伤。

⑧组件测试

此工序是采用太阳能电池组件测试仪对组件的输出电特性和输出功率进行测试，同时对组件的耐压性能和绝缘强度等参数进行测试，以保证组件符合标准规定的要求。

⑨成品检验

主要是对组件成品的全面检验，包括型号、类别、清洁度、各种电性能参数的确认以及对组件优劣等级的判定和区分，使组件产品质量满足相关要求，使组件的最终检验操作过程规范化。

⑩包装入库

是对产品信息的记录和归纳，便于使用以及今后的查找和数据调用。

2）薄膜光伏产业链

薄膜光伏产业链包括浮法玻璃、导电玻璃、薄膜光伏电池、光伏电站应用系统。

浮法玻璃是用海沙、石英砂岩粉、纯碱、白云石等原料配制，经熔窑高温熔融，玻璃液从池窑连续流至并浮在金属液面上，摊成厚度均匀平整、经火焰抛光的玻璃带，冷却硬化后脱离金属液，再经退火切割而成的透明无色平板玻璃。其特点是平度好，没有水波纹，纯净、透明、明亮、无色，没有气泡，结构紧密、重，手感平滑，同样厚度的浮法玻璃每平方米比平板玻璃密度大，好切割，不易破损。

FTO 导电玻璃是掺杂氟的 SnO_2 透明导电玻璃，简称为 FTO。FTO 玻璃作为 ITO 导电玻璃的替代品被开发利用，可广泛用于液晶显示屏、光催化、薄膜太阳能电池基底、染料敏化太阳能电池、电致变色玻璃等领域。

非晶硅薄膜电池所用原材料是 TCO 玻璃。TCO 玻璃首先需要进行磨边处理。将玻璃的四边有棱的地方磨光滑，四角进行倒角，这样可以消除玻璃边缘及四角的微裂纹，也便于后道工序手动搬运操作。玻璃磨边后，再对 TCO 玻璃表面进行清洗，待 TCO 玻璃干燥后，进行激光画线。激光画线的目的是将 TCO 玻璃的导电膜分隔成一定数目的小块区域，各区域称为“cell”，每个 cell 彼此绝缘，这样每个 cell 作为一个独立的发电单元，串联起来不会产生很大的电流。激光画线后，会产生 FTO 膜残渣，大部分残渣被设备自带的排风抽走，为了确保进入关键工序 CVD 的玻璃表面干净，需要进行玻璃二次清洗。CVD 是整个生产过程的核心，所谓 CVD，是化学气相沉积成膜的意思。成膜过程是首先沉积掺碳掺硼的非晶 P 层，作为窗口层，要求带隙要宽；之后，沉积非晶 I 层，I 层作为光的吸收层，电池能够吸收多少光，产生多少电，关键在于这一层；第三层是非晶 N 层，N 层材料主要通过掺磷获得。所用的气体是混氢气的磷烷、硅烷和氢气。这就是第一结 PIN 结构，也是传统的非晶硅薄膜电池结构。非晶硅 PIN 结构对于太阳光的吸收波段只有 300 ~ 800 nm，800 nm 以后波段的太阳光无法利用。所以，在非晶硅上继续沉积薄膜，形成第二结、第三结等，这样可以延长太阳光谱的吸收波段，更多地利用太阳光，产生的电量更高。CVD 镀膜结束后，进行第二次激光画线，接下来需要镀背电极。TCO 膜作为前电极，背电极需要用 PVD 的方法制成。PVD，中文的意思是物理气相沉积。先在硅膜上镀一层 AZO，然后再镀一层铝膜。PVD 镀完膜后，需要第二次激光画线。再经第三次激光画线，将每个 cell 在电路上串联起来，使得电压相对高，电流相对低。由于镀膜过程是在玻璃全表面进行，所以玻璃边缘也会有膜，受光照时，玻璃边缘有电流通过，人搬运时有危险。为避免危险，需要激光扫边将边缘的膜去掉。

TCO 镀膜玻璃的特性及种类：在太阳能电池中，晶体硅片类电池的电极是焊接在硅片表面的导线，前盖板玻璃仅需达到高透光率就可以了。薄膜太阳能电池是在玻璃表面的导电薄膜上镀制 P-I-N 半导体膜，再镀制背电极。透明导电氧化物的镀膜原料和工艺很多，经科学研究及不断筛选，目前主要有以下三种 TCO 玻璃与光伏电池的性能要求相匹配。

ITO 镀膜玻璃是一种非常成熟的产品，具有透光率高、膜层牢固、导电性好等特点，初期曾应用于光伏电池的前电极。但随着光吸收性能要求的提高，TCO 玻璃应具备较高光散射的能力，而 ITO 镀膜很难做到这一点，应用于太阳能电池时在等离子体中不够稳定，因此目前 ITO 镀膜已非太阳能光伏电池主流的电极玻璃。

氧化锌基薄膜的研究进展迅速，材料性能已可与 ITO 相比拟，结构为六方纤锌矿型。其中铝掺杂的氧化锌薄膜研究较为广泛，它的突出优势是原料易得，制造成本低廉，无毒，易于实现掺杂，且在等离子体中稳定性好。预计会很快成为新型的光伏 TCO 产品。目前主要存在工业化大面积镀膜时的技术问题。

第四节 太阳能光伏发电系统

一、太阳能光伏发电系统的组成

一般太阳能光伏发电系统是由太阳能电池方阵、蓄电池组、充放电控制器、逆变器、交直流配电柜等设备组成。

其各部分设备的作用如下。

（一）太阳能电池方阵

在有光照（无论是太阳光，还是其他发光体产生的光照）情况下，太阳能电池吸收光能，电池两端出现异号电荷的积累，即产生“光生电压”，这就是“光生伏特效应”。在光生伏特效应的作用下，太阳能电池的两端产生电动势，将光能转换成电能，是能量转换的器件。太阳能电池多为硅电池，分为单晶硅太阳能电池、多晶硅太阳能电池和非晶硅太阳能电池。

（二）蓄电池组

蓄电池组的作用是储存太阳能电池方阵受光照时发出的电能并可随时向负载供电。太阳能电池发电对所用蓄电池组的基本要求是：①自放电率低；②使用寿命长；③深放电能力强；④充电效率高；⑤少维护或免维护；⑥工作温度范围宽；⑦价格低廉。目前我国与太阳能发电系统配套使用的蓄电池主要是铅酸蓄电池和镉镍蓄电池。配套 200 Ah 以上的铅酸蓄电池，一般选用固定式或工业密封式免维护铅酸蓄电池，每只蓄电池的额定电压为 DC 2V；配套 200 Ah 以下的铅酸蓄电池，一般选用小型密封免维护铅酸蓄电池，每只蓄电池的额定电压为 DC 12V。

（三）充放电控制器

充放电控制器是能自动防止蓄电池过充电和过放电的设备。由于蓄电池的循环充放电次数及放电深度是决定蓄电池使用寿命的重要因素，因此能控制蓄电池组过充电或过放电的充放电控制器是太阳能光伏发电系统中必不可少的设备。

（四）逆变器

逆变器是将直流电转换成交流电的设备。由于太阳能电池和蓄电池是直流电源，输出的是直流电，只能连接直流负载，当负载为交流负载时，必须使用逆变器将直流电逆变为交流电，以带动交流负载工作。逆变器是太阳能光伏发电系统中的核心部件，因此必须具有多种保护功能，即过载保护、短路保护、接反保护、欠压保护、过压保护和过热保护。

（五）交直流配电柜

交直流配电柜在太阳能光伏发电系统中的主要作用是对备用逆变器的切换功能，保证系统的正常供电，同时还有对线路电能的计量。

二、太阳能光伏发电系统分类

太阳能光伏发电系统可根据不同的标准进行分类：（1）按是否接入市电电网分为并网光伏系统、离网（独立）光伏系统。（2）按安装位置的不同分为地面光伏系统、屋顶光伏系统、光伏建筑一体化光伏系统。（3）按是否有蓄电池等储能装置分为带有储能装置光伏系统、不带储能装置光伏系统。（4）按采用光伏组件的形态分为建材型光伏系统、建筑构件型光伏系统、安装型光伏系统。（5）按采用光伏组件的类型分为平板式光伏系统和聚光式光伏系统。（6）国际能源机构（IEA）按装机容量分为小规模（100 kW 以下）光伏系统、中规模（100 kW ~ 1 MW）光伏系统、大规模（1 ~ 10 MW）光伏系统、超大规模（10 MW 以上）光伏系统。（7）国家电网按上网电压将光伏发电系统的等级分为小规模（接入 0.4 kV 电网）光伏系统、中规模（接入 10 ~ 35 kV 电网）光伏系统、大规模（接入 66 kV 及以上电网）光伏系统。（8）按跟踪方式的不同分为固定光伏系统、单轴追日光伏系统和双轴追日光伏系统。按照目前比较普遍的分类法，将太阳能光伏发电系统分为离网（独立）光伏系统和并网光伏系统。

（一）离网（独立）光伏系统

离网光伏发电系统也叫独立光伏发电系统，主要由太阳能电池组件、控制器、蓄电池、负载组成，若负载为交流负载，还需要配置逆变器。

离网光伏发电系统是指仅依靠太阳能系统供电的，不与电网连接的发电方式。这是一种常见的太阳能应用方式，典型特征为需要蓄电池来存储电能。整个系统比较简单，而且适应性广，其核心配电装置为控制器，用来管理蓄电池的充电与放电。蓄电系统的容量大小取决于光伏组件的装机容量和用户负载大小，一般要求蓄电系统的有效储量能够满足连续几个阴雨天的用电量。

离网光伏发电系统的不足之处在于蓄电池的使用寿命远远小于光伏组件寿命，因此需要经常更换（更换频率因使用状况和蓄电池种类及质量而不同），带来系统运行成本的大幅上升，从而限制了离网光伏发电系统的应用。但在一些偏远的无电地区，使用离网光伏发电系统仍比新建电网线路经济得多，是为边远偏僻农村、牧区、海岛、高原、沙漠、通信基站、钻井平台等无电地区或特殊场所提供电力的有效途径。

（二）并网光伏系统

太阳能并网光伏发电系统是当前最有发展前景的光伏发电应用形式。光伏阵列在阳光下发出的直流电经并网逆变器转换为符合电网要求的交流电并连接到公共电网，即为并网光伏发电，是太阳能光伏发电进入大规模商业化运营阶段、由“补充能源”向“替代能源”过渡的重要选择。

太阳能并网光伏发电系统由光伏组件、支架 / 跟踪系统、逆变器和其他电气设备组成，可分为大规模荒漠 / 开阔地并网型光伏电站（DPV）和与建筑结合的并网光伏发电系统（BIPV/BAPV）两种形式。

1. 按并网接入端不同分类

按并网接入端的不同，并网光伏发电系统又可分为配电侧并网和输电侧并网两大类。

（1）配电侧并网

该系统是指将并网光伏发电系统所产生的电力在用户侧（又称客户端）并网。配电侧并网系统又分为可逆流系统及不可逆流系统两种。

可逆流系统，一般适用于小型分布式并网系统或自发自用的场合，多余或不足的电力可通过电网调节；不可逆流系统，产生的电能只能用于自用，不能上网，该系统具有并网（或联网）但不上网的特点。与建筑结合的并网光伏发电系统（BIPV/BAPV）通常采用配电侧并网系统。

（2）输电侧并网

该系统是指将光伏发电系统所发电能直接输送到主电网上，由电网统一向用户供电，一般用于大型集中式并网系统或不可逆流系统。大规模荒漠 / 开阔地并网型光伏电站通常采用输电侧并网系统。

并网光伏系统的缺点：只有在晴朗的白天才能比较稳定地提供电力，一旦没有日照会导致发电量突降，对电网产生干扰。当并网光伏系统的装机容量与所并入电网的容量相比很小时，这种扰动可以忽略不计；但当容量相近时，就必须采取其他措施降低干扰。目前有小规模试验性电站采用风力发电弥补夜间光伏发电的缺失，或者另外添加大型的蓄电系统在多云天气下调节电网稳定性。

2. 按其发电方式分类

并网光伏发电系统按其发电方式也可分为如下几类。

（1）集中式并网光伏系统

集中式并网光伏系统，系统所发电力直接进入电网，但这种方式显然不能发挥太阳能分布广泛、地域广阔等的特点。

（2）分布式并网光伏系统

分布式发电（简称 DG）通常是指发电功率在几千瓦至数百兆瓦（也有的建议限制在 30 ~ 50 MW 以下）的小型模块化、分散式、布置在用户附近的高效、可靠的发电单元，可独立地输出电、热或冷能的系统。它可与建筑物结合形成屋顶光伏系统，通过设计可以降低建筑造价和光伏发电系统的造价。在分布式并网光伏系统中，白天不用的电量可以通过逆变器将这些电能出售给当地的公共电网，夜晚需要用电时，再从电力网中购回。

3. 其他分类

并网光伏发电系统还可分为如下几类。

（1）有逆流并网光伏发电系统

有逆流并网光伏发电系统，当太阳能光伏系统发出的电能充裕时，可将剩余电能馈入公共电网，向电网供电（卖电）；当太阳能光伏系统提供的电力不足时，由公共电网向负载供电（买电）。由于向电网供电时与电网供电的方向相反，所以称为有逆流光伏发电系统。

（2）无逆流并网光伏发电系统

无逆流并网光伏发电系统，太阳能光伏发电系统即使发电充裕也不向公共电网供电，但当太阳能光伏系统供电不足时，则由公共电网向负载供电。

（3）切换型并网光伏发电系统

切换型并网光伏发电系统具有自动运行双向切换的功能，一是当光伏发电系统因多云、阴雨天及自身故障等导致发电量不足时，切换器能自动切换到电网供电一侧，由电网向负载供电；二是当电网因为某种原因突然停电时，光伏系统可以自动切换使电网与光伏系统分离，成为独立光伏发电系统工作状态。有些切换型光伏发电系统，还可以在需要时断开为一般负载的供电，接通为应急负载的供电。一般切换型并网光伏发电系统都带有储能装置。

（4）有储能装置的并网光伏发电系统

有储能装置的并网光伏发电系统就是在上述几类光伏发电系统中根据需要配置储能装置。带有储能装置的光伏发电系统主动性较强，当电网出现停电、限电及故障时，可独立运行，正常向负载供电。因此带有储能装置的并网光伏发电系统可以作为紧急通信电源、医疗设备、加油站、避难场所指示及照明等重要或应急负载的供电系统。

三、影响太阳能光伏组件发电量的主要因素

（一）太阳辐射量

在太阳能电池组件转换效率一定的情况下，太阳能光伏发电系统的发电量由太阳的辐射强度决定。

（二）太阳能电池组件的倾角

倾角是太阳能电池方阵平面与水平地面的夹角，一般希望设置为最佳倾角，即使太阳能电池方阵为一年中发电量最大的倾角。对于正南（方位角为0°）方向，当倾角从0°度开始逐渐向最佳倾角变化时，其发电量不断增加直到最大值，继续增加倾角时发电量逐渐减少。特别是在倾角大于50°以后，发电量急剧下降，直到倾角为90°时，发电量下降到最小。方阵一年中的最佳倾角与当地的地理纬度有关，当纬度较高时，相应的最佳倾角也大。但是，和方位角一样，在设计中设置倾角时还要考虑其他方面的限制条件。如在并网光伏发电系统中，不一定优先考虑积雪的滑落而将倾角设置为能使积雪滑落的倾角。以上所述为太阳能电池组件的倾角与发电量之间的关系，当具体设计某一方阵的倾角时还应结合实际情况综合考虑。

（三）太阳能电池组件的效率

太阳能电池的转换效率是指在标准测试条件下太阳能电池连接最佳负载时的最大能量转换率。用公式表示为

$$\eta=P_m/P_{in}$$

式中：η—转换效率；

P_m—最大功率（峰值功率）；

P_{in}—太阳入射功率。

太阳能电池地面用标准测试条件（STC）如下：（1）大气质量为AM1.5时的太阳光谱分布；（2）太阳辐照强度为1000W/m²；（3）环境温度为25±1℃。

太阳能光伏组件的特性和质量是由制作太阳能电池的材料决定的，制作材料质量的好坏将直接影响太阳能光伏组件的转换率，制作太阳能电池的材料是近些年来发展最快最具活力的研究领域，也是最受瞩目的研究项目之一。制作太阳能电池材料主要是以半导体材料为基础，根据所用材料的不同，将太阳能电池分为第一代硅太阳能电池，第二代以无机盐（砷化镓Ⅲ~Ⅴ化合物、硫化镉等多元化合物）为材料的电池，第三代用功能高分子材料制备的太阳能电池、纳米晶太阳能电池等。

但是，考虑到商用的情况，目前全世界大规模产业化生产的太阳能电池仍然以硅太阳能电池为主，硅太阳能电池又分为单晶硅太阳能电池和多晶硅太阳能电池，其产量占到当前世界太阳能电池总产量的90%以上，单晶硅目前的转换率达到了16%~20%，但单晶硅价格较贵，大约是多晶硅的两倍，在太阳能光伏发电系统建设项目投资中太阳能电池组件约占总投资比例的60%，一次投资较大。多晶硅转换率也达到了14%~18%。相比较而言一次投资相对小，因此大多数太阳能光伏发电企业在建设大型并网光伏发电系统进行电池组件选型时多使用多晶硅电池组件。

总之，单晶硅太阳能电池和多晶硅太阳能电池工艺技术成熟，性能稳定可靠，光电转换率高，衰减较慢，使用寿命长，已被广泛使用。此外还有非晶硅太阳能电池，但由于非晶硅衰减快、建设占地面积大，未能被广泛地使用，以及聚光跟踪式光伏发电系统由于对光照条件要求高、怕风沙、散热难，所以目前也未能被广泛地使用。

（四）组合损失

组合损失是指太阳能电池方阵组合的能量损失。

太阳能电池方阵由若干个太阳能电池组件（成千上万个太阳能电池片）组合而成，这种组合不可避免地存在着各种能量损失，归纳起来大致有以下几类。

1. 连接损失

由连接太阳能电池组件电缆本身的电阻和接插头连接不良所造成的损失。

2. 离散损失

其主要是因为太阳能电池组件产品性能和衰减程度不同，参数不一致造成的功率损失。方阵组合选用不同厂家、不同出厂日期、不同规格参数以及不同牌号硅片等，都会造成太阳能电池方阵的离散损失。

3. 串联压降损失

由于电池片及电池组件本身的内电阻不可能为零，即构成电池片的PN结有一定的内电阻，组件串联后便会产生压降损失。

4. 并联电流损失

由于电池片及电池组件本身的反向电阻不可能为无穷大，即构成电池片的PN结有一定的反向漏电流，造成组件并联后产生漏电流损失。

为了减少组合损失，应该在电站安装前严格挑选电流一致的组件串联。组件的衰减特性应尽可能一致，必要时设置隔离二极管。

（五）温度特性

温度上升1℃，晶体硅太阳能电池最大输出功率下降约0.04%，开路电压下降0.04%（–2 mV/℃），短路电流上升0.04%。为了避免温度对发电量的影响，应该保持组件良好的通风条件。

（六）灰尘损失

电站的灰尘损失可能达到6%，所以组件需要经常清洗。

（七）线路损失

太阳能光伏发电系统的直流、交流回路中都会有线路损失，一般要控制在5%以内。为此，设计上要采用导电性能好的导线，导线需要有足够的直径，施工不允许偷工减料。系统维护中要特别注意接插件以及接线端子是否牢固。

（八）控制器、逆变器效率

大功率的逆变器在满载时，效率必须在90%或95%以上，特别是在低负荷下供电时，仍须有较高的效率，逆变器效率的高低对太阳能光伏发电系统提高有效发电量和降低发电成本有重要的影响。太阳能光伏发电系统专用的逆变器在设计中应特别注意减少自身功率损耗，提高整机的效率。

四、其他新能源开发利用形式

（一）海洋能的开发利用

海洋能包括潮汐能、波浪能、海流能和海水温差能。海洋波浪能、海流能也可以用来发电，目前相对来说容量不大。

海洋潮汐能来源于月亮与太阳对地球海水的吸引力以及地球的自转引起海水会周期性地做有节奏的垂直涨落的现象。据统计，全球海洋潮汐能的储藏量在27亿kW左右，每年的发电量可达33 480亿kW。

（二）地热能的开发利用

地球是一个巨大的热库，通过火山爆发和温泉等途径将内部的热量——地热能不断地输送到地面。据估计，每年输送到地面的热能相当于燃烧370亿t煤释放的能量，数量相当惊人。

若严格区分的话，地热能又分为地下热岩地热能与地下热液地热能两种。

目前开发的大多是地下热液地热能。地热能既可以直接地热供暖，又可以地热发电，例如，我国的“羊八井”电站。

我国的地热资源比较丰富，主要分布在西藏、云南等地。每年直接利用的地热资源量居世界首位。

（三）生物质发电

我国是个农业大国，有着丰富的秸秆。国家发改委大力支持发展生物质发电项目。相信不久的将来，我国生物质发电项目将会在全国遍地开花。还有利用牛粪产生沼气发电也大有前途。

五、太阳能利用所涉及的技术问题

（一）太阳能采集

太阳辐射的能流密度低，在利用太阳能时为了获得足够的能量，必须采用一定的技术和装置，对太阳能进行采集。它的基本原理是将太阳辐射能收集起来，通过与物质的相互作用转换成热能加以利用。目前使用最多的太阳能收集装置，主要有平板集热器、真空管集热器和聚光集热器三种。平板集热器、真空管集热器能够利用太阳辐射中的直射辐射和散射辐射，集热温度较低；聚光集热器能将阳光汇聚在面积较小的吸热面上，获得较高温度，但它只能利用直射辐射，且需要跟踪太阳。

（二）太阳能转换

太阳能是一种辐射能，具有即时性，必须即时转换成其他形式的能量才能利用和储存。将太阳能转换成不同形式的能量需要不同的能量转换器，集热器通过吸收面可以将太阳能转换成热能，利用太阳能电池可以将太阳能转换成电能，通过植物可以将太阳能转换成生物质能，等等。原则上，太阳能可以直接或间接转换成任何形式的能量，但转换次数越多，太阳能转换的效率便越低。

1. 太阳能→热能转换

黑色吸收面的吸收性能好，可以将太阳能转换成热能，但辐射热损失大，所以黑色吸收面不是理想的太阳能吸收面。选择性吸收面具有高的太阳能吸收比和低的发射比，吸收太阳辐射的性能好，且辐射热损失小，是比较理想的太阳能吸收面。这种吸收面由选择性吸收材料制成，简称为选择性涂层。它是在 20 世纪 40 年代提出的，50 年代达到实用要求，70 年代以后研制成许多新型选择性涂层并进行批量生产和推广应用，目前已研制成上百种选择性涂层。我国自 20 世纪 70 年代开始研制选择性涂层，取得了许多成果，并在太阳能集热器上广泛使用，效果十分显著。

2. 太阳能→电能转换

电能是一种高品质能量，利用、传输和分配都比较方便。将太阳能转换为电能是大规模利用太阳能的重要技术基础，世界各国都十分重视，其转换途径很多，有光电直接转换，有光热电间接转换等。在此重点介绍光电直接转换器件——太阳能电池。在 20 世纪 70 年代以前，由于太阳能电池效率低，售价昂贵，主要应用在宇宙空间。70 年代以后，许多国家对太阳能电池材料、结构和工艺进行了广泛研究，在提高效率和降低成本方面取得较大进展，地面应用规模逐渐扩大，但从大规模利用太阳能而言，与常规发电相比，成本仍然太高。

3. 太阳能→氢能转换

氢能也是一种高品质能源。太阳能可以通过分解水或其他途径转换成氢能，即太阳能制氢，其主要方法如下。

（1）太阳能电解水制氢

电解水制氢是目前应用较广且比较成熟的方法，效率较高（75% ~ 85%），但耗电大，用常规电制氢，从能量利用而言得不偿失。所以，只有当太阳能发电的成本大幅度下降后，才能实现大规模电解水制氢。

（2）太阳能热分解水制氢

太阳能热分解水制氢是将水或水蒸气加热到3000 K以上，使水中的氢和氧分解的制氢方法。这种方法制氢效率高，但需要高倍聚光器才能获得如此高的温度，目前一般不采用这种方法制氢。

（3）太阳能热化学循环制氢

为了降低太阳能直接热分解水制氢要求的高温，发展了一种热化学循环制氢方法，即在水中加入一种或几种中间物，然后加热到较低温度，经历不同的反应阶段，最终将水分解成氢和氧，而中间物不消耗，可循环使用。热化学循环分解的温度大致为900 ~ 1200 K，这是普通旋转抛物面镜聚光器比较容易达到的温度，其分解水的效率为17.5% ~ 75.5%。此种方法制氢存在的主要问题是中间物的还原，即使按99.9% ~ 99.99%还原，也还要作0.1% ~ 0.01%的补充，这将影响氢的价格，并造成环境污染。

（4）太阳能光化学分解水制氢

这一制氢过程与上述热化学循环制氢有相似之处是在水中添加某种光敏物质作催化剂，增加对阳光中长波光能的吸收，利用光化学反应制氢。日本有人利用碘对光的敏感性，设计了一套包括光化学、热电反应的综合制氢流程，每小时可产氢97 L，效率达10%左右。

此外，还有太阳能光电化学电池分解水制氢、太阳光络合催化分解水制氢、生物光合作用制氢等。

4. 太阳能→生物质能转换

通过植物的光合作用，太阳能把二氧化碳和水合成有机物（生物质能）并放出氧气。光合作用是地球上最大规模转换太阳能的过程，现代人类所用燃料是远古和当今光合作用固定的太阳能。目前，光合作用机理尚不完全清楚，能量转换效率一般只有百分之几，今后对其机理的研究具有重大的理论意义和实际意义。20世纪初，俄国物理学家实验证明光具有压力。20世纪20年代，苏联物理学家提出，利用在宇宙空间中巨大的太阳帆，在阳光的压力作用下可推动宇宙飞船前进，可将太阳能直接转换成机械能。

（三）太阳能储存

地面上接收到的太阳能，受气候、昼夜、季节的影响，具有间断性和不稳定性。因此，太阳能储存十分必要，尤其对于大规模利用太阳能更为必要。太阳能不能直接储存，必须转换成其他形式的能量才能储存。大容量、长时间、经济地储存太阳能，在技术上比较困难。过去建造的太阳能装置几乎都不考虑太阳能储存问题，目前太阳能储存技术也还未成熟，发展比较缓慢，研究工作有待加强。

1. 热能储存

（1）显热储能

利用材料的显热储能是最简单的储能方法。在实际应用中，水、沙、石子、土壤等都可作为储能材料，其中水的比热容最大，应用较多。20 世纪七八十年代曾有利用水和土壤进行跨季节储存太阳能的报道。但材料显热较小，储能量受到一定限制。

（2）潜热储能

利用材料在相变时放出和吸入的潜热储能，其储能量大，且在温度不变的情况下放热。在太阳能低温储存中常用含结晶水的盐类储能，如 10 水硫酸钠 / 水氯化钙、12 水磷酸氢钠等。但在使用中要解决过冷和分层问题，以保证工作温度和使用寿命。太阳能中温储存温度一般在 100℃以上、500℃以下。适宜于中温储存的材料有高压热水、有机流体、共晶盐等。太阳能高温储存温度一般在 500℃以上，目前正在试验的材料有金属钠、熔融盐等。1000℃以上极高温储存，可以采用氧化铝和氧化锗耐火球。

（3）化学储热

利用化学反应储热，储热量大，体积小，质量轻，化学反应产物可分离储存，需要时才发生放热反应，储存时间长。真正能用于储热的化学反应必须满足以下条件：反应可逆性好，无副反应；反应迅速；反应生成物易分离且能稳定储存；反应物和生成物无毒、无腐蚀、无可燃性；反应热大，反应物价格低等。目前已筛选出一些化学吸热反应能基本满足上述条件，如 $Ca(OH)_2$ 的热分解反应，利用上述吸热反应储存热能，用热时则通过放热反应释放热能。但是，$Ca(OH)_2$ 在大气压脱水反应温度高于 500℃，利用太阳能在这一温度下实现脱水十分困难，加入催化剂可降低反应温度，但仍相当高。所以，对化学反应储存热能尚需进行深入研究，一时难以实际应用。其他可用于储热的化学反应还有金属氢化物的热分解反应、硫酸氢铵循环反应等。

（4）太阳池储热

太阳池是一种具有一定盐浓度梯度的盐水池，可用于采集和储存太阳能。由于它简单、造价低和宜于大规模使用，引起人们的重视。20 世纪 60 年代以后，许多国家对太阳池开展了研究，以色列还建成三座太阳池发电站。20 世纪 70 年代以后，我国对太阳池也开展了研究，实现了一些初步应用。

2. 电能储存

电能储存比热能储存困难，常用的是蓄电池，正在研究开发的是超导储能。世界上铅酸蓄电池的发明已有 100 多年的历史，它利用化学能和电能的可逆转换，实现充电和放电。铅酸蓄电池价格较低，但使用寿命短，质量大，需要经常维护。近来开发成功少维护、免维护铅酸蓄电池，使其性能有一定提高。目前，与太阳能光伏发电系统配套的储能装置，大部分为铅酸蓄电池。20 世纪初发明镍—铜、镍—铁碱性蓄电池，其使用维护方便，寿命长，质量轻，但价格较贵，一般在储能量小的情况下使用。现有的蓄电池储能密度较低，难以满足大容量、长时间储存电能的要求。新近开发的蓄电池有银锌电池、锂电池、钠硫电池等。某些金属或合金在极低温度下成为超导体，理论上电能可以在一个超导无电阻的线圈内储存无限长的时间。这种超导储能不经过任何其他能量转换直接储存电能，效率高，启动迅速，可以安装在任何地点，尤其是消费中心附近，不产生任何污染，但目前超导储能在技术上尚不成熟，需要继续研究开发。

3. 氢能储存

氢可以大量、长时间储存。它能以气相、液相、固相（氢化物）或化合物（如氨、甲醇等）形式储存。

（1）气相储存

储氢量少时，可以采用常压湿式气柜、高压容器储存；大量储存时，可以储存在地下储仓、由不漏水土层覆盖的含水层、盐穴和人工洞穴内。

（2）液相储存

液氢具有较高的单位体积储氢量，但蒸发损失大。将氢气转化为液氢需要进行氢的纯化和压缩，正氢—仲氢转化，最后进行液化。液氢生产过程复杂，成本高，目前主要用作火箭发动机燃料。

（3）固相储存

利用金属氢化物固相储氢，储氢密度高，安全性好。目前，基本能满足固相储氢要求的材料主要是稀土系合金和钛系合金。

4. 机械能储存

太阳能转换为电能，推动电动水泵将低位水抽至高位，便能以位能的形式储存太阳能；太阳能转换为热能，推动热机压缩空气，也能储存太阳能。但在机械能储存中最受人关注的是飞轮储能。早在20世纪50年代有人提出利用高速旋转的飞轮储能设想，但一直没有突破性进展。近年来，由于高强度碳纤维和玻璃纤维的出现，用其制造的飞轮转速大大提高，增加了单位质量的动能储量；电磁悬浮、超导磁浮技术的发展，结合真空技术，极大地降低了摩擦阻力和风力损耗；电力电子的新进展，使飞轮电机与系统的能量交换更加灵活。所以，近年来飞轮技术已成为国际上研究热点。

（四）太阳能传输

太阳能不像煤和石油一样用交通工具进行运输，而是应用光学原理，通过光的反射和折射进行直接传输，或者将太阳能转换成其他形式的能量进行间接传输。

直接传输适用于较短距离，基本上有三种方法：通过反射镜及其他光学元件组合，改变阳光的传播方向，达到用能地点；通过光导纤维，可以将入射在其一端的阳光传输到另一端，传输时光导纤维可任意弯曲；采用表面镀有高反射涂层的光导管，通过反射可以将阳光导入室内。间接传输适用于各种不同距离。将太阳能转换为热能，通过热管可将太阳能传输到室内；将太阳能转换为氢能或其他载能化学材料；通过车辆或管道等可输送到用能地点；空间电站将太阳能转换为电能，通过微波或激光将电能传输到地面。太阳能传输包含许多复杂的技术问题，需认真研究，这样才能更好地利用太阳能。

根据太阳能的特点，太阳能的利用首先必须解决以上四个基本技术问题，才能更有效地加以利用。

六、太阳能光伏发电的研究方向

太阳能光伏发电产业尚处于起步阶段，主要是由于太阳能发电项目初期投资大，控制成本高，而太阳能转化效率比较低，且容易受大气等多种因素影响。根据目前光伏发电发展状况和技术难点，未来的光伏发电研究需要重视以下几个方面：（1）加快太阳能原材料晶体硅生产技术的研究和新型替代材料的开发，降低材料成本并提高其转化效率。（2）提高系统控制技术，如实现光伏电池阵列的最优化排列组合和太阳光最大功率跟踪等。（3）研究光伏发电的并网技术，减少光伏电能对电网的冲击。（4）研究光伏发电与其他可再生能源发电技术的综合应用，保证供电持续性。

第二章 太阳能光伏发电设备

第一节 蓄电池组

电能是当今社会人们使用最多的能源形式之一。电能可由多种形式的能量转换而来，其中把化学能转换成电能的装置称为化学电池，一般简称为电池，电池有原电池和蓄电池之分。放电后不能用充电的方式使其内部活性物质再生，从而再次获得电能的电池称为原电池，也称为一次电池，如锌锰干电池、碳性干电池、普通碱性电池等。放电后通过充电使内部活性物质发生可逆反应，从而把电能存储为化学能，需要放电时再次通过可逆化学反应把化学能转换为电能的电池称为蓄电池，也称为二次电池。从电能作用方面来说，当蓄电池完全放电或部分放电后，两电极表面通过化学反应而形成了新的化合物，这时用适当的反向电流通入蓄电池，可以使已形成的新化合物还原成原来的活性物质，供下次放电再用。这种用反向电流输入蓄电池而存储能量的做法，称作充电；电池供给外电路使用而消耗能量，称作放电。

蓄电池中由于铅酸蓄电池有较好的电能转换效率、充放电循环次数，且具有化学能稳定、成本低、技术成熟的特点，成为蓄电池产品中的佼佼者。

在光伏发电系统中，由于太阳光的不稳定性，光伏组件发出的电能变化较大，蓄电池可以对光伏发电系统进行调节和储能，以备夜间用电和光伏发电系统产能不足。但由于目前蓄电池储能有限、寿命短而且成本较高的缺点，严重限制了独立光伏发电系统的发展。所以可以说蓄电池是光伏发电系统中的一个重要设备，也是最薄弱的一个设备。如何选择和设计蓄电池，是光伏发电系统中最重要的问题之一。

一、蓄电池的种类

常见的蓄电池有铅酸蓄电池、镍镉蓄电池、镍氢蓄电池、锂离子电池、钠硫蓄电池等。其中镍镉蓄电池是碱性蓄电池，铅酸蓄电池是酸性蓄电池。按照电解液数量来分类可分为传统开口式铅酸蓄电池和阀控式密封铅酸蓄电池；按照电池用途来分类可分为循环使用电池和浮充使用电池。

最常见、最普通的蓄电池是铅酸蓄电池，因其电极主要由铅及其氧化物制成，电解液是稀硫酸溶液而得名。铅酸蓄电池因价格相对低廉、铅材料易得、维护容易、性能稳定可靠、大电流放电能力强、易于回收再利用等特点，已成为世界上产量最大、用途最广泛的蓄电池，被广泛应用于太阳能光伏发电的存储、汽车起动、通信保障、铁路备用电源、电动自行车和电动汽车动力电源等领域。但它有两大缺点：一是比能量和比功率低，质量和体积相对大，携带不方便，故随着镍氢蓄电池、锂离子电池的发展，铅酸蓄电池正逐步退出超小型设备领域；二是使用寿命短，免维护铅酸蓄电池的使用寿命只有 3 年左右，使用成本较高。

镍镉蓄电池也是一种应用较广泛的蓄电池，其比能量和比功率较铅酸蓄电池要强很多。可进行快速充电，循环使用寿命是铅酸蓄电池的 2 倍多，但价格为铅酸蓄电池的 2 ~ 3 倍。镍镉电池的缺点是有“记忆效应”，容易因为没有完全充放电而导致电池可用容量逐渐减小。一般应在完全放电后再进行充电，或者在使用 10 次左右做一次完全充放电，如果已经有了“记忆效应”，应连续做 3 ~ 5 次完全充放电，以释放记忆。另外由于金属镉有毒，使用中要注意做好防护和回收工作，以免镉造成环境污染。

镍氢蓄电池是由镍镉蓄电池改良而来的，它是用能吸收氢的金属代替镉。它的价格比镍镉蓄电池略高，但它的比能量和比功率较镍镉蓄电池更高，而且“记忆效应”不明显，甚至可以忽略不计。由于不含有毒的镉，对环境的污染影响也比较低。老式的镍氢蓄电池由于自放电较强，一度影响了它的推广，但随着技术的进步，新款镍氢蓄电池的自我放电已经相当低，而且可在低温下工作。镍氢蓄电池比碳锌或碱性电池有更大的输出电流，更适合用于高耗电产品。现在的小型 5 号和 7 号充电电池基本上用的都是镍氢蓄电池。

锂离子电池是以锂离子为活性物质的蓄电池，是近些年新兴但发展最迅速的可充电电池。锂离子电池储能大、质量轻，在同体积、同质量情况下，锂电池的蓄电能力是镍氢蓄电池的 1.6 倍，是镍镉蓄电池的 3 倍，具有广泛的民用和国防应用前景。同时它是真正的绿色环保电池，不会对环境造成污染，使用寿命长，是目前应用到电动车上最理想的电池。缺点是价格偏高，并且锂离子活性强，短路过热容易爆炸，需要严格的保护电路。锂离子电池已经在手机和笔记本计算机上得到了普及，现在正在逐步应用在轻型电动车上，在光伏和其他领域的应用也在不断扩大。

钠硫蓄电池是一种以金属钠为负极、硫为正极、陶瓷管为电解质隔膜的二次电池。其原理是在一定的工作状态下，钠离子透过陶瓷管电解质隔膜与硫之间发生可逆反应，形成能量的释放和存储。钠硫蓄电池的优点是比能量高，其理论比能量为 760Wh/kg，实际 > 100Wh/kg，是铅酸电池的 3 ~ 4 倍；可大电流、高功率放电。其放电电流密度一般可达 200 ~ 300mA/mm^2，并且可瞬间放出其 3 倍的固有能量，充放电效率高。由于采用固体电解质，所以没有通常采用液体电解质蓄电池的那种自放电及副反应，充放电电流效率几乎 100%。钠硫蓄电池的缺点是工作温度需要控制在 300℃ ~ 350℃，工作时需要进行加热保温，这大大限制了它的应用范围。而且由于高温会导致电解质腐蚀严重，电池使用寿命不够长。现在随着真空绝热保温技术的发展，这一问题得到了有效的缓解。此外，钠硫蓄电池还存在稳定性和使用安全性不太理想等问题。从 20 世纪 80 年代开始，国外重点发展钠硫蓄电池作为固定场合下（如电站储能）的应用，并越来越显示其优越性，代表了未来的一个发展方向，但钠硫蓄电池大规模应用还有很长的路要走。

二、铅酸蓄电池

（一）铅酸蓄电池结构

普通铅酸蓄电池由正负极板、隔板、电解液和壳体组成。正、负极板都以铅铺合金浇注成栅架，在栅架上填充活性物质制成极板。正极板上的活性物质是深棕色的二氧化铅，负极板上的活性物质是海绵状、青灰色的纯铅。

铅酸蓄电池正、负极板之间装有绝缘隔板，以防止极板之间短路。隔板一般应具有多孔性，以便电解液的自由渗透。隔板采用耐酸性和抗碱性的木质、微孔橡胶、微孔塑料与浸树脂纸质材料制成。电解液是由浓硫酸和蒸馏水按一定比例配制而成的硫酸水溶液（密度为 1.24 ~ 1.31g/cm^3），一般浓硫酸占 36%，蒸馏水占 64%（体积分数）。电解液密度对蓄电池的容量和使用寿命影响很大。密度大可以提高蓄电池的容量，减少结冰的危险；但黏度增加，流动性变差，使蓄电池的容量下降，而且腐蚀作用增强，降低极板和隔板的使用寿命。壳体采用耐酸、耐热和耐震的硬橡胶或聚丙烯塑料制成整体式结构，壳体内分成若干个互不相通的单格，每个单格内装有极板组和电解液组成的一个单格的蓄电池。壳体的底部有凸起的筋，用来支撑极板组，并使极板上脱落下来的活性物质落入凹槽中，防止极板短路。

（二）铅酸蓄电池技术参数

了解蓄电池的主要技术参数是光伏发电系统中有效使用蓄电池的前提之一。

1. 蓄电池的容量

在一定的放电条件下，从蓄电池所能放出来电能的总和称为电池的容量，以符号 C 表示。常用的单位为安培 · 小时，简称安时（Ah）。蓄电池容量是衡量蓄电池存储电能能力的主要技术参数。如 C_{15} 表示 15 小时率的放电容量。常用比容量来比较不同系列电池的电量与电池体积或电池质量的关系，即单位体积或单位质量电池所能给出的理论电量，单位常用（Ah）/L 或（Ah）/kg 表示。蓄电池的容量可分为理论容量、额定容量、实际容量和剩余容量等。

①理论容量是活性物质的质量按法拉第定律计算而得的最高理论值。②额定容量是指在一定条件（25℃环境下，10 小时率电流放电到终止电压）下蓄电池放出的最低限度的电量值。也是生产厂家标明的容量值。③实际容量是指蓄电池在一定条件下实际输出的电能。因为活性物质不能 100% 被利用，故其值小于理论容量，实际容量一般也小于额定容量。影响铅酸蓄电池实际容量的因素主要有放电电流、环境温度和电解液浓度。④剩余容量是指蓄电池经过部分使用后，在指定的温度状态和放电率下可从电池中放出的剩余电量。

2. 电池的能量

在一定标准的放电条件下，电池对外做功所能输出的电能，其单位常为瓦时（Wh）或千瓦时（kWh）。电池的能量通常有以下几种。

（1）总能量

蓄电池在其寿命周期内，电能循环输出的总和。

（2）充电能量

通过充电器输入蓄电池的电能。

（3）放电能量

蓄电池单次放电时输出的电能。

容量与能量的区别是容量表示电池输出电量的多少，能量表示其做功能力的强弱。能量可以用容量乘以放电平均电压获得。电气设备用电流控制时，则用容量衡量；当电压显得重要时，则多用能量。

3. 电池的能量密度与功率密度

其分别指从蓄电池的单位质量（或体积）所获得的电能与输出功率，也被称为比能量和比功率，具体表示方法有以下几种。

（1）质量能量密度

从蓄电池的单位质量所获取的电能，也称质量比能量，单位为 Wh/kg。

（2）体积能量密度

从蓄电池的单位体积所获取的电能，也称为体积比能量，单位为 Wh/L。

（3）质量功率密度

从蓄电池的单位质量获取的输出功率，也称质量比功率，单位为 W/kg。

（4）体积功率密度

从蓄电池的单位体积所获取的输出功率，也称为体积比功率，单位为 W/L。

4. 蓄电池的电压

（1）电动势

电动势是指电池在开路时，正负极平衡电极电势之差，其大小取决于电池中的化学反应状况，与电池的形状、尺寸等无关。

（2）开路电压

电池的开路电压是电池在开路下的端电压，也是两极的电极稳定电势或混合电势之差，而不是平衡电势之差。故理论上，电池的开路电压并不等于电动势，但在数值上可能会非常接近。铅酸蓄电池的开路电压是电解液浓度的函数，其关系可用如下的经验公式表示：

$$\text{开路电压}=d+0.85\ (25)$$

式中，d 为电解液的密度（g/cm^3），0.85 为修正参数，25 表示在 25℃下。

电池的开路电压取决于构成电池材料的特性。如果电池的开路电压下降很快，说明电池内部可能存在短路，或者电池性能衰退严重，濒临报废。

（3）电池的工作电压

电池放电时，电池两极之间的电势差称为工作电压，也称作放电电压或路端电压。工作电压等于其开路电压减去电池内阻的电压降。电池的工作电压与放电制度有关。放电制度是指电池放电时所规定的各种条件，主要包括连续或间断放电、放电电阻大小、放电电流大小、放电时间长短、放电终止电压和放电环境温度等。

（4）放电终止电压

蓄电池在放电时，电压下降到不宜再继续放电时的最低工作电压称为放电终止电压。放电至终止电压时就应该终止放电，否则会减少电池的寿命甚至损坏电池。根据不同的电池类型及放电条件，包括对电池容量和使用寿命的要求，电池放电终止电压也可以不同。一般在低温或大电流放电时，因为电极极化大，活性物质不能得到充分利用，电池电压下降较快，终止电压要求低一些。反之，在小电流放电或环境温度正常时，终止电压就规定较高一些。

5. 蓄电池的温度

蓄电池内部温度特别是电解液温度对电池性能影响很大，因此在判断蓄电池的性能时，要充分考虑温度的影响。当温度上升时，电解液的离子运动速度增大，获得动能增加，因此渗透力加强，电解液电阻减小，电化学反应增强，从而使蓄电池容量增大。反之，当温度降低时，电解液的黏度增大，离子运动受到的阻力较大，扩散能力降低，渗入极板困难，活性物质得不到充分利用，而且电解液电阻随温度下降而增加，这些都会导致电池的容量下降。温度变化 1℃时容量的变化量称为蓄电池容量的温度系数。

6. 电池的内阻

电池的内阻反映电流通过电池时所受到的来自电池内部的阻力。宏观上测出的电池内阻，即稳态内阻由欧姆电阻和极化电阻组成，其中极化电阻又包括浓差极化电阻和活化极化电阻。电池内阻越小，电池工作输出电流时的压降就越小，电池就能输出较高的工作电压和较大的电流，输出能量和容量也就越大。

（1）欧姆电阻

欧姆电阻是电池中各组成部分的电子导电阻力、离子导电阻力与接触电阻之和，与电极结构和装配工艺有关，主要包括电池内部的电极极板、隔板、电解液、连接条和极柱等全部导电零部件的电阻。电池的欧姆电阻在整个使用寿命期间会因板栅腐蚀、电极变形、电解液的浓度和温度而改变，但是在每次检测过程中可以认为是不变的。

（2）浓差极化电阻

浓差极化电阻是由反应离子浓度变化差而引起的一种极化内阻，只要有电化学反应在进行，反应离子的浓度就总是在变化，因而它的数值处于变化状态，测量方法、测量持续时间不同，其测得的结果也会不同。

（3）活化极化电阻

活化极化电阻由电化学反应体系的性质决定，一般可以忽略不计，只有在电池使用寿命后期或放电后期，电极结构和状态发生了变化，而引起电流密度改变时才有所变化，但其数值仍然很小。只有当蓄电池以很大的电流放电，或在低温下放电而使负极发生钝化，或发生不可逆的硫化时，极化电阻的数值才较大，从而对电池的性能产生较大影响。

7. 放电曲线

放电曲线表示在一定放电条件下，连续放电时电池的工作电压随时间变化的关系曲线。从放电曲线中可清楚地看出放电时，其工作电压随时间的变化过程，通过放电曲线可计算出放电时间和放电容量。工作电压的变化速度也被称为放电曲线的平稳度。

8. 寿命

寿命是指电池以电池的使用时间或充放电循环次数所表示的电池耐用程度。电池经历一次充电和放电的过程，称为一个循环。在一定的充放电制度下，电池容量下降到某一容量规定值时，电池所能经受的循环次数，称为蓄电池的循环寿命。蓄电池循环寿命是与产品质量、放电深度、工作环境等因素分不开的。一般电池的循环寿命为 100 ~ 200 次。

在蓄电池的每个充放电循环中，电池中的化学活性物质都要发生一次可逆性的化学反应。随着充放电次数的增加，电池中的化学活性物质会逐渐老化变质，活度性衰减，化学功能减弱，使得电池的充放电效率逐渐降低，最后电池丧失功能而报废。蓄电池的循环周期与其充电和放电的形式、使用环境温度和放电深度有关，放电深度“浅”时，有利于延长电池的使用寿命。蓄电池的使用环境，电池组中各个电池的均衡性和安装方式等，都会影响电池工作循环次数和使用寿命。

9. 自放电率

自放电率是指电池在开路状态下，电池所存储的电量在一定条件下的保持能力。电池的自放电现象是不可避免的，自放电率反映了电池的自放电能力，是衡量电池性能的重要参数。主要受电池制造工艺、材料、存储条件等因素影响。

10. 放电深度

在电池使用过程中，电池放出的容量占其额定容量的百分比称为放电深度。放电深度的高低直接影响蓄电池的循环寿命，放电深度越大，其充电寿命就越短，会导致电池的使用寿命变短，因此，在使用时应尽量避免深度放电。一般放电深度在 17% ~ 25% 时称为浅循环放电；放电深度在 60% ~ 80% 时称为深循环放电。

三、阀控式密封铅酸蓄电池

铅酸蓄电池根据密封程度不同，可以分为固定型铅酸蓄电池和阀控式密封铅酸蓄电池两大类。固定型（普通型）铅酸蓄电池在使用过程中需要定期补充电解液。阀控式密封铅酸蓄电池英文名称为 Valve Regulated Lead Acid Battery（VRLA），VRLA 电池在正常使用时处于密封状态，当内部气压超过额定阈值时，安全阀自动开启释放气体而减少压强，当内部气压降低至安全值后又会自动闭合，从而保证了电池的安全。蓄电池在使用寿命期间，正常情况下无须补加电解液，基本上实现了“免维护”。由于 VRLA 蓄电池具有上述特点，近年来代替了普通铅酸蓄电池，成为光伏发电系统储能单元的主力军。

（一）结构特点

铅酸蓄电池密封的难点就是充电时水的电解。当充电末期，特别是达到一定电压时（一般单体电压 2.30V 以上），会发生电解液中水的电解，在蓄电池的正极上放出氧气，负极上放出氢气，从而使电解液中的水分减少，故普通铅酸蓄电池必须每隔一段时间进行补加水维护。而阀控式密封铅酸蓄电池从设计上采用了下列结构措施以解决这一问题。

①采用多元优质板栅合金，有效地提高了充电时水解产生气体释放的过电位。普通单体蓄电池板栅合金电压在 2.30V（25℃）以上时，即开始水解释放气体。采用优质多元板栅合金后，单体蓄电池电压在 2.35V（25℃）以上时才释放气体，从而相对减少了气体的释放量。②让负极处于富氧状态，即负极比正极多出大约 10% 的容量。充电后期水解正极释放的氧气与负极接触并发生反应，重新生成水，使负极由于过氧而不产生氢气。这就是所谓的阴极吸收。③采用新型超细玻璃纤维隔板，其孔率由普通铅酸蓄电池橡胶隔板的 50% 提高到 90% 以上，从而水解时正极释放的氧气易于流通到负极，再化合成水，使水产生循环，免除了补加水维护。另外，新型超细玻璃纤维隔板可以吸附电解液，即使电池倾倒，也不会有电解液溢出。④采用密封式阀控滤酸结构，使正常工作情况下酸雾不会逸出，既安全又保护了环境。在阴极吸收过程中，由于产生的水在密封情况下不能溢出，不会产生失水，因此阀控式密封铅酸蓄电池可免除补加水维护，故阀控式密封铅酸蓄电池又称为免维护铅酸蓄电池。但是，免维护并不等于不需要任何维护，为了提高阀控式密封铅酸蓄电池的使用寿命，一些有效的维护工作还是有必要实施的。

（二）AGM 蓄电池

AGM 蓄电池是发明较早、使用较广泛的一种 VRLA 蓄电池，因采用吸附式超细玻璃纤维棉作为隔板而得名。AGM 蓄电池电解液密度为 1.29 ~ 1.31g/cm³，其大部分存在于玻璃纤维膜和极板内部。为了给正极析出的氧提供向负极的通道，必须使隔膜保持 10% 的孔隙不被电解液占有，电池采用贫液式设计，隔膜孔隙不完全被电解液占据，从而保证阴极吸收的顺利进行。极群采用紧装配的方式，使极板与电解液充分接触。为了保证电池的使用寿命，正板栅合金一般采用较厚的四元合金，AGM 蓄电池活性物质利用率低于普通铅酸蓄电池，因而电池的放电容量比普通铅酸蓄电池低 10% 左右。正因为如此，AGM 蓄电池在蓄电池市场上占主导地位。

（三）GEL 蓄电池

GEL 蓄电池即胶体 VLRA 电池，正负极板栅是由铅、钙、锡合金浇注而成。隔板材料是高分子聚合物，具有良好的耐高温性能和机械强度。在胶体隔板的不起伏面设计有一层约 0.4mm 厚的超细玻璃纤维棉，它可以令极板和电解液更充分地接触。胶体电池的优越性如下。

①深度放电后回充能力强，甚至在放电后未及时补充电的情况下，容量也能 100% 得到回充，长时间放电具有优越的性能。②对环境温度的适应能力（高、低温）强。非常适合于电力干线供电不稳定的环境。因为胶体电池无流动性的电解液，电池内部不会产生分层现象。自放电率较小，

一般无须平衡充电。胶体电池采用厚极板，可以减轻电解液对板栅的腐蚀，大大地提高了循环寿命。在没有完全充满电的情况下，也可以对电池进行放电，且不会对电池造成任何损坏。③胶体铅酸蓄电池与普通蓄电池相比，用胶体电解液替换了普通的硫酸电解液，内部无游离液体存在，在安全性、蓄电量、放电性能和使用寿命等方面都有所改善。在同等体积下，胶体蓄电池容量大、散热能力强，能避免一般 AGM 蓄电池易产生的热失控现象；电解质的酸浓度低，能有效改善对极板的腐蚀作用；电解质的浓度均匀，不存在电解液分层现象。④具有性能稳定，可靠性高，使用寿命长，长时间放电能力、循环放电能力、深度放电和大电流放电能力强等优点。

四、蓄电池的充放电特性

（一）蓄电池的充电特性

1. 浮充电压

对于 12V 的蓄电池，正常的浮充电压在 13.5 ~ 13.8V。浮充电压过低，蓄电池充不满；浮充电压过高，会造成过电压充电。过电压充电会导致蓄电池中的水分解成氢和氧而失水，使电解液浓度增大，造成蓄电池使用寿命缩短，甚至损坏。

2. 充电电流

蓄电池充电电流的实际值与蓄电池的容量有关，一般用 C 来表示。过大或过小的充电电流都会影响蓄电池的使用寿命。

理想的充电电流应采用分阶段定流充电方式，即在充电初期采用较大的电流，充电一定时间后，改为较小的电流，至充电末期应改用更小的电流充电。避免用快速充电器充电，否则会使蓄电池处于“瞬时过电流充电”和“瞬时过电压充电”状态，造成蓄电池可供使用电量下降甚至损坏蓄电池。过电流充电会导致蓄电池极板弯曲，活性物质脱落，造成蓄电池供电容量下降，严重时会损坏蓄电池。

3. 充电方式

铅酸蓄电池放电后的产物是硫酸铅，若不及时进行转化，会使蓄电池处于充电不足状态，从而降低蓄电池放电容量和缩短蓄电池使用寿命。因此，必须使蓄电池组处于充足电状态。充电方式可分为浮充充电和均衡充电。

（1）浮充充电

长期并联在充电器和负载线路上的，作为后备电源工作方式的在线式蓄电池组一般都采用浮充充电，对于单体 2V 蓄电池，浮充充电电压一般应控制在 2.25V 左右，并注意跟踪蓄电池的电压变化。

（2）均衡充电

是指把每个蓄电池单元并联起来，用统一的充电电压进行充电。如果蓄电池组在浮充过程中存在落后电池（2V 蓄电池单体电压低于 2.20V），或浮充 3 个月后，宜进行均充过程，其单体蓄电池电压控制在 2.35V，充 6 ~ 8h，然后调回到浮充电压值，再观察落后蓄电池电压变化，如电压仍未到位，相隔 2 周后再均衡充电一次。一般情况下，新的蓄电池组经过 6 个月浮充、均充后，其电压会趋于一致。

（二）蓄电池的放电特性

蓄电池实际放出的容量与放电电流有关，放电电流越大，蓄电池的效率越低。例如，额定电压为 12V，额定容量为 24Ah 的蓄电池，当放电电流为 0.4A 时，放电至终止电压的时间是 120h。当放电电流为 7A 时，放电至终止电压的时间仅为 3.4h。所以应避免蓄电池的大电流放电，以提高蓄电池的利用效率。一般电路设计时，都要保护电池放电电流不超过 2A。

蓄电池使用寿命还与放电深度有关。蓄电池放电深度越深，其循环使用次数就越少。当蓄电池放电深度为 100% 时，蓄电池实际使用寿命为 200 ~ 250 次充放电循环；放电深度为 50% 时，蓄电池实际使用寿命为 500 ~ 600 次充放电循环。因此，既要避免过电流放电，又要避免长时间轻载放电造成蓄电池深度放电。当然更要避免蓄电池短路放电，否则会严重损坏蓄电池的再充电能力和储电能力，缩短使用寿命。

五、蓄电池的使用与维护

（一）影响蓄电池使用寿命的主要因素

影响蓄电池（主要指 VRLA 蓄电池）使用寿命的因素主要有以下几个方面。

1. 环境温度

过高的环境温度是影响蓄电池使用寿命的重要因素，一般蓄电池生产厂家要求的环境温度是在 15℃ ~ 20℃，随着温度的升高，蓄电池的放电能力也有所提高，但环境温度一旦超过 25℃，只要温度每升高 10℃，蓄电池的使用寿命就差不多会减少一半。例如，蓄电池在室温正常使用环境下的寿命是 6 年，若环境温度为 35℃，那么其使用寿命就只有 3 年了，如果温度再升高 10℃达到 45℃，其使用寿命就只有 1.5 年了。

2. 过度放电

蓄电池被过度放电是影响其使用寿命的另一重要因素。当蓄电池被过度放电到输出电压为 0 时，会导致电池内部有大量的硫酸铅被吸附到电池的阴极表面，形成电池阴极的“硫酸盐化”或者称为“极板硫化”。硫化后的蓄电池会表现出充电快，放电也快的特点。由于硫酸铅是一种白色的粗晶粒绝缘体，它的形成必将对电池的充、放电性能产生不好的影响。因此，在阴极板上形成的硫酸盐越多，电池的内阻越大，电池的充、放电性能就越差，其使用寿命就越短。

3. 浮充电状态对蓄电池使用寿命的影响

很多蓄电池特别是作为备用电源的蓄电池，长期处于浮充电状态，只充电，不放电，这样会造成蓄电池的阳极极板钝化，增大蓄电池的内阻，使蓄电池的实际容量远远低于其标准容量，从而导致蓄电池所能提供的实际后备供电时间大大缩短。

4. 栅板腐蚀与脱落

在铅酸蓄电池中，正极栅板一般都设计得比负极栅板厚，原因之一是在充电时，特别是在过充电时，正极栅板会被腐蚀，逐渐被氧化成棕色二氧化铅，为补偿其腐蚀量必须加粗加厚正极栅板。所以在蓄电池实际运行过程中，一定要根据环境温度条件选择合适的浮充电压，浮充电压过高，除加速水损失外，也会加速正极栅板腐蚀。正极栅板被腐蚀得越多，电池的剩余容量就越少，电池使用寿命就越短。活性物质从正极板上脱落下来，沉积在蓄电池的底部，在充电时可以看到褐色物质从底部升起。正极板上活性物质脱落后，使蓄电池的容量下降，且充电时不易恢复，严重时会造成极板短路或自行放电。导致极板脱落的主要原因是蓄电池在使用的过程中，充电时电流过大，导致活性物质不稳定，从而引起脱落；另外是放电时电流过大，引起栅板弯曲，导致活性物质受到应力而引起脱落。

5. 自放电率

充足电的蓄电池，放置不用而逐渐失去电量，称为“自行放电”。如果每昼夜自行放电损失的容量 < 2%，为正常自行放电；如果每昼夜自行放电损失的容量 > 2%，则为自行放电故障。导致自行放电产生的原因有：电解液中含有杂质或极板材料中含有杂质，不同杂质之间形成电位差，引起局部放电；蓄电池盖上有电解液，使正、负极形成通路；蓄电池在长期不用的情况下，硫酸下沉，电解液上下部分浓度不等，形成电位差引起自行放电；极板上活性物质脱落而沉积在壳体的底部，造成极板之间短路。

（二）蓄电池的正确使用

①如果条件允许，应把蓄电池安放在有空调的环境中，以避免环境温度对充电电压和电池使用寿命的影响。根据现场实际情况，应定期对阀控蓄电池组做外壳清洁工作，以减少自放电率。②蓄电池运行中要监视蓄电池组的端电压值、浮充电流值、单体蓄电池的电压值、蓄电池组及直流母线的对地电阻值等。③在巡视中应检查蓄电池连接片有无松动和腐蚀现象，壳体有无渗漏和变形，安全阀周围是否有酸雾溢出，绝缘电阻是否下降，蓄电池温度是否正常等。

（三）蓄电池维护和常见问题

蓄电池的定期良好维护能有效提高蓄电池的循环寿命，也是有效排除安全隐患的重要措施。蓄电池的保养分为例行检查与维护、定期检查与维护。

蓄电池的例行检查与维护主要有：蓄电池房的外围检查；蓄电池性能指标和环境条件的记录；检查蓄电池的液面、漏液和胀气问题，要求电解液液面应高出极板 10 ~ 15mm，必要时补充蒸馏水；蓄电池房内部仪表检查；经常擦拭蓄电池表面，保持清洁，以防电极间短路；随季节的变化，调整蓄电池电解液的浓度。

蓄电池的定期检查主要是：蓄电池接线端子损伤和清洁检查；蓄电池浮充电压检查；蓄电池放电核对性测试。

蓄电池在维护过程中，一定要使用绝缘工具，不可以使用任何有机溶剂清洗蓄电池。当蓄电池容量低于额定容量 80%，可认为蓄电池已经报废。

第二节 光伏控制器

光伏控制器是应用于太阳能发电系统中的自动控制设备，作用是控制多路太阳能电池方阵，给蓄电池充电，并使蓄电池给太阳能逆变器负载供电。此外，光伏控制器还具有串行通信数据传输功能，可将多个光伏系统子站进行集中管理和远距离控制。

一、光伏控制器的功能、分类和技术参数

（一）光伏控制器的功能

①防止蓄电池过充电和过放电，保护蓄电池，延长蓄电池的使用寿命。②极性接反保护功能，负载、控制器、逆变器和其他设备内部短路保护功能，防雷击引起的击穿保护功能。③温度补偿功能，监测显示光伏发电系统的各项工作状态。

（二）光伏控制器的分类

光伏控制器按电路工作方式的不同，可分为并联型、串联型、脉宽调制型、多路控制型等。按组件输入功率不同，可分为小功率型、中功率型、大功率型。按用途的不同，可分为太阳能光伏通用控制器和太阳能光伏专用控制器（如草坪灯控制器、太阳能路灯控制器、太阳能水泵控制器等）。按照控制方式不同，可分为并联型、串联型、脉宽调制型、智能型和最大功率跟踪型等。

1. 并联型控制器

当蓄电池充满电时，利用电子部件把光伏阵列的输出功率分流到内部并联电阻器或功率模块上去，将多余的电能以热的形式消耗掉。并联型控制器由于没有如串联型控制器经常采用继电器之类的机械部件，故工作稳定可靠。但因为这种方式消耗热能，所以一般只用于小型、低功率系统。

2. 串联型控制器

利用机械继电器控制充电过程，充满后或在夜间会切断光伏阵列。它一般用于较高功率的系统，继电器的容量决定充电控制器的功率等级。

3. 脉宽调制型控制器

它以 PWM 脉冲宽度调制方式控制光伏阵列的输入。当蓄电池接近充满时，脉冲的频率和时间缩短，进而控制充电状态。这种充电过程控制较为准确，能形成较完整的充电状态，它能增加光伏系统中蓄电池的总循环寿命。

4. 智能型控制器

采用带 CPU 的单片机对光伏电源系统的运行参数进行高速实时采集，并按照一定的控制规律由软件程序对单路或多路光伏阵列进行切离 / 接通控制。对中、大型光伏电源系统，还可通过单片机的 RS232 接口配合 MODEM 调制解调器进行远距离控制。

5. 最大功率跟踪型控制器

将太阳能电池的电压和电流检测后相乘得到功率，然后判断太阳能电池此时的输出功率是否达到最大，若不在最大功率点运行，则调整脉宽，调制输出占空比，改变充电电流，再次进行实时采样，并做出是否改变占空比的判断，通过这样的寻优过程可保证太阳能电池始终运行在最大功率点，以充分利用太阳能电池方阵的输出能量。同时采用 PWM 调制方式，使充电电流成为脉冲电流，以减少蓄电池的极化，提高充电效率。

（三）光伏控制器主要技术参数

1. 系统电压

通常标称电压等级分为 12V、24V、48V、96V、110V、220V、500V 等。

2. 最大充电电流

是指太阳能电池组件或方阵所能输出的最大电流，一般分为 5A、10A、15A、20A、30A、40A、50A、70A、75A、85A、100A、150A、200A、250A、300A 等。

3. 太阳能电池方阵输入路数

小功率光伏控制器一般都是单路输入，而大功率光伏控制器都是由太阳能电池方阵多路输入，一般大功率光伏控制器可输入 6 路，最多的可接入 18 路。

4. 电路自身损耗

又称空载损耗或最大自身损耗，是指控制器本身电子元件由于通电所消耗的电能。为了提高光伏电源转换效率，控制器的电路自身损耗要尽可能低。一般控制器的最大自身损耗不得超过其额定充电电流的 1% 或 0.4W。根据电路不同，自身损耗电流一般为 5 ~ 20mA。

5. 蓄电池过充电保护电压（HVD）

又称充满断开或过压关断电压，一般可根据需要及蓄电池类型的不同，设定在 14.1 ~ 14.5V（12V 系统）、28.2 ~ 29V（24V 系统）和 56.4 ~ 58V（48V 系统），典型值分别为 14.4V、28.8V 和 57.6V。

6. 蓄电池的过放电保护电压（LVD）

又称欠压断开或欠压关断电压，一般可根据需要和蓄电池类型的不同，设定在 10.8 ~ 11.4V（12V 系统），21.6 ~ 22.8V（24V 系统）和 43.2 ~ 45.6V（48V 系统），典型值分别为 11.1V、22.2V 和 44.4V。

7. 蓄电池浮充电电压

一般为 13.7V（12V 系统）、27.4V（24V 系统）和 54.8V（48V 系统）。

8. 温度补偿

针对蓄电池充电电压受环境温度影响的情况，控制器一般都设计有温度补偿功能，以适应不同的环境工作温度，为蓄电池设置更为合理的充电电压。其温度补偿值一般为 −20℃ ~ 40mV/℃。

9. 工作环境温度

控制器的使用或工作环境温度范围较宽，按厂家不同一般在 -20 ~ 50℃。

二、光伏控制器的电路原理

光伏控制电路基本电路原理如图 2-1 所示。

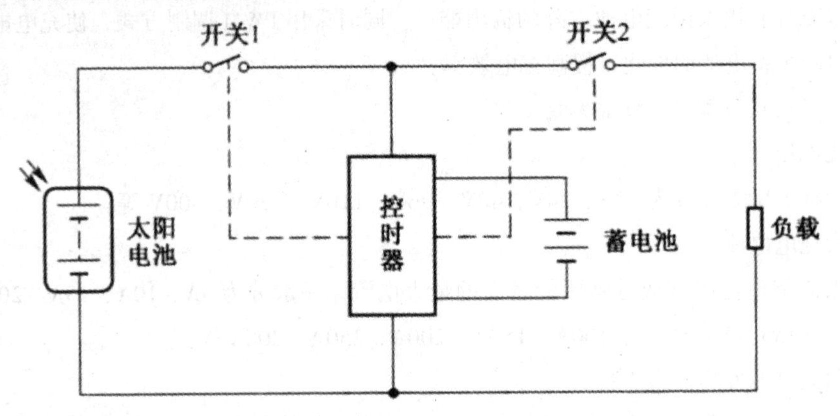

图 2-1 光伏控制电路基本电路原理

（一）并联型控制器电路原理

并联型控制器又称旁路型控制器，它是利用并联在太阳能电池两端的机械或电子开关器件控制充电过程。并联型控制器设计简单、成本较低，一般用于小型、小功率光伏发电系统。其电路原理如图 2-2 所示。

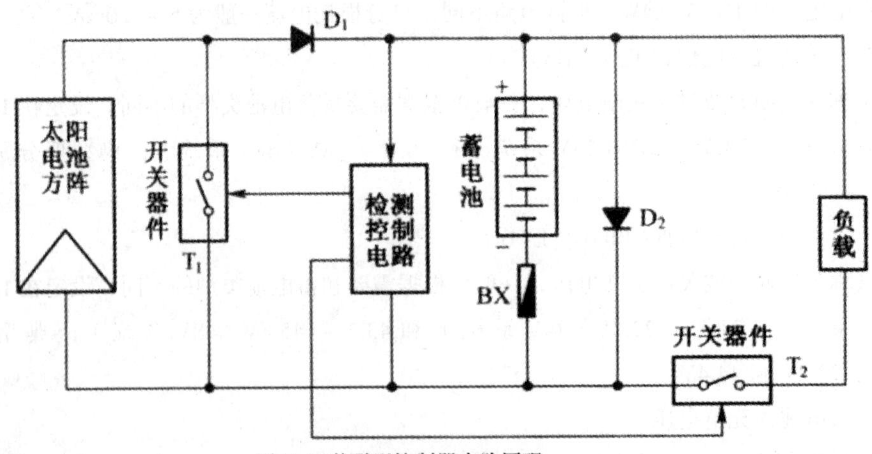

图 2-2 并联型控制器电路原理

T_1 为并联在太阳能电池方阵输出端并联型控制器充电回路中的开关器件。当蓄电池电压大于“充满切离电压”时，表示蓄电池充电已完成，开关器件 T_1 导通，二极管 D_1 反向截止，太阳能电池方阵的输出电流直接通过 T_1 短路释放而产生热量，从而不再对蓄电池进行充电，保证蓄电池不会出现过充电，起到“过充电保护”作用。

D_1 为防“反充电二极管”，只有当太阳能电池方阵输出电压大于蓄电池电压时，D_1 才能导通进行充电；反之，D_1 截止断电，从而保证夜晚或阴雨天气时不会出现蓄电池向太阳能电池方阵反向充电的情况，起到“反向充电保护”作用。

开关器件 T_2 为蓄电池放电开关，当负载电流大于额定电流出现过载或负载短路时，T_2 截止关断，起到“输出过载保护”和“输出短路保护”作用。同时，当蓄电池电压小于“过放电压”时，T_2 也关断，进行“过放电保护”。

D_2 为“防反接二极管”。当蓄电池极性接反时，D_2 导通，使蓄电池通过 D_2 短路放电，产生很大电流快速将熔丝 BX 烧断，起到“防蓄电池反接保护”作用。

检测控制电路随时对蓄电池电压进行检测，当电压大于“充满切离电压”时，使 T_1 导通进行“过充电保护”；当电压小于“过放电压”时，使 T_2 关断进行“过放电保护”。

（二）串联型控制器电路原理

串联型控制器利用串联在充电回路中的机械或电子开关器件控制充电过程。其电路原理如图 2-3 所示。

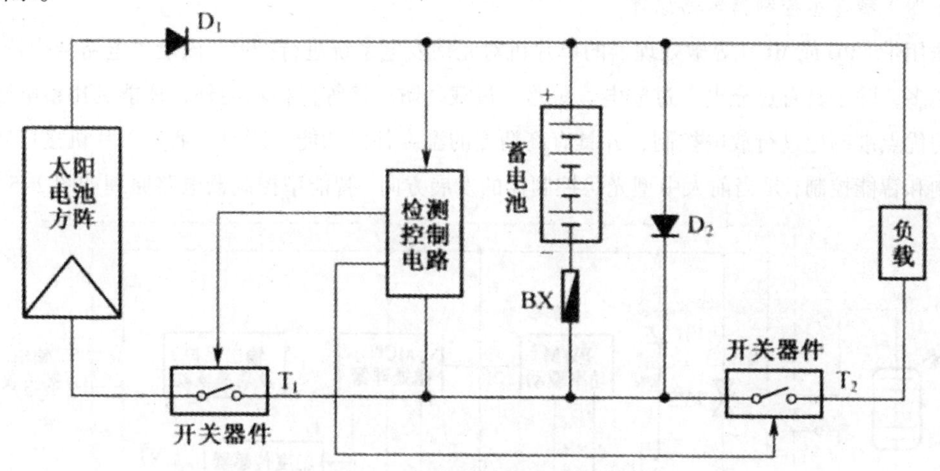

图 2-3 串联型控制器电路原理

串联型控制器和并联型控制器电路结构相似，唯一区别在于开关器件 T_1 的接法不同，并联型 T_1 并联在太阳能电池方阵输出端，而串联型 T_1 是串联在充电回路中。当蓄电池电压大于“充满切离电压”时，T_1 关断，使太阳能电池不再对蓄电池进行充电，起到“过充电保护”作用。其他元件的作用和串联型控制器相同。

串、并联控制器的检测控制电路负责蓄电池过欠电压的检测控制，主要是对蓄电池的电压随时进行取样检测，并根据检测结果向过充电、过放电开关器件发出接通或关断的控制信号。

（三）脉宽调制（PWM）型控制器电路原理

以脉冲宽度调制方式控制光伏组件的输入，其控制较准确，充电过程能形成较完整的充电状态，并且平均充电电流的瞬时变化更符合蓄电池当前的充电状况，能够提高光伏系统的充电效率，并延长蓄电池的循环寿命；可以实现光伏系统的最大功率跟踪功能，可作为大功率控制器用于大型光伏发电系统中。脉宽调制（PWM）型控制器电路原理如图 2-4 所示。

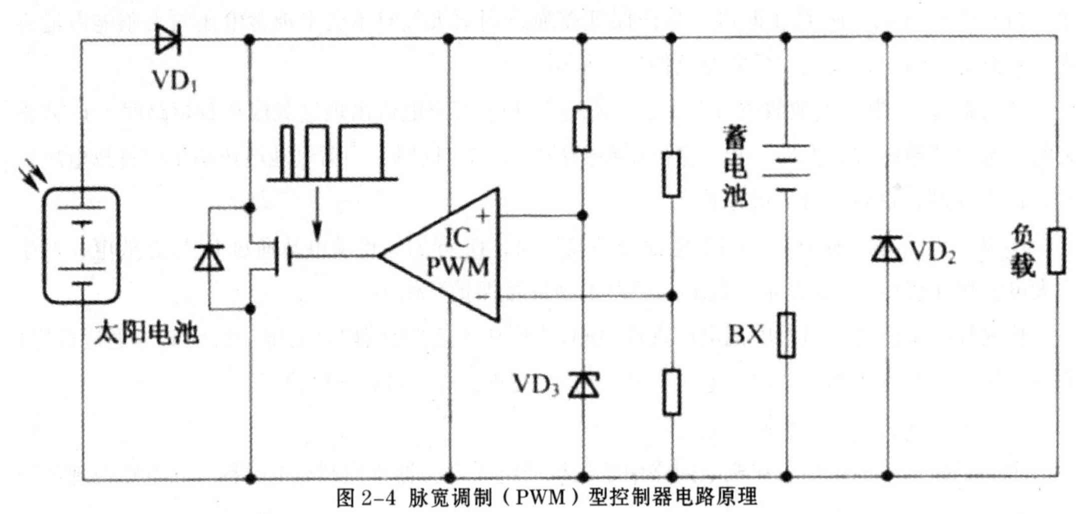

图 2-4 脉宽调制（PWM）型控制器电路原理

（四）智能型控制器电路原理

采用带 CPU 或 MCU 等微处理器的单片机对光伏发电系统进行控制。该设备电路结构较复杂，但功能多，除了具有过充电、过放电、短路、过载、防反接等保护功能外，还能利用蓄电池放电率高的优点准确地进行放电控制，并具有高精度的温度补偿功能，同时可通过单片机接口实现远程控制和智能控制，是当前大中型光伏控制器的发展方向。智能型控制器电路原理如图 2-5 所示。

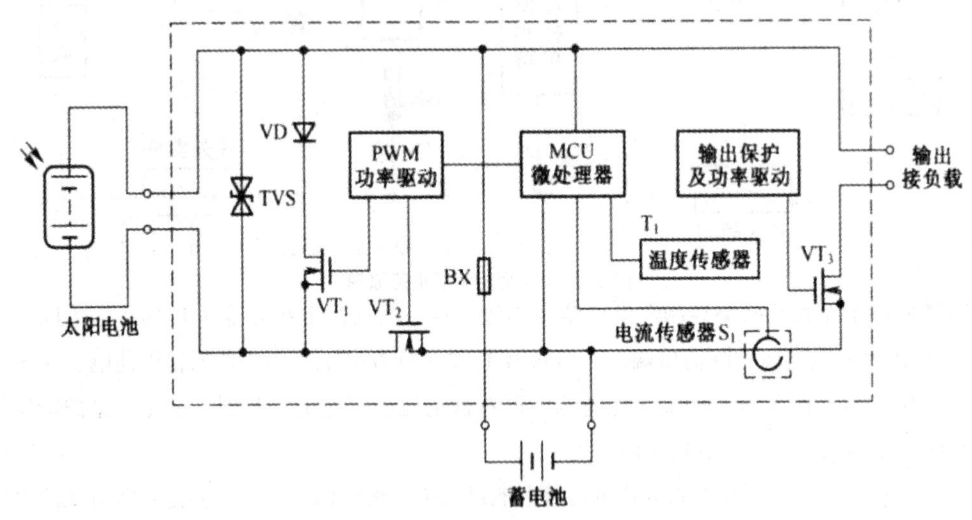

图 2-5 智能型控制器电路原理

（五）最大功率跟踪型控制器电路原理

采用最大功率点跟踪技术，使太阳能电池方阵始终保持在最大功率点状态，以充分利用太阳能电池方阵的输出能量。采用 PWM 调制方式，使充电电流成为脉冲电流，以减少蓄电池的极化，提高充电效率。

三、光伏控制器的选型

光伏控制器的选型工作要根据整个光伏发电系统的各项技术指标，并参考生产厂家提供的产品样本手册来综合确定。主要考虑以下参数。

（一）系统工作电压

系统工作电压指太阳能光伏发电系统中蓄电池或蓄电池组的工作电压，这个电压要根据直流负载的工作电压或交流逆变器的配置选型确定，一般有 12V、24V、48V、96V、110V 和 220V 等。

（二）额定输入电流和输入路数

控制器的额定输入电流取决于太阳能电池组件或方阵的输入电流。选型时控制器的额定输入电流应等于或大于太阳能电池的最大输入电流，通常以太阳能电池组件短路电流为依据，为增大设备的承载能力，需要在短路电流的基础上增大 25% 的裕量；控制器的输入路数要多于太阳能电池方阵的设计输入路数。

（三）控制器的额定负载电流

控制器的额定负载电流即控制器输出到直流负载或逆变器的直流输出电流。该数据要满足负载或逆变器的输入要求。

除此之外，控制器的选型还要考虑控制器价格、安装方式、运输等方面的问题。

第三节 光伏逆变器

将直流电能转换成为交流电能整流的逆向过程称为逆变，完成逆变功能的电路称为逆变电路，而实现逆变过程的电子装置称为逆变器或逆变设备。太阳能光伏发电逆变器是一种将太阳能电池产生的直流电能转换为交流电能的电子装置。它使转换后的交流电电压、频率和电力系统交流电的电压、频率相一致，以满足为各种交流负载、设备供电和光伏并网发电的需要。

一、光伏逆变器的分类

光伏发电系统要求逆变器具有合理的电路结构，并应严格筛选元器件，以具备各种保护功能；具有较宽的直流电压输入适应范围，电能转换中间环节少，以节约成本、提高效率；工作可靠，输出电压、电流满足电能质量要求，谐波含量小，功率因数高，具有一定的过载能力。光伏逆变器的分类如下：①逆变器输出交流电的相数不同，可分为单相逆变器、三相逆变器和多相逆变器。②按逆变器输出交流电的频率不同，可分为工频（低频）逆变器、中频逆变器和高频逆变器。③按逆变器输出电压的波形不同，可分为方波逆变器、阶梯波逆变器和正弦波逆变器。④按逆变器逆变线路原理和实现方式不同，可分为自激振荡型逆变器、阶梯波叠加型逆变器、脉宽调制型逆变器和谐振型逆变器等。⑤按逆变器主电路结构不同，可分为单端式逆变器、半桥式逆变器、全桥式逆变器和推挽式逆变器。⑥按逆变器输出功率大小的不同，可分为小功率逆变器（< 5kW）、中功率逆变器（5 ~ 50kW）、大功率逆变器（> 50kW）。⑦按逆变器隔离（转换）方式不同，可分为带工频隔离变压器方式逆变器、带高频隔离变压器方式逆变器、不带隔离变压器方式逆变器。⑧按光伏发电系统离并网的不同，可将逆变器分为离网型逆变器和并网型逆变器。⑨按逆变器输出能量的去向不同，可分为有源逆变器（用于并网型光伏发电系统中）和无源逆变器（用于离网型光伏发电系统中）。

二、光伏逆变器电路原理

（一）光伏逆变器的电路构成

逆变器的电路构成如图2-6所示。由输入电路、输出电路、主逆变开关电路(简称主逆变电路)、控制电路、辅助电路和保护电路等构成。

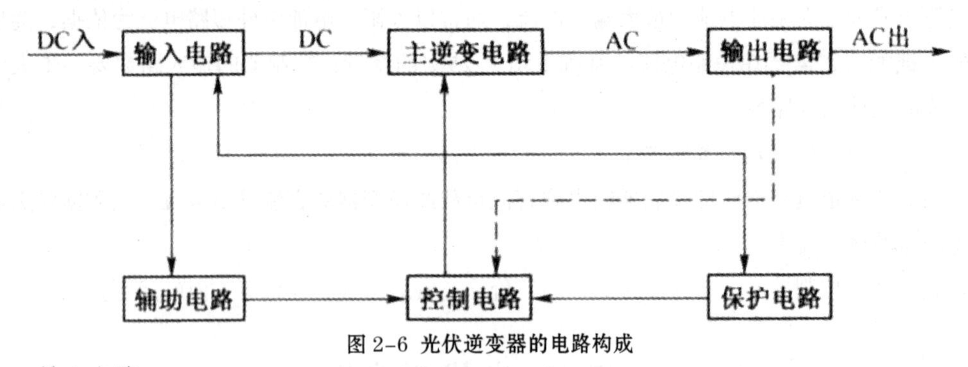

图2-6 光伏逆变器的电路构成

1. 输入电路

输入电路的主要作用就是为主逆变电路提供直流工作电压，以确保逆变器可以正常工作。

2. 主逆变电路

主逆变电路是逆变电路的核心，它的主要作用是通过控制半导体电子开关器件的导通和关断，完成由直流逆变成交流的功能。

3. 输出电路

输出电路主要是对主逆变电路输出的交流电波形、频率、电压、电流的幅值相位等进行调节、修正和补偿，使之能够满足使用需求。

4. 控制电路

控制电路主要是为主逆变电路提供一系列的控制脉冲信号，以控制逆变电子开关器件的导通和关断，配合主逆变电路完成逆变功能。

5. 辅助电路

辅助电路主要是将输入电压变换成适合控制电路工作的直流电压。辅助电路还包括多种检测电路。

6. 保护电路

保护电路主要包括输入过压、欠压保护，输出过压、欠压保护，过载保护，过流和短路保护，过热保护等。

（二）光伏逆变器电路的半导体功率开关器件

逆变器常用的半导体功率开关器件有可控硅、大功率晶体管、大功率场效应管和逆变功率模块等。

（三）逆变驱动和控制电路

传统的逆变器逆变驱动和控制电路是用许多分离元件和模拟集成电路等组成，缺点是元件数量多、波形质量和稳定性差、控制电路烦琐复杂。

随着逆变技术复杂程度的提高和逆变电路高效率、大容量的发展要求，逆变器需要处理的信息量越来越大，传统的逆变驱动和控制电路越来越不能满足要求。而微处理器和数字专用电路的进步，使逆变器技术发展上了一个新的台阶。

1. 逆变驱动电路

为了得到针对功率开关器件的好的PWM脉冲波形驱动，光伏系统逆变器驱动电路的设计非常重要。随着微电子和集成电路技术的发展，许多专用逆变多功能集成电路陆续推出，极大地方便了逆变电路的设计，同时也使逆变器的性能得到极大的提高。如各种开关驱动电路SG3524、SG3525、TL494、IR2130、TLP250等，在逆变器电路中得到广泛应用。

2. 逆变控制电路

光伏逆变器中常用的控制电路主要是对驱动电路提供符合要求的逻辑与波形，如PWM、SPWM控制信号等，从8位带有PWM口的微处理器到16位单片机，再到32位DSP器件等，使先进的控制技术在逆变器中得到应用，如矢量控制技术、多电平变换技术、重复控制技术、模糊逻辑控制技术等。

三、离网独立型光伏逆变器电路原理

（一）单相逆变器电路原理

单相逆变器的基本电路有推挽式、半桥式和全桥式三种，虽然电路结构不同，但工作原理类似，都是通过功率半导体开关器件的开通和关断作用，把直流电能变换成交流电能。电路中都使用具有开关特性的半导体功率器件，由控制电路周期性地对功率器件发出开关脉冲控制信号，控制各个功率器件轮流导通和关断，将直流信号转换成交流信号，再经过变压器耦合升压或降压后，整形滤波，输出符合要求的交流电。

1. 推挽式逆变电路原理

推挽式逆变电路由两只共负极连接的功率开关管和一个初级带有中心抽头的升压变压器组成。升压变压器的中心抽头接直流电源正极，两只功率开关管在控制电路的作用下交替工作，输出方波或三角波的交流电。由于功率开关管的共负极连接，使得该电路的驱动和控制电路可以做得比较简单，由于变压器的漏感可限制短路电流，因而提高了电路的可靠性。该电路的缺点是变压器效率低，带感性负载的能力较差，不适合直流电压过高的场合。推挽式逆变电路原理如图2–7所示。

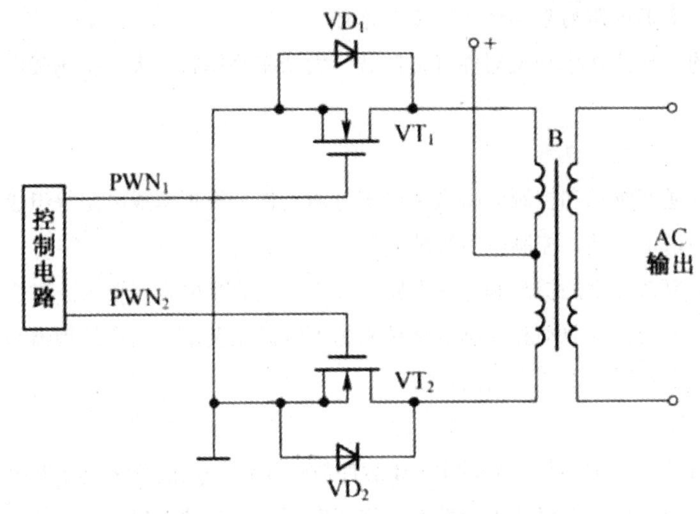

图 2-7 推挽式逆变电路原理

2. 半桥式逆变电路原理

半桥式逆变电路由两只功率开关管、两只储能电容器和耦合变压器等组成。该电路将两只串联电容的中点作为参考点，当功率开关管 VT_1 在控制电路的作用下导通时，电容 C_1 上的能量通过变压器初级释放；当功率开关管 VT_2 导通时，电容 C_2 上的能量通过变压器初级释放，VT_1 和 VT_2 的轮流导通，可在变压器次级获得了交流电能。

半桥式逆变电路结构简单，而且由于两只串联电容的作用，不会产生磁偏或直流分量，与推挽式逆变电路相比，非常适合后级带动变压器负载。但当该电路工作在工频时，由于频率较低，需要较大的电容容量，使电路的成本上升，因此，该电路更适用于高频逆变器电路中。半桥式逆变电路原理如图 2-8 所示。

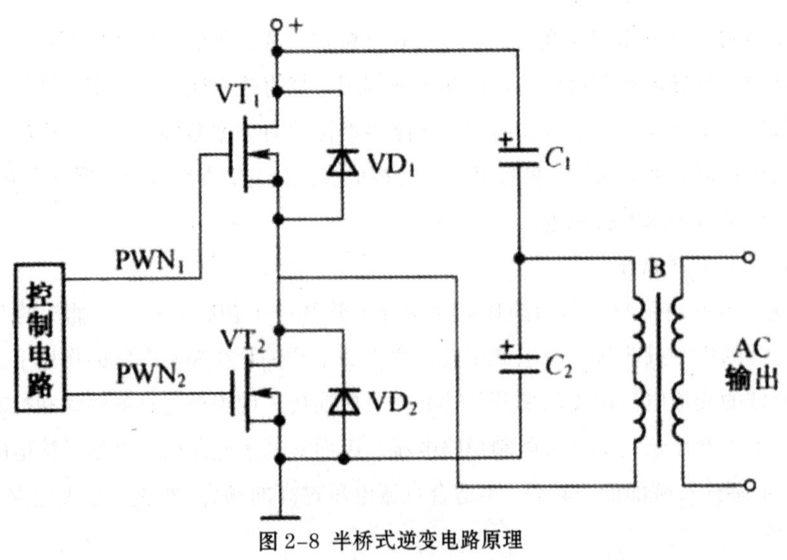

图 2-8 半桥式逆变电路原理

3. 全桥式逆变电路原理

全桥式逆变电路由 4 只功率开关管和变压器等组成，该电路克服了推挽式逆变电路的缺点，同时与半桥式逆变电路相比，省掉了两个价格较高的电容器，而多了两个功率开关管。功率开关管 VT_1、VT_4 和 VT_2、VT_3 相互反相，VT_1、VT_3 和 VT_2、VT_4 轮流导通，使负载两端得到交流电能。全桥式逆变电路原理如图 2-9 所示。

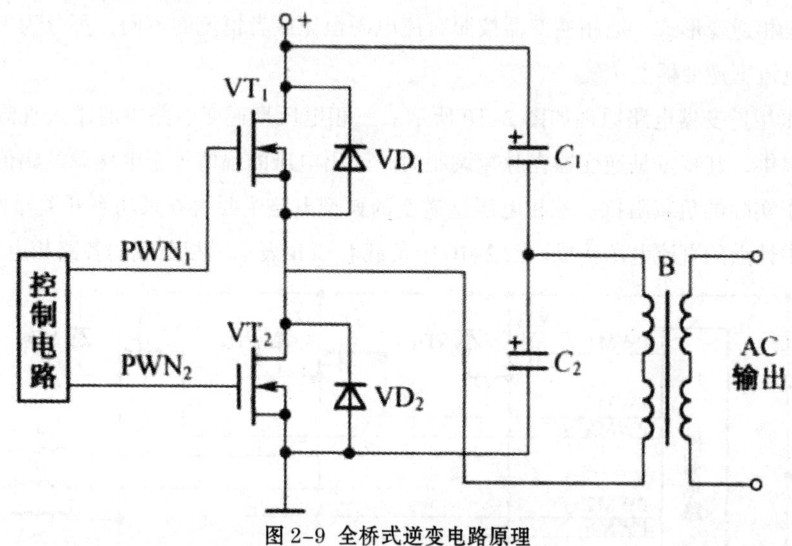

图 2-9 全桥式逆变电路原理

上述几种电路都是逆变器的最基本电路，在实际应用中，除了小功率光伏逆变器主电路采用单级（DC-AC）转换电路外，中、大功率逆变器主电路都采用两级（DC-DC-AC）或三级（DC-AC-DC-AC）电路结构形式。

一般来说，中、小功率光伏系统的太阳能电池组件或方阵输出的直流电压都不太高，而且功率开关管的额定耐压值也都比较低，因此，变换后的脉冲逆变电压也比较低，要得到 220V 或者 380V 的交流电，无论是推挽式、半桥式还是全桥式的逆变电路，其输出都必须使用工频升压变压器进行升压，由于工频变压器体积大、效率低、质量重，因此，只能在小功率场合进行应用。

随着电力电子技术的发展，新型光伏逆变器电路大都采用高频开关技术和软开关技术实现高功率密度的多级逆变。这种逆变电路的前级升压电路采用推挽逆变电路结构，但经过高频振荡电路的作用，工作频率都控制在 20kHz 以上，升压变压器采用高频磁性材料作铁芯，因而可以做到体积小、质量轻。低电压直流电经过高频逆变后变成了高频高压交流电，又经过高频整流滤波电路后得到高压直流电（一般均在 300V 以上），再通过工频逆变电路实现逆变得到 220V 或者 380V 的交流电，整个系统的逆变效率可达到 90% 以上，目前大多数正弦波光伏逆变器都是采用这种三级电路的结构。

新型多级逆变器具体工作过程是：首先将太阳能电池方阵输出的直流电（如 24V、48V、96V、110V 和 220V 等）通过高频逆变电路逆变为波形为方波的高频交流电，逆变频率一般在几千赫兹到几十千赫兹，再通过小型高频升压变压器升压整流滤波后变为高压直流电，然后经过第三级 DC—AC 逆变为所需要的 220V 或 380V 工频交流电。

（二）三相逆变器电路原理

由于受到功率开关器件的容量、零线（中性线）电流、电网负载平衡要求和用电负载性质等的限制，单相逆变器容量一般都在 100kVA 以下，不能满足大容量的逆变要求。大容量的逆变电路大多采用三相逆变形式。三相逆变器按照直流电源恒压或者恒流的不同，可分为三相电压型逆变器和三相电流型逆变器。

三相电压型逆变器电路原理如图 2-10 所示。三相电压型逆变电路中的输入直流能量是由稳定的电压源提供，其特点是逆变器在脉宽调制时，输出电压的幅值等于电压源的幅值，而电流波形大小取决于实际的负载阻抗。三相电压型逆变的典型电路主要由 6 只功率开关器件、6 只续流二极管和带中性点的直流电源构成。图 2-10 中负载 L 和 R 表示三相负载的各路相电感和相电阻。

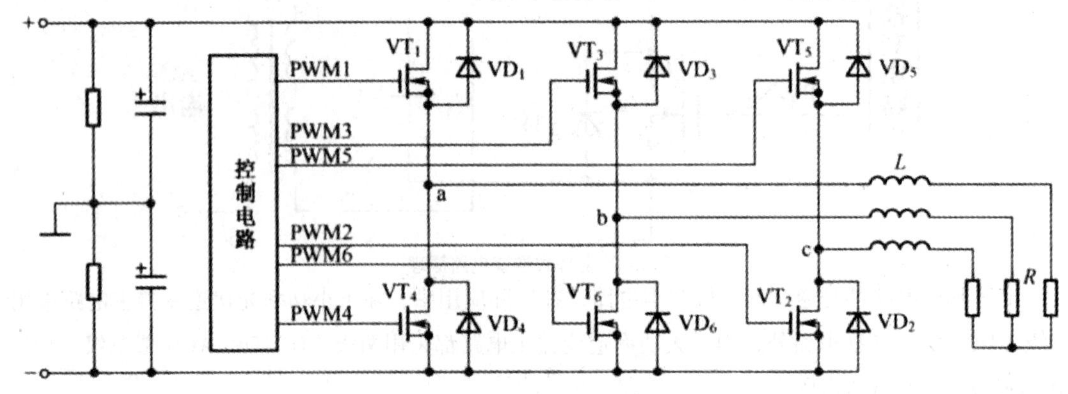

图 2-10 三相电压型逆变器电路原理

功率开关器件 $VT_1 \sim VT_6$，在控制电路的作用下，当控制信号为三相互差 120° 的脉冲信号时，可以控制每个功率开关器件导通 180° 或 120° ，相邻两个开关器件的导通时间互差 60° 。逆变器 3 个桥臂中上部和下部开关元件以 180° 间隔交替开通和关断，$VT_1 \sim VT_6$ 以 60° 的电位差依次开通和关断，在逆变器输出端形成 a、b、c 三相电压。

控制电路输出的开关控制信号可以是方波、阶梯波、脉宽调制方波、脉宽调制三角波和脉宽调制锯齿波等，其中后 3 种脉宽调制的波形都是以基础波作为载波，正弦波作为调制波，最后输出正弦波波形。

三相电流型逆变器的直流电流源是利用可变电压的电源，通过电流反馈控制来实现的。但是仅用电流反馈，不能减少因开关动作形成的逆变器输入电压波动带来的电流波动，所以需要在电源输入端串入大电感。

四、并网型光伏逆变器电路原理

（一）并网型逆变器的技术要求

并网型逆变器是并网光伏发电系统的核心部件。与离网型光伏逆变器相比，并网型逆变器不仅要将太阳能光伏发出的直流电转换为交流电，还要对交流电的电压、电流、频率、相位与同步等进行控制，还要解决对电网的电磁干扰、自我保护、单独运行、孤岛效应和最大功率跟踪等技术问题，因此对并网型逆变器有更高的技术要求。

1. 要求逆变器必须输出正弦波交流电

光伏系统逆变后并入公用电网的电力，必须满足电网规定的各项指标，如逆变器的输出电流中不能含有直流分量，高次谐波必须尽可能少，不能对电网造成污染等。

2. 要求逆变器在负载变化幅度较大时能够高效运行

负载变化对逆变器的影响要尽可能小，同时要求逆变器本身也要有较高的逆变效率，一般要求满载时的逆变效率要达到 90% 以上。

3. 要求逆变器能使光伏方阵始终工作在最大功率点状态

光伏系统的能量来自太阳，而日照强度随着气候和天气的变化而变化，太阳能电池的输出功率与日照、温度、负载的变化都有关系，这就要求逆变器具有最大功率跟踪功能，即不论日照、温度、负载等如何变化，都能通过逆变器的自动调节，实现太阳能电池方阵的最佳运行。

4. 要求具有较高的稳定性和可靠性

许多光伏发电系统处在边远地区，为无人值守和维护的状态，这就要求逆变器具有合理的电路结构和设计，具备一定的抗干扰能力、环境适应能力、瞬时过载保护能力等，如输入直流极性接反保护、交流输出短路保护、过热保护、过载保护等，以确保可以稳定、可靠地工作。

5. 要求有较宽的直流电压输入范围

太阳能电池方阵的输出电压会随着负载和日照强度、气候条件、天气的变化而变化。对于有蓄电池作为储存电能装置的光伏系统来说，虽然蓄电池对太阳能电池输出电压变化具有一定的钳位作用，但由于蓄电池本身电压也随着蓄电池的剩余电量和内阻的变化而波动，特别是不接蓄电池的光伏系统或蓄电池老化时的光伏系统，其端电压的变化范围很大。这就要求逆变器必须在较宽的直流电压输入范围内都能正常工作，并保证交流输出电压的稳定。一般要求 12V 光伏逆变器的直流电压输入范围为 10 ~ 20V。

6. 要求逆变器的体积

尽可能小、质量轻，还要散热良好，以便于室内安装或在墙壁上悬挂。

7. 要求能够防止孤岛效应

在电力系统发生停电时，并网光伏系统应既能独立运行，又能快速检测，并切断向公用电网的供电，防止触电事故的发生。待公用电网恢复供电后，逆变器能自动恢复并网供电。

（二）并网逆变器电路原理

1. 三相并网逆变器电路原理

三相并网逆变器多用于容量较大的光伏发电系统，输出电压一般为交流 380V 或更高，频率为 50Hz 或 60Hz，输出波形为标准正弦波，功率因数一般接近 1.0。

电路主要分为逆变主电路和微处理器电路两部分。逆变主电路主要完成 DC-DC-AC 的转换和逆变过程，微处理器电路主要负责控制系统并网。

系统并网控制的目的是使逆变器输出的交流电压、波形、相位等维持在电网规定的范围内，因此，微处理器控制电路要完成电网、相位实时检测，电流相位反馈控制、光伏方阵最大功率跟踪和实时正弦波脉宽调制信号发生等工作内容。

具体工作过程为公用电网的电压和相位经过霍尔电压传感器送给微处理器的 A/D 转换器，微处理器将回馈电流的相位与公用电网的电压相位作比较，其误差信号通过 PID 运算器运算调节后，送给 PWM 脉宽调制器进行相位调整，以此对逆变器输出的交流电压、波形、相位进行调节和控制。

微处理器的另一项主要工作是实现光伏方阵的最大功率输出。光伏方阵的输出电压和电流分别由电压、电流传感器检测并相乘，得到方阵输出功率，然后调节 PWM 输出占空比。占空比的调节实质上就是调节回馈电压大小，从而实现最大功率寻优。当回馈电压的幅值变化时，回馈电流与电网电压之间的相位角也将有一定的变化。由于电流相位已实现了反馈控制，因此，自然实现了相位幅值的解耦控制，使微处理器的处理过程更简便。三相并网逆变器电路原理如图 2-11 所示。

2. 单相并网逆变器电路原理

单相并网逆变器输出电压一般为电压 220V 或 110V 的正弦波交流电，多用于小型的用户系统。单相并网逆变器逆变和控制过程与三相并网逆变器基本类似。单相并网逆变器电路原理如图 2-12 所示。

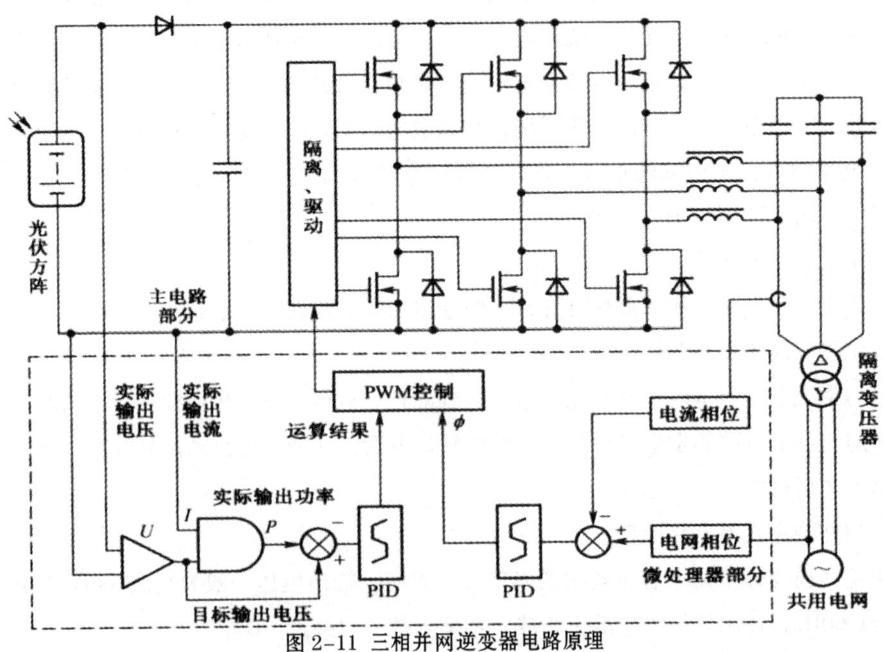

图 2-11 三相并网逆变器电路原理

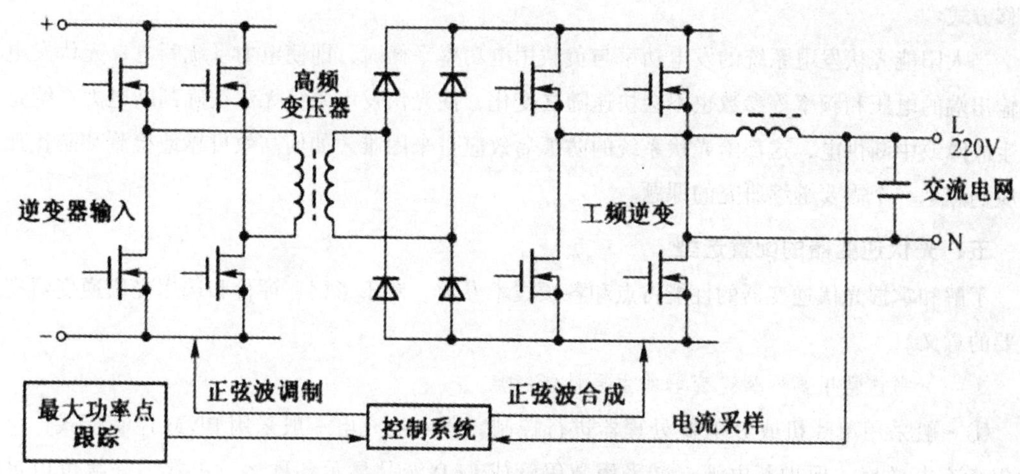

图 2-12 单相并网逆变器电路原理

3. 并网逆变器单独运行的检测和孤岛效应防止措施

在太阳能光伏系统并网发电过程中，由于太阳能光伏发电系统与电力系统并网运行，当电力系统由于某种原因而停电时，如果太阳能光伏发电系统不能随之停止工作或与电力系统脱开，则会向电力输电线路继续供电，这种运行状态被形象地称为孤岛效应，孤岛效应的发生会产生严重的后果。当电力系统电网发生故障或中断供电后，由于光伏发电系统仍然继续给电网供电，会影响电力供电线路的修复，威胁维修作业人员的安全，造成触电事故，而且还有可能给配电系统造成损害，甚至会损坏设备。

为了确保维修作业人员的安全和电力供电的及时恢复，当电力系统停电时，必须使太阳能光伏系统停止运行或与电力系统自动分离，即太阳能光伏系统自动切换成独立供电系统，还将继续运行并给一些应急负载和必要负载供电。

在逆变器电路中，检测出光伏系统单独运行状态的功能称为单独运行检测。检测出单独运行状态，并使太阳能光伏系统停止运行或与电力系统自动分离的功能称为单独运行停止或孤岛效应防止。单独运行检测功能分为被动式检测和主动式检测两种方式。

（1）被动式检测方式

被动式检测方式是通过实时监视电网系统的电压、频率、相位的变化，检测因电网电力系统停电向单独运行过渡时的电压波动、相位跳动、频率变化等参数变化，检测出是否处于单独运行状态的方法。被动式检测方式有电压相位跳跃检测法、频率变化率检测法、电压谐波检测法、输出功率变化率检测法等，其中电压相位跳跃检测法较为常用。

（2）主动式检测方式

主动式检测方式是指由逆变器的输出端主动向系统发出电压、频率或输出功率等变化量的扰动信号，并观察电网是否受到影响，根据参数变化检测出是否处于单独运行状态。主动式检测方式有频率偏移方式、有功功率变动方式、无功功率变动方式和负载变动方式等。较常用的是频率偏移方式。

当太阳能光伏发电系统的发电功率与负载用电功率平衡时，即使电力系统断电，光伏发电系统输出端的电压和频率等参数也不会快速随之变化，使光伏发电系统无法正确判断电力系统是否发生故障或中断供电，这都给光伏系统的防孤岛效应带来困难。如何高效可靠地检测和防止孤岛效应仍然是一个需要继续研究的课题。

五、光伏逆变器的配置选型

了解和掌握光伏逆变器的性能特点和各项技术参数，对于考察、评价和选用光伏逆变器有很重要的意义。

（一）当前常用离网型逆变器的主要性能特点

①一般采用单片机或 DSP 微处理器进行控制。蓄电池充电一般采用 PWM 控制模式，可大大提高充电效率、保护蓄电池。②采用数码管或 LED 液晶显示各种运行参数，并且可以灵活设置各种定值参数。③采用方波、修正波、正弦波输出，绝大部分采用了纯正弦波输出，波形失真率一般＜5%。④稳压精度高，额定负载状态下，输出精度一般≤ ±3%。启动时具有缓冲功能，避免对蓄电池和负载的大电流冲击。⑤高频变压器隔离，体积小、质量轻。配备标准的 RS232/485 通信接口，便于远程通信和控制。可在高海拔的环境中使用，适应环境温度范围宽，一般为 -20℃ ~ 50℃。⑥具有输入接反保护、输入欠压保护、输入过压保护、输出过压保护、输出过载保护、输出短路保护、过热保护等多种保护功能。

（二）当前常用并网型逆变器的主要性能特点

①功率开关器件采用新型 IPM 模块，可大大提高系统效率，同时能提高稳定性。②采用 MPPT 自寻优技术实现太阳能电池最大功率跟踪，最大限度地提高系统的发电量。③通过人性化界面液晶显示各种运行参数，可通过按键灵活设置各种运行参数。设置有多种通信接口供选择，可方便地实现计算机远程监控和人机交互。④具有完善的多种保护电路，系统可靠性高。具有较宽的直流电压输入范围。⑤可实现多台逆变器并联组合运行，简化光伏发电站设计，使系统能够平滑扩容。具有电网保护装置和防孤岛保护功能。

（三）光伏逆变器的主要技术参数

1. 额定输出电压

光伏逆变器在规定的输入直流电压允许波动范围内，应能输出额定的电压值，一般在额定输出电压为单相 220V 和三相 380V 时，电压波动偏差有如下规定：①在稳定状态运行时，一般要求电压波动偏差不超过额定电压值的 ±5%。②在负载突变时，电压偏差不超过额定值的 ±10%。③在正常工作条件下，逆变器输出的三相电压不平衡度不应超过 8%。④输出的电压波形（正弦波）失真度一般要求不超过 5%。⑤逆变器输出交流电的频率在正常工作条件下其偏差应＜1%。

2. 负载功率因数

负载功率因数是表示逆变器带感性负载能力的物理量，在正弦波条件下负载功率因数一般为 0.7 ~ 0.9。

3. 额定输出电流和额定输出容量

①额定输出电流是表示在规定的负载功率因数范围内，逆变器的电流额定输出值，单位为 A。②额定输出容量是指在接入纯电阻性负载时，逆变器额定输出电压和额定输出电流的乘积，单位是 kVA 或 kW。

4. 额定输出效率

额定输出效率是指在规定的工作条件下输出功率与输入功率之比通常应在 70% 以上。

逆变器的效率会随着负载的大小而改变，当负载率低于 20% 和高于 80% 时，效率要低一些。标准规定逆变器的输出功率在大于等于额定功率的 75% 时，效率应≥ 80%。

5. 过载能力

过载能力是要求逆变器在特定的输出功率条件下能持续工作一定的时间，其标准规定如下：①输入电压与输出功率为额定值时，逆变器应连续可靠工作 4h 以上。②输入电压与输出功率为额定值的 125% 时，逆变器应连续可靠工作 1min 以上。③输入电压与输出功率为额定值的 150% 时，逆变器应连续可靠工作 10s 以上。

6. 额定直流输入电压

额定直流输入电压是指光伏发电系统中输入逆变器的直流电压，小功率逆变器输入电压一般为 12V 和 24V，中、大功率逆变器电压有 48V、96V、110V、220V 和 500V 等。

7. 额定直流输入电流

额定直流输入电流是指太阳能光伏发电系统为逆变器提供的直流额定电流值。

8. 直流电压输入范围

光伏逆变器直流输入电压要宽，要求在额定直流输入电压的 90% ~ 120% 变化，而不影响输出电压的变化。

9. 使用环境条件

（1）工作温度

逆变器功率器件的工作温度直接影响到逆变器的电压、波形、频率、相位等多项参数，工作温度又与环境温度、海拔高度、相对湿度和工作状态等有关。

（2）工作环境

在高海拔地区，空气稀薄，容易出现电路极间放电，影响工作。在高湿度地区则容易凝结露水，造成局部短路。因此逆变器都规定了适用的工作范围。

（3）光伏逆变器的正常使用条件

环境温度在 -20℃ ~ +50℃，海拔 < 5500m，相对湿度 < 93%，且无凝露。当工作环境和工

作温度超出上述范围时，要考虑降低容量使用或重新设计定制。

10. 电磁干扰和噪声

逆变器中的开关电路极容易产生电磁干扰，容易在铁芯变压器上因振动而产生噪声。因而在设计和制造中都必须控制电磁干扰和噪声指标，使之满足有关标准和用户的要求。要求当输入电压为额定值时，在设备高度的1/2、正面距离为3m处，用声级计分别测量50%额定负载和满载时的噪声应不超过65dB。

11. 保护功能

（1）欠压保护

当输入电压低于规定的欠压断开（LVD）值时，逆变器应能自动断开或者关机保护。

（2）过电流保护

当工作电流超过额定电流值的150%时，逆变器应能自动断开起到保护作用。当电流恢复正常后，逆变器应能恢复正常工作。

（3）短路保护

当逆变器输出负载短路时，应具有短路保护措施，防止因短路剧烈发热而造成事故。短路排除后，设备应能自动恢复正常工作。

（4）极性反接保护

逆变器的正极输入端与负极输入端反接时，逆变器应能自动保护。待极性正接后，设备应能正常工作。

（5）雷电保护

逆变器应具有雷电保护功能，防止因雷击而造成设备损坏。

12. 安全性能要求

（1）绝缘电阻

逆变器直流输入端与机壳间的绝缘电阻应≥50MΩ，逆变器交流输出端与机壳间的绝缘电阻也应≥50MΩ。

（2）绝缘强度

逆变器的直流输入与机壳间应能承受频率为50Hz，正弦波交流电压为500V，历时1min的绝缘强度试验，无击穿或飞弧现象。逆变器交流输出与机壳间应能承受频率为50Hz，正弦波交流电压为1500V，历时1min的绝缘强度试验，无击穿或飞弧现象。

（四）光伏逆变器配置选型技术指标

光伏逆变器是太阳能光伏发电系统的重要组成部分，为保证太阳能光伏发电系统的稳定正常运行，对逆变器的正确配置选型显得尤为重要。逆变器的配置选型除了要根据整个光伏发电系统的各项技术指标并参考生产厂家提供的产品样本手册来确定外，一般还要重点考虑下列技术指标。

1. 额定输出功率

额定输出功率表示逆变器向负载提供电能的能力。额定输出功率高的逆变器可以带更多的用电负载。

选用逆变器时应首先考虑具有足够的额定功率，以满足最大负荷下设备对电功率的要求，并满足系统的扩容及一些临时负载接入的要求。当用电设备以纯电阻性负载为主或功率因数 > 0.9 时，一般选取逆变器的额定输出功率比用电设备总功率大 10% ~ 15% 即可。若用电设备的功率因数较小，需要选取更大功率的逆变器。

2. 输出电压的调整性能

输出电压的调整性能表示逆变器输出电压的稳压能力。电压调整率和负载调整率是衡量逆变器输出电压调整性能的重要参数。一般逆变器产品都给出了当直流输入电压在允许波动范围变动时，该逆变器输出电压的波动偏差百分率，通常称为电压调整率。高性能的逆变器还同时给出当负载由 0 向 100% 变化时，该逆变器输出电压的偏差百分率，通常称为负载调整率。性能优良的逆变器电压调整率应≤ ±3%，负载调整率应≤ ±6%。

3. 整机效率

整机效率是逆变器输出功率与输入功率的比值，表示逆变器自身功率损耗的大小。容量较大的逆变器还需要给出满负荷工作和低负荷工作下的效率值。一般 1kW 级以下的逆变器效率应为 80% 以上；10kW 级的逆变器效率应为 85% 以上；更大功率的效率必须在 90% 以上。逆变器的效率高低对光伏发电系统发电量和发电成本有重要影响，因此，选用逆变器要尽量对效率进行比较，选择整机效率高一些的产品。

4. 启动性能

逆变器应保证在额定负载下可靠启动。高性能的逆变器可以做到连续多次满负荷启动而不损坏功率开关器件及其他电路。小型逆变器为了自身安全，有时采用软启动或限流启动措施。

除此之外，光伏逆变器工作的稳定性、可靠性、价格等方面的因素也需要酌情考虑。

六、光伏逆变器的选配要求

光伏电池一般经过串、并联组成光伏分组阵列接入逆变器的直流侧，逆变器对于接入的光伏分组阵列有以下要求：①光伏分组阵列的端电压应满足逆变器直流输入电压范围，当电压低于其范围下限时，逆变器将停止运行。此时光伏发电系统不输出电力，即认为系统不能发电，应在发电量计算中予以剔除。为简化计算，在此可通过电池表面太阳光辐照阈值（光伏电池组件启动发电时其表面所应接收到的最低辐射量限值，单晶硅和多晶硅电池启动发电的表面总辐射量 280W/m^2、薄膜电池表面总辐射量 230W/m^2）进行判断。②光伏阵列的最大功率不能超过逆变器的额定容量。根据设计的电池组件分组阵列的输出电压和总功率选配相应工作电压和功率的逆变器，或根据逆变器的参数调整设计电池组件分组阵列串并联的方式，以满足相应的输出电压和总功率。逆变器的选配容量应大于等于光伏电池组件分组安装的容量。

第四节 光伏配电箱/汇流箱防雷与接地

光伏汇流箱及配电保护箱可以适应并网及离网发电系统，主要对光伏阵列的输入进行一级汇流，提供快速切断短路故障保护、防雷保护，以及系统其他设备的防护。同时可以减少光伏阵列接入的连线，优化系统结构，使得发电效率达到最佳。并网还要具有防逆流、防反接功能。

一、光伏配电箱/汇流箱

光伏配电箱/汇流箱，具有快速切断短路故障保护、防雷保护、确保光伏阵列及逆变器安全运行的功能，除此之外，还应具有防水、防触电、防逆流、防反接入功能，其使用寿命达25年以上。光伏发电系统逆变器输出的电能最终要被消费者消费掉，从逆变器到消费者之间需要光伏配电箱/汇流箱。光伏发电系统使用的光伏配电箱/汇流箱分为光伏直流配电箱/汇流箱、光伏交流配电箱/汇流箱。

（一）光伏直流配电箱/汇流箱

光伏发电系统，为了减少光伏组件和逆变器之间的连线，方便维护，减少损失，提高产品的安全性和可靠性，一般需要在光伏组件与逆变器之间增加光伏直流配电箱/汇流装置。光伏直流配电箱/汇流箱除了拥有光伏总线的功能外，同时，还应该有一个当前的反击、过电流保护、过电压保护、防雷和一系列完善的保护功能。直流配电箱一般需要配置直流熔断器、直流断路器、直流电涌保护器、防雷器等，需要满足《光伏方阵汇流箱技术规范》。

用户可以根据后端逆变器输入电压范围、输出功率的大小选择光伏直流配电箱。一定数量规格相同的光伏模块系统，并列组成光伏模块阵列，把所有接线端子并入光伏接线盒，然后断路器控制输出，雷电保护装置进行保护。

（二）光伏并网配电箱/汇流箱

一般需要在逆变器与电网之间增加光伏交流配电箱/汇流装置。对于并网系统而言，逆变器输出的交流电流，经交流断路器后，连接到计量表，并网点，形成并网系统。交流回路中，需要配置交流熔断器、交流浪涌保护器、交流断流器、防雷器等。交流浪涌保护器能有效去除回路中的感应雷，并且具有欠压保护功能，在市电网停电或者检修的情况下，可以自动跳开断路，断开并网回路，避免向系统供电造成工作人员带电操作的危险。光伏并网配电箱/汇流箱在光伏发电系统中，起到防雷、汇流、过压、过流、过载等作用。根据输入不同，有3路、4路、6路和8路等输入，将多路光伏阵列与逆变器相连，同时具有防雷过流功能，保障逆变器等设备平稳运行。

二、防雷和防雷设计

雷电是一种常见的大气放电现象。根据放电形式不同主要分为直接雷击、感应雷击、雷电入侵和地电位反击。光伏发电系统通常安装于开阔地带或者地势较高的地点，这些设备和系统就在雷击的范围内，如果雷击发生会导致发电设备的损坏、发电线路短路等。所以光伏发电系统必须采取有效的防雷措施。

（一）雷电

一般来说，直接雷击发生概率小，大约为 10%，且破坏小；而感应雷是一种较为常见的雷电现象，且破坏性较大。人们通常根据雷电的不同选择不同的避雷设备，如避雷线、避雷器、避雷针、角型间隙。研究表明，雷电的发生与地理位置、地质条件、季节都有很大的关系。

（二）防雷设备

1. 避雷针

避雷针是一种最常见的防雷装置，一般是由很尖的金属棒或者金属管和接地装置构成，主要用来防止高空产生的直接雷击，对于小型光伏电站来说，避雷针的高度需要大于 15m。

2. 避雷器

避雷器可以有效地防止雷电波的入侵，可以有效地保护雷电入侵线路所导致的电力设施和电磁设备的电压过大。适合安装在设备间配电箱或者用电设备前端，如光伏发电系统的配电箱、重要控制设备等。

（三）光伏发电系统防雷设计

户外运行的光伏电站，对防雷的设计，主要考虑直击雷和感应雷的防护。为防止感应雷的发生，整个光伏发电系统包括光伏组件外框、逆变器外壳、控制器外壳、交直流配电柜、变压器等应做等电位连接，并且要独立接地连接。为防止直击雷电的发生，需要在光伏发电系统安装避雷针、避雷带，关键位置安装避雷网。为保护发电设备和控制设备，在交直流配电柜、逆变器、控制器、光伏阵列之间要安装避雷器，实现多级保护。太阳能光伏发电站属于三级防雷建筑物，对直击雷要有雷电泄电通道；对于感应雷，在设备之间供电线路要安装避雷器；各个设备之间要保证等电位，且接地线路连接良好。防雷器安装指导如下：①防雷器并联于各种直流用电设备空气开关的负载侧，直接安装于直流配电屏或开关箱内的导轨上，接地线以最短的距离接在接地铜排上。②电源连接：正极接“+”，负极接“–”。③防雷器产品标有“PE”标志的接地端应接上地线，接好地线后，务必要旋紧螺钉。接地线选用 $6mm^2$ 以上的铜芯线，地线到接地汇流排的长度应尽量粗短，接地电阻应 $< 10\Omega$。④防雷器接地尽可能用最短的线连接。电涌保护器接地采用端子接地方式，接地线必须与防雷地线相连。信号的屏蔽线可直接接到接地端子上。⑤防雷器在不超过要求的条件下安装是不需要长期维护的，只需系统例行维护；如在使用过程中，线路传输出现问题，换下电涌保护器后线路传输恢复正常，说明电涌保护器已经损坏，需维修或更换。

（四）接地种类

光伏发电系统中常见的接地有防雷接地、保护接地和工作接地。防雷接地是通过避雷器、避雷线把雷电引入大地，从而减小对系统和设备的破坏。保护接地是把电气设备上由于漏电或者感应带的电引入接地系统。工作接地主要保证光伏设备、用电设备、建筑、大地等之间的电位相同。

第三章 光伏发电站接入电网要求

第一节 光伏发电及其并网技术

一、光伏发电技术

（一）光伏电池

光伏电池是以半导体P–N结上接受光照产生光生伏特效应为基础，直接将光能转换成电能的能量转换器。当光照射到半导体光伏器件上时，在器件内产生电子—空穴对，在半导体内部P–N结附近生成的载流子没有被复合而能够到达空间电荷区，受内建电场吸引，电子流入N区，空穴流入P区，结果使N区储存了过剩的电子，P区有过剩的空穴，它们在P–N结附近形成与内建电场方向相反的光生电场。光生电场除了部分抵消势垒电场的作用外，还使P区带正电，N区带负电，在N区和P区之间的薄层就产生电动势，这就是光生伏打效应。

光伏电池等效电路如图3–1所示。

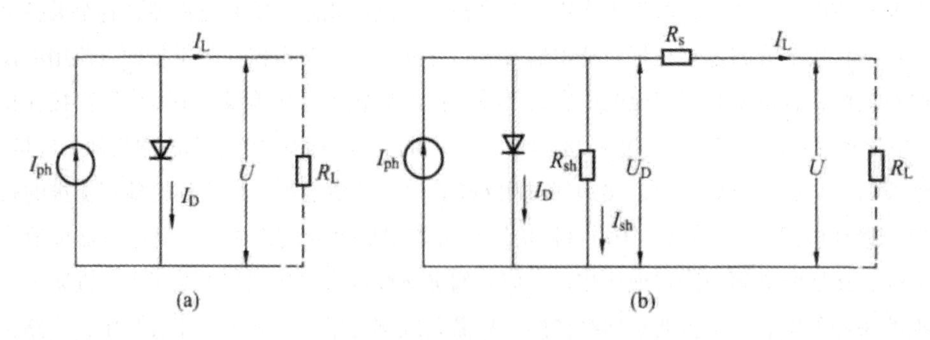

图3–1 光伏电池的等效电路

（a）理想等效电路；（b）实际等效电路

图3–1（b）中，I_{ph}为光生电流，其值正比于光伏电池的面积和入射光的光照强度；I_L为光伏电池输出的负载电流；U为负载两端的电压；无光照情况下，光伏电池的基本行为特性类似于一个普通二极管，U_D表示等效二极管的端电压，I_D为流经二极管的电流；R_L为电池的外负载电阻；由电池的体电阻、表面电阻、电极导体电阻、电极与硅表面间接触电阻和金属导体电阻等组成的

电阻在电路中等效为串联电阻 R_s；由电池表面污浊和半导体晶体缺陷引起的漏电流所对应的 P-N 结漏泄电阻和电池边缘的漏泄电阻等组成的电阻在电路中等效为并联电阻 R_{sh}。一般来说，质量好的硅晶片 R_s 的尺约为 7.7 ~ 15.3mΩ，R_{sh} 为 200 ~ 300mΩ。

因等效串联电阻 R_s 相对较小，而等效并联电阻 R_{sh} 相对较大，计算时理想的等效电路只相当于一个电流为 I_{ph} 的恒流源与一个二极管并联。

（二）光伏逆变器

逆变器是将直流电变换成交流电的电子设备。由于太阳能电池发出的是直流电，当负载是交流负载时，逆变器是不可缺少的。逆变器按运行方式，可分为独立运行逆变器和并网逆变器。独立运行逆变器用于不与大电网相连的独立负载供电。并网逆变器用于并网运行的太阳能光伏发电系统，将发出的电能馈入电网。逆变器按输出波形，又可分为方波逆变器和正弦波逆变器。方波逆变器，电路简单，造价低，但谐波分量大，一般用于几百瓦以下和对谐波要求不高的系统。正弦波逆变器，成本高，但可以适用于各种负载。目前，SPWM 脉宽调制正弦波逆变器是发展的主流。

以电压型三相桥式逆变器电路为例说明逆变器的工作原理，图 3-2 所示为并网光伏发电站中电压源逆变电路结构图。

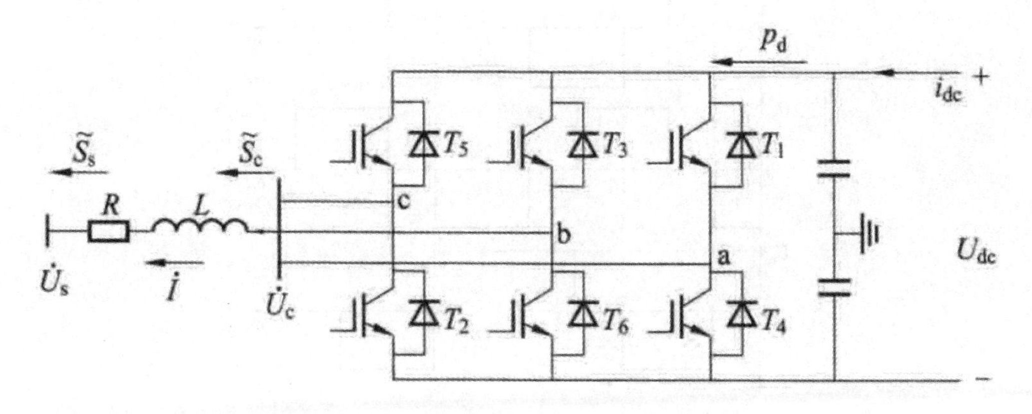

图 3-2 并网光伏发电站中电压逆变器电路结构图

当 T_1 导通时，节点 a 接于直流电源正端；当 T_4 导通时，节点 a 接于直流电源负端。同理，节点 b 和节点 c 也是根据上下管导通与否决定其电位的。按照图 3-2 中标号的开关器件的激励信号彼此间相差 60°。若每个晶体管导通 180°，即任何时刻都有 3 个绝缘栅双极晶体管（IGBT）导通，并按 1，2，3→2，3，4→3，4，5→4，5，6→5，6，1→6，1，2 顺序导通，则能获得如图 3-3 所示的输出电压波形，它们的基波分量彼此间相位差为 120°。图中，U_{B1} ~ U_{B6} 为不同时刻 6 个晶体管电压，U_{ab}、U_{bc} 和 U_{ca} 为逆变器交流侧线电压。

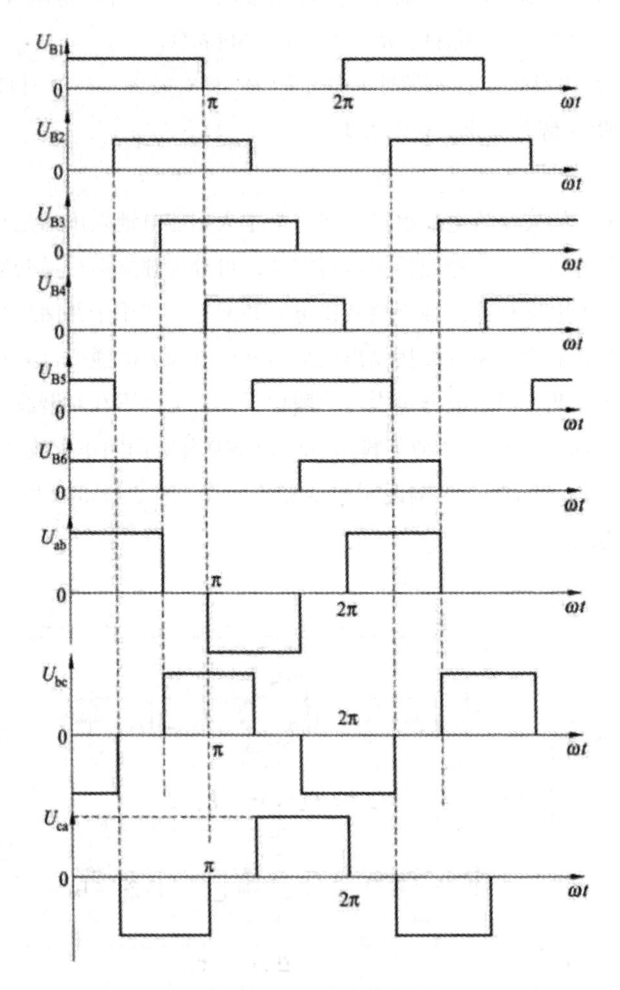

图 3-3 电压型三相桥式逆变器波形

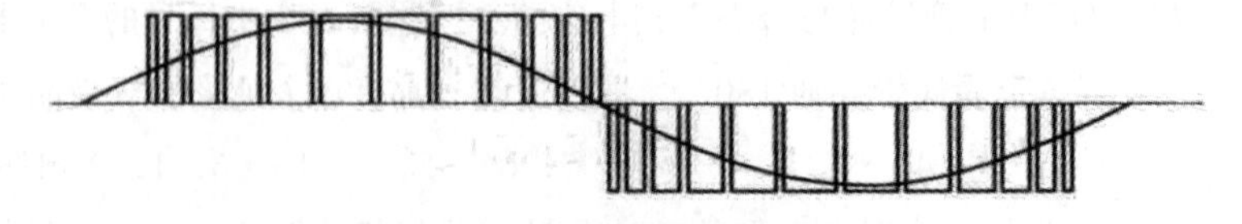
图 3-4 逆变器的单相输出波形

实际运行中，为了减小输出电压的谐波，通常运用高频脉宽调制技术（PWM），将正弦波形两边的电压脉冲变窄，中间的脉冲变宽，半周期内向同方向多次进行开关动作，形成图 3-4 所示的脉冲波序列。

二、光伏发电出力特性

光伏发电是利用光伏电池的光伏效应原理将太阳辐射能直接转换为电能的一种发电形式。光伏发电站有功出力的平滑可控性较差，主要受太阳辐照的影响，表现为白天发电，晚上停发，在晚上负荷高峰时不能提供电量。同时，云层的遮挡会导致光伏电池出力的急剧下降，秒级最大降幅可达50%以上。因此，光伏发电具有间歇性、波动性及随机性的特点，但由于太阳辐射的变化有较强的规律性，因此光伏发电出力也具有一定的规律性。

我国西北部地区具有地势海拔较高、气候干燥、晴天日数多、大气透明度好、日照时间长、辐射强度高等特点，非常适宜修建太阳能光伏发电站。

三、光伏发电站接入对电网的影响

（一）对调峰的影响

在实际运行中，电网的运行方式时刻变化，电网中负荷也是变化的，可用于平衡光伏发电站出力波动及负荷波动的电网调峰容量也会随之发生变化。电网调峰容量为系统负荷与运行方式下最低出力之间的差值，该调峰容量随着负荷的变化时刻在变，因此，当运行方式确定后，负荷最小时可用于平衡光伏发电站出力波动的电网调峰容量最小。另外，由于光伏发电站出力时刻变化，负荷低谷时刻光伏发电站出力也可能为零，而其他时候光伏发电站可能满出力，因此，电网调峰问题的瓶颈必须通过分析光伏发电站出力对负荷峰谷差的影响来分析。

基于光伏发电站功率预测，可以根据光伏发电站出力与负荷叠加后的等效负荷来安排其他电源的调度曲线。光伏发电站接入电网有可能使等效负荷的峰谷差变大，也有可能使等效负荷峰谷差变小，峰谷差变大后不仅不能改善系统的负荷特性，反而使其有所恶化；而且，光伏发电站并网装机容量越大，影响也越大，系统负荷峰谷差变大后使得负荷在更大范围内变化，系统调峰变得更加困难。

（二）对无功电压的影响

由于电压偏移过大时，会影响工农业产品的质量和产量，损坏设备，甚至引起系统性的“电压崩溃”，造成大面积停电。系统电压降低时，电网中电动机各绕组中的电流将增大，温升将增加，效率降低，寿命缩短；系统电压升高时，会使所有电气设备绝缘受损。光伏发电站接入电网等值图如图3-5所示。

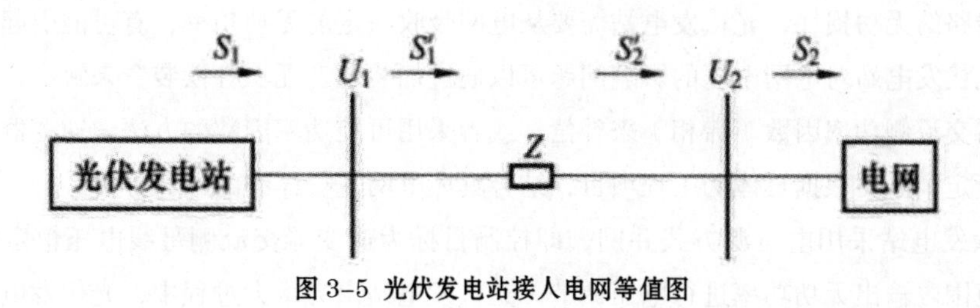

图3-5 光伏发电站接人电网等值图

（三）对稳定性的影响

光伏发电站和常规发电机组具有一定的区别，在电网发生严重故障时，光伏发电站若不具备低电压穿越能力则会退出运行，当并网光伏发电站容量所占比例较大时，大量的光伏发电站脱网会造成电网频率严重下降，影响到系统的安全稳定运行；另外，光伏发电站出力特性具有无惯性。由于光伏发电站的出力特性，其大容量并网后，当电网、光伏发电站发生故障和异常运行时，会对系统的稳定性产生一定的影响。

（四）对电能质量的影响

由于光伏发电站出力具有一定的间歇性、随机性和波动性，因此光伏发电站并网运行后会对电网电压偏差和变动带来一定的影响。另外，由于光伏发电站内有大量的电力电子元件，如逆变器和无功补偿设备，因此会对电网造成一定的谐波污染，严重时会影响到电网的供电可靠性和安全稳定性。因此需要根据电网的实际运行情况，对光伏发电站接入后产生的电能质量问题进行正确评估，以确定是否需要采取措施进行解决，保证电网的安全稳定运行。

第二节 太阳能光伏发电站接入电网的影响因素

面临不同容量、不同并网方式、不同系统配置的光伏发电系统接入不同输电网或配电网的要求，从电网角度而言，由于光伏并网发电特性有别于常规发电方式，常规电厂的并网技术条件和接入计算方法就不再适用。加上国内没有全面、明确、可操作的管理标准和技术规范，电网企业就很难从电能质量、可靠性、安全性和规范管理的角度对光伏并网系统进行全面评估，从而导致了光伏发电系统并网的复杂性和困难性。标准的缺失不利于电网部门进行并网光伏发电站的规范管理，也不利于系统集成商进行规范化的光伏发电系统设计和生产；此外，光伏发电站的建设和规划尚未全面考虑与电网的交互影响；对于大容量光伏并网系统，小容量光伏发电系统中被忽略的很多问题必须予以考虑；电力系统安全和稳定运行对大容量光伏并网系统也提出了新的要求。

一、光伏发电站的出力特性

光伏发电站基本都采用电流源方式并网，也就是在光伏发电站出力变化过程中控制逆变器交流侧功率因数恒定，光伏发电站采取电流源方式并网时，由于光伏发电站内交流集电线路、升压变和送出线路的无功损耗，光伏发电站需要从电网吸收一定的无功功率，有可能引起系统电压大幅降低。光伏发电站对电网电压的影响问题可以通过加装动态无功补偿装置来解决，也可以通过设定逆变器交流侧功率因数（滞相）来补偿，或者采用可控功率因数的方法。逆变器交流侧功率因数如何设定，需要根据具体的工程项目，结合具体电网进行详细的计算分析。

当光伏发电站采用电压源方式并网，即控制目标为逆变器交流侧母线电压恒定时，逆变器应在一定范围内输出无功功率进行电压调节。光伏发电站出力增大过程中，光伏发电站内部电压有“先升后降”的趋势，因此为维持交流母线电压，逆变器呈现出先吸收无功功率后发出无功功率的规律。随着光伏发电站出力增加，光伏发电站发出的无功功率逐渐增加，光伏发电站内部10kV母线电压和相关电网内母线电压呈现先增大后减小的趋势，但在该装机容量下，电压没有大幅降低，维持在电网允许的范围内。

光伏发电站采取电压源方式并网时，逆变器需要调节发出或吸收的无功功率大小来维持并网点电压恒定。光伏发电站逆变器维持并网点电压的能力与逆变器容量及其无功控制范围有关。计算表明，光伏发电站采用电压源并网对电网无功电压的影响相对要小。

二、发电能力及效率分析

太阳光的波动性和随机性，使得光伏发电系统的输出持续发生变化，因此光伏发电系统的出力受太阳光照的影响非常明显。现有系统不具备有功出“调度”调节能力，当大容量系统接入电网后，作为不“可调度”的电源点，无法像常规发电机组一样承担电网的频率、电压调整任务；当太阳光强迅速变化时，输出功率也会在较大的范围内快速波动（变化速率可超过10%额定功率/s）。

解决这个问题可以通过在发电系统中配置适当容量储能装置的方法，由储能装置进行“削峰填谷”，解决光伏发电量与电网需求的平衡问题。相应的，光伏发电系统还需增加双向换流装置（带充电控制器）、用于调度接口的上层控制系统，以实现“可调度”的并网光伏发电系统，该技术尚处于研究开发阶段，但作为技术发展趋势十分必要。

由光伏电池组件伏安特性可知，在一定的光照强度和组件温度下，电池组件可以工作在不同的输出电压点，但只有在某一输出电压点时，光伏电池的输出功率才达到最大，这个点称为最大功率点（MPP）。从实际并网系统运行情况来看，影响系统整体效率的一个重要因素（除组件效率、逆变装置元器件损耗、线路损耗等因素）就是并网逆变器内嵌MPPT（最大功率点跟踪）算法的优劣。

根据理论研究，光伏方阵的MPP工作电压主要与光照强度和组件温度有关：当组件温度不变而光照强度变化时，MPP的电压工作点基本不变；而当光照强度不变，组件温度变化时，电池阵列MPP的直流电压变化方向与温度变化方向相反；但由于通常情况下光照强度与组件温度呈正相关关系，因此理论上光照强度增强时，MPP工作点直流电压应略有下降，反之亦然。可以据此通过光伏发电系统运行稳态数据的统计和分析，对各类并网逆变器MPPT算法的性能进行简单的定性分析。

不同逆变器内嵌MPPT算法确实存在较大的差异，这将直接影响系统整体发电效率的高低，有必要在实验室条件下对上述功能算法进行测试，以保证逆变器产品软、硬件都具有较高的效率。

三、对电能质量的影响

光伏发电系统伴随着大量非线性元器件的使用，特别是电力电子变流器的广泛使用，对电网的功率因素和谐波畸变等产生影响，因此提高光伏发电系统电能质量成为当前迫切需要解决的重要问题。

（一）电压质量控制及功率因数校正

光伏并网发电系统对配电网和高压输电网的电压质量及其控制均有一定的影响。光伏并网发电系统受日光照射的影响较大，发电量时常变化无常，而配电网中除了通过投切电容电抗器调节电压外，一般很少具有其他的动态无功调节设备。如果该类发电量所占比例较大，其电能输出的波动性将使配电线路上的负荷潮流也极易波动且变化较大，从而加大了电网正常运行时的电压调整难度，调节不好会使电压超标。

对于系统电压的影响程度，取决于光伏并网发电系统的安装位置、容量大小等。当电网内的光伏并网发电系统规模较大时，如果由于日照突变等原因导致光伏并网发电系统的电源突然减少或失去，一般而言，若这部分功率须由当地的配电变压器提供，则该系统可能引起整个配电网的电压骤降。

由于传统的无源滤波器体积和质量大，且需针对不同的频率进行设计，功率因数校正（PFC）技术是提高功率因数和降低谐波污染的重要途径。近年来，有源功率因数校正技术（APFC）已成为电力电子领域的研究热点，现已从电路拓扑、控制策略发展到集成模块，首先在单相 PFC 电路方面取得成果。例如，可用于 Buck、Boost、Buck-boost 等 DC/DC 基本变换电路的专用或通用的 PFC 控制器。目前的研究重点在三相 PFC 控制技术上，例如，单开关、多开关及软开关三相 PFC 电路的研制。特别是，软开关技术与 PFC 技术的融合是发展的新趋势。虽然，PFC 产品受到功率的限制，但应用于分布式新能源发电系统却是重要机遇。

（二）谐波污染

光伏并网发电系统的直流电经逆变后转换为交流电并入电网时，会产生谐波，对交流电网造成谐波污染。

光伏并网发电系统产生谐波的原因主要有两个：①光伏阵列产生的直流电经逆变器后转换为交流电并入电网时，由于逆变器的作用会产生 10 ~ 25kHz 脉冲频率的高次谐波；②当采取某些最大功率跟踪和主动式孤岛检测技术时，也会产生特殊的谐波。

在电网内的光伏并网发电系统规模有限、滤波器设计良好的情况下，光伏并网发电系统产生的谐波对交流电网造成的污染一般较易控制。但随着光伏并网发电系统的逐步推广和发电容量占电网内总发电量比例的上升，系统内含有的多个谐波源会产生严重影响电能质量的谐波，还可能在系统内激发出高次谐波的功率谐振，并对交流电网造成严重的谐波污染。光伏并网发电系统的逆变器一般采用电压型逆变主电路。该主电路可以实现有源滤波和无功补偿控制，并已得到广泛的应用。将光伏并网的发电控制与无功补偿、有源滤波控制相结合，可构成并网发电、无功补偿和有源滤波的一体化控制系统。在电网的边缘地区建立使用一体化控制技术的大型光伏并网发电系统，可以有效改善供电质量和供电能力。

而光伏发电站工作在低功率区时，也会产生较大的电流谐波。针对现有并网逆变器，谐波抑制的有效解决方案有群控技术（Team）和综合补偿控制两种。

群控技术是指为了使逆变器工作在高效区，将多台逆变器并联运行，逆变器间进行协调控制的一种方式。由于群控时各逆变器的直流侧并联，提高了直流侧的容量，相对于非群控的低功率状态，通过协调控制使得此时只有一台逆变器工作，可使此逆变器工作在较高效率区，从而可以提高逆变器发电功率、降低谐波含量。

补偿控制技术则是在逆变器中集成交流滤波器，主要为有源滤波技术（APF），通过综合控制，实现输出有功 / 无功功率控制的同时，抵消产生的谐波分量。

（三）孤岛效应影响用户用电质量

当电力公司的供电因故障、事故或停电维修而跳脱时，各用户端的太阳能并网发电系统有可能和周围的负载构成一个电力公司无法掌握的自给供电孤岛，即所谓的孤岛效应。当光伏并网发电系统越来越多时，产生孤岛效应的概率也将增加。一般来说，孤岛效应对整个配电系统及用户端造成的影响主要包括：（1）重新恢复供电时，因相位不同步而对电网用户造成冲击。（2）电力孤岛区域供电电压和频率不稳定。（3）当太阳能并网发电系统切换成孤岛方式运行时，如果该供电系统内无储能元件或其容量太小，会使用户负荷发生电压闪变。（4）太阳能供电系统脱离原有的配电网后，其原来的单向供电模式可能造成其他配电网内出现三相负载不对称的情形，因而可能影响到其他用户的电压质量。

四、对电网运行的影响

由于太阳能发电的波动性，使大电网短期负荷预测准确性降低，增加了传统发电和运行计划的难度，断面交换功率的控制难度加大。

光伏发电系统接入公共电网，使大电网中电源点增加了很多，电源点分散，单点规模小，显著增加了电源协调控制的困难，常规的无功调度及电压控制策略难以适应，将可能在电网调峰、安全备用、电压稳定和频率安全稳定等方面带来一定影响，增加了大电网运行控制的难度。因此，光伏发电大规模接入公共电网后，原有常规电源对大电网运行的调整与控制能力被削弱，给大电网安全稳定运行控制带来新问题。

由于太阳能光伏发电系统自身的特点，会对电网的运行带来一些负面影响，具体表现在以下方面：（1）光伏并网发电系统的接入可能使配电网中的某些设备闲置或成为备用。例如，当光伏并网发电系统运行时，与配电系统相连的配电变压器和电缆线路会因负荷小而轻载，导致配电系统部分设备成为光伏并网发电系统的备用，从而使电网的运营成本增加，供电效率下降。（2）当光伏并网发电系统规模较大后，除非是储能技术有了大的突破，否则，为了应对该类系统发电的波动性，电网将不得不为其提供一定的区域性旋转备用机组和无功补偿容量，以便能及时调控系统的频率和电压。（3）即使未来光伏并网发电远距离输送电力在经济和技术上都成为可能，无论是专门为其架设输电线路还是借助已有的输电线路，由于负荷率低下，将使这些输电线路的利用效率很低，因而显得很不经济。

上述分析表明，光伏并网发电系统的接入，一方面利用了太阳能这一取之不尽的清洁能源，另一方面在某些情况下将对电网的经济运行产生一定的影响。

（一）对电网电压及其稳定性的影响

在光伏并网发电系统的发电容量占电网内总发电量比例达到一定程度后，由于光伏发电站出力的时变特性，馈线上的潮流可能会发生实时变动，甚至有逆潮流注入输电网的时刻，这将使馈线电压调节设备的正常工作受到影响。如果发生潮流倒送的现象，光伏电源与变电站之间将会有一个电压降的梯度变化，可以通过调节变压器的调压开关予以修正，但是必须与光伏电源和其他无功电压补偿装置协同工作。

当光伏并网发电系统的发电容量占电网内总发电量比例逐步增大后，不仅可能对配电网内的电压控制产生影响，还可能影响到高压电网的电压特性，甚至引起电压稳定性问题。例如，某大区电网的重负荷区内安装了大量的光伏发电系统，考虑到这类地区的日照特性基本相同，当该地区的日照出现突变时，由于太阳能功率的大量减少，将导致该地区出现大量的功率缺额，若该缺额很大，则可能对该地区整个的电压质量甚至电压稳定性产生不利影响。

从这一角度看，即使今后要大力发展光伏发电，在负荷中心处，也须对该类发电系统所占的比例进行适当控制。

（二）对电网频率的影响

当光伏并网发电系统的发电容量占电网内总发电量比例逐步增大后，由于其发电具有一定的随机性，因而可能导致电网内的频率时常出现波动，如果系统内的一次调频机组大多采用火电机组，将会在一定程度上影响到汽轮机叶片的使用寿命。

此外，为今后更好地接纳大容量光伏并网发电系统发出的电能，并应对光伏并网发电系统所发电能的时变性，要求电网内必须具备足够的调峰电源，同时也要求人们对传统的电网调峰容量配置理念进行重新审视。

（三）孤岛系统内的电压和频率安全

孤岛现象是指当电网由于电气故障、误操作或自然因素等原因中断供电时，光伏并网发电系统未能检测出停电状态而脱离电网，仍然向周围的负载供电，从而形成一个电力公司无法控制的自给供电孤岛。光伏并网发电系统处于孤岛运行状态时会产生严重的后果，如孤岛中的电压和频率无法控制，可能会对用户的设备造成损坏；孤岛中的线路仍然带电，可能会危及检修人员的人身安全等。

当系统内出现了孤岛效应后，在该孤岛内缺少蓄电池的前提下，如何确保该孤岛系统内用户的供电电压和频率质量，乃至电压和频率稳定性，这也是光伏并网发电系统中需要重点解决的技术问题。

抗孤岛保护是并网光伏发电系统的最重要保护功能之一，一方面可以避免由于孤岛运行可能导致的与市电非同期并网；另一方面也彻底消除对线路检修维护人员造成人身触电的安全隐患。抗孤岛保护功能要求电网失电时，逆变器能够快速并可靠地检测出孤岛状态并闭锁输出。现有技术条件下的逆变器孤岛检测主要分为主动检测和被动检测。被动式方法利用电网断电时逆变器输出端电压、频率、相位或谐波的变化进行孤岛检测，该方法的缺点是：若光伏发电系统输出功率与局部负载功率平衡，则该方法将失去孤岛效应检测能力。主动式检测方法是指通过控制逆变器，使其输出功率、频率或相位存在一定的扰动。电网正常工作时，由于电网锁相环的平衡作用，检测不到这些扰动，一旦电网出现故障，逆变器输出的扰动将快速累积并超出允许范围，便可触发孤岛效应检测电路。主动式检测方法目前主要有；阻抗测量法、输出功率扰动法、主动频率偏移法及滑动频率移相法等。

五、对配电网的影响

（一）继电保护

我国的中低压配电网主要是不接地（或经消弧线圈接地）单侧电源和辐射型供电网络。高比例光伏并网发电的引入使得配电网从传统的单电源辐射状网络变成双端甚至多端网络，从而改变故障电流的大小、持续时间及方向。而配电网中的继电器大多不具备方向敏感性，这可能会导致断路器保护误动作、拒动作并失去选择性，进而导致熔断器动作也失去选择性。由于处在电能传输链的最末端，配电系统的电压等级通常较低，在光伏发电等分布式发电系统投入之前，除了局部地区存在一些零星的小水电、小煤电外，配电系统中基本无电源存在。这意味着，目前大多为放射型的配电网络中，潮流的流动通常是单一的，很少会产生转移电流，因此配电网中大量的继电保护装置中的很多继电器不具备方向敏感性。

光伏并网发电系统自身的故障也会对系统的运行和保护产生影响。随着光伏发电或其他分布式发电系统的大量投运，配电系统中线路上的潮流具有了双向流动的可能性。因为不可能为了新增的光伏发电或其他分布式发电系统而对现有的继电保护体系做大量改动，如果光伏并网发电系统不能与原有的继电保护协调配合并相适应，当其他并联分支元件发生故障时，便可能引起安装有光伏并网发电系统分支上的继电器误动作，进而造成该无故障分支失去主电源。此外，当光伏并网发电系统的功率注入电网时，通常会使原来的继电器保护区缩小，从而可能影响继电保护装置的正常工作。

另外，当光伏并网发电系统抗孤岛保护功能不能与自动重合闸等装置协调配合时，就会引起非同期合闸。目前，从理论上对光伏并网发电提出了多种继电保护改进方案，但这些方案需要进一步验证，以保证其可靠性和有效性。

（二）配电系统的实时监视、控制和调节

原有的配电网基本是一个无源的放射形电网，与高电压等级电网相比，其信息采集、开关操作、能源调度等相对比较简单。其实时监视、控制和调度通常由供电部门统一执行。而光伏并网发电系统接入后，将使该过程趋于复杂化。需要增补哪些信息，这些增补的信息是作为监视信息还是作为控制信息，由谁来执行等，均需依据光伏并网发电系统的并网规程重新予以审定，并通过具体的光伏并网发电系统并网协议及调度运行部门妥善协调最终确定。

（三）电能计量

光伏并网发电系统并入配电网前，配电网中电能的流向基本是单一方向，光伏发电系统并网后，个别配电网区域内的潮流流向可能是双向的，因此需将原有的电能计量模式由单向改为双向计量模式。

另外，由于光伏并网发电系统的发电成本仍然较高，如何在计量系统中合理地反映电价差别，也需重新考虑。

（四）配电系统的规划

光伏发电系统的发展对配电网的规划提出了新的要求。合理规划与设计的光伏发电等新能源分布式供能系统能有效提高可再生能源利用的效率，提高电力系统运行的安全性、经济性和对重要负荷供电的可靠性。反之，不仅不能充分发挥分布式供能系统的正面作用，还可能对配电系统的运行产生影响。

光伏发电等分布式发电的接入对配电网的供电经济性和母线电压、潮流、短路电流、网络供电可靠性等都会带来影响，因此对规划设计提出了新的要求。

（五）其他问题

当配电网故障时，光伏并网发电系统可能采取解列运行方式，但解列后重新接入电网的同期过程中，应尽量减少对配电网产生的冲击，且应采取一定的控制策略和手段给予保证。另外，光伏并网发电系统最大发电效率的跟踪技术、孤岛系统的检测技术等，也均会影响到该类系统运行的稳定性，并对局部电网内的静态和动态安全特性产生间接影响。

六、电网调度运行的影响

太阳能光伏发电与传统能源相比，既有其明显的优点，又有较为突出的局限性：装机容量小、发电稳定性较差、调频调压能力有限、地区差异大、可脱离电网独立运行等。因此，太阳能光伏发电的发展必须和电网相结合，才能更好发挥优势。

光伏发电站的接入对传统电网的调度运行带来了新的挑战。传统的发电计划基于电源的可靠性以及负荷的可预测性，但是光伏发电站出力的不可控性和随机性使得其既不能进行可靠的负荷预测，也不可能制订和实施正确的发电计划。目前，光伏功率预报水平还不能满足电力系统实际运行的需要，在安排运行计划时只能将其作为未知因素考虑。为了保证其并网以后系统运行的可靠性，需要在原有运行方式的基础上，额外安排一定容量的旋转备用以跟随其发电功率的随机波动，维持电力系统的功率平衡与稳定。由此可见，其并网对电网经济运行具有双重影响：一方面分担了传统机组的部分负荷，降低了电力系统的燃料成本；另一方面又增加了电力系统的可靠性成本。

（一）发展光伏功率预测的意义

传统的电网发电计划，尤其是日发电计划，主要依赖于对负荷的准确预测。光伏并网发电系统所发出的电能往往能就地平衡掉当地的某些负荷。由于光伏并网发电系统的发电量受气候影响显著，使得整个电网的负荷总量具有了更多的时变性和随机性，从而给电网的发电计划，尤其是日发电计划的合理制订，带来了较大的难度。因此，光伏功率的准确预测对于整个光伏发电的并网接入有着十分重要的意义。

受多种因素影响，光伏发电系统输出功率具有不连续和不确定的特点，其中气象条件的影响最显著。此外，光伏发电系统的输出功率还具有很强的变化周期，这会对电网产生周期性冲击，据国外有关文献资料介绍，电网发电容量中光伏发电的比例不宜超过10% ~ 15%，否则整个电网将难以运行。因此，有必要进行光伏发电站出力预测，以了解光伏电源的发电运行特性，这不但有助于解决与调度、负荷等的配合问题，有效减轻光伏并网发电对电网的影响，还能为光伏电源的并网规划和设计提供重要参考。

光伏功率预测从预测方法上可以分为统计方法和物理方法两类。统计方法对历史数据进行统计分析，找出其内在规律并用于预测；物理方法将气象预测数据作为输入，采用物理方程进行预测。从预测方式上可分为直接预测和间接预测两类。

直接预测方式是直接对光伏发电站的输出功率进行预测；间接预测方式首先对地表辐射强度进行预测，然后根据光伏发电站出力模型得到光伏发电站的输出功率。

从时间尺度上可以分为超短期功率预测和短期功率预测。超短期功率预测的时间尺度为0.5 ~ 6h，短期功率预测的时间尺度一般为1 ~ 2d。目前，超短期功率预测的主要原则是根据地球同步卫星拍摄的卫星云图推测云层运动情况，对未来几小时内的云层指数进行预测，然后通过云层指数与地面辐射强度的线性关系得到地面辐射强度的预测值，再通过效率模型得到光伏发电站输出功率的预测值。短期功率预测一般需要根据中尺度数值天气预报获得未来1 ~ 2d内的气象要素预报值，然后根据历史数据和气象要素信息得到地面辐射强度的预测值，进而获得光伏发电站输出功率的预测值。

（二）对电网监测设备的新要求

发电系统的运行工况是电网调度运行最为关注的信息，光伏发电系统通过中低压配网接入大电网，使大电网运行实时监测的范围需要有很大延伸；光伏发电作为新的发电模式，实时监测的信息类型与传统发电模式有所区别。因此，对电网监测设备有新的要求。

（三）原有调度管理体制的改进

由于光伏并网发电系统的投资人与电网公司可能来自多个不同的经济实体，因此常会根据其自身需求随意启动和停运光伏并网发电系统；加之该类系统受气候因素影响较大，可能使配电网侧的能量管理面临前所未有的挑战，从而加大了电力管理部门调度电力的难度。如果未来有大规模大容量光伏并网发电系统直接接入高压网络，也同样会使高压电网的管理面临类似的问题。

另外，光伏发电系统的接入对配电网潮流的改变、光伏发电系统向配网反送功率的预测及对负载特性的改变，将对现有配电网的规划、调度运行方式产生影响。

七、对策与解决方案

大量光伏并网发电系统接入电力系统后，从对电网产生影响的角度来看，有以下研究需求：

（一）构建光伏发电系统的研究实验与验证环境

1. 光伏发电系统的建模研究、仿真对比与验证环境

基于典型的实际光伏发电系统，研究分析光伏发电系统的特性，在电力系统分析软件中建立光伏发电系统及其控制系统的静态和动态模型，并与实际光伏发电系统及其控制器的静态特性和动态性进行比较，从而构建完善的光伏发电系统及其控制系统的模型，使电力系统仿真分析软件具备包含光伏发电系统的大电网分析计算的能力，为进行光伏发电系统与大电网相互影响的测试与验证打下良好的技术基础。

2. 光伏发电系统对大电网安全稳定影响的仿真实验环境

在进行光伏发电系统建模研究的基础上，建立光伏发电系统并网的典型案例，包括典型光伏发电系统、光伏发电系统典型运行方式、典型并网方式、典型故障场景、典型控制措施等，然后对案例进行仿真计算，通过对这些典型案例的不断积累，建立光伏发电系统并网的典型案例数据库，从而为仿真分析研究光伏发电系统对大电网安全稳定影响提供良好的实验环境。

3. 光伏发电系统对大电网安全稳定影响的闭环实验环境

建立真实的光伏发电系统试验基地，在其中辅之以 RTDS 等实时仿真工具，并研究开发将光伏发电系统接入 RTDS 的各种接口工具，构成光伏发电系统对大电网安全稳定影响的闭环实验环境。设置光伏发电系统的典型运行方式、并网方式和典型故障场景，仿真大电网的动态特性，测试与验证光伏发电系统及控制设备对大电网安全稳定性的影响。

4. 大电网扰动对光伏发电影响的实验环境

建立光伏发电系统与电力系统仿真分析软件的数据接口，在光伏发电系统的型运行方式和并网方式的基础上，在大电网中设置典型扰动，观察与分析研究光伏发电系统的运行特性，从而为研究大电网扰动对光伏发电影响提供平台。

（二）深入研究光伏发电系统及微网与大电网相互作用的机理

当大量光伏发电以微网形式接入大电网后，微网与大电网间的相互作用将十分复杂，对大电网的运行特性产生重要影响，而对于这种影响的分析则需要以全新方法为基础，研究目的是要揭示出微网与大电网相互作用的本质，发展相关理论和方法，为含微网配电系统的稳定分析与控制奠定理论基础。

（三）研究与应用新型配电系统的规划理论与方法

在含分布式电源配电网规划理论与方法研究成果和微网研究成果的基础上，考虑光伏发电及并网的特点，研究新型配电系统的规划理论与方法。需要研究光伏发电电源的优化配置，包括选址和容量，研究光伏发电输出控制方式、接入位置和并网方式，研究其对电网谐波和电压波动与闪变的影响等。在规划中，优先考虑光伏发电等可再生能源作为电源的合理性，充分考虑光伏发

电对可靠性的影响，对采用传统的电网升级与分布式电源供电的多种电网扩充策略之间的优劣进行比较，从规划层面保证配电网经济性、安全性、环保性和电能质量的综合优化。

（四）研究与开发含光伏发电系统的电网运行控制理论与技术

1. 经济运行理论与能量优化管理方法

研究光伏发电系统并网后的能量优化管理方法，有助于提高系统运行的经济性，为能源的高效利用创造条件。结合光伏发电的特点，研究安全经济调度及优化控制的理论与方法，最大限度地利用可再生能源，协调其他形式能量的合理分配，降低配电系统中的配电变压器损耗和馈线损耗，保证整个系统运行的经济性。

2. 含光伏发电系统的电网分析与运行控制技术

电力系统分析离不开潮流计算和动态仿真，建立恰当的模型是获得有效结果的保证。分析光伏电池等各种分布式电源的特性，建立相应的动态模型，并计算不同运行情况下的不确定性。随着光伏发电的广泛应用，光伏发电的大规模并网可能带来大系统电网功角、电压、频率稳定问题，研究典型光伏发电系统、光伏发电系统典型运行方式、典型并网方式、典型故障场景、典型控制条件、换流器的电压频率可控能力、接入功率对大系统的静态、暂态和动态稳定影响及其控制方法和控制策略，研究无功调度和电压控制的新策略。研究提高预测光伏发电功率准确性的方法，为在不确定性因素较多的情况下制订切实可行的发电和运行计划提供保障。

3. 分析光伏发电系统对配网运行的影响

研究光伏发电系统运行方式对配网潮流分布和运行控制的影响，研究配电网的安全稳定问题和运行管理问题，研究逆变器的运行特性对电能质量的影响，研究光伏发电系统对供电可靠性的影响。

4. 大电网扰动对光伏发电系统影响的研究

大电网扰动可能引起光伏发电系统不能正常运行，反过来会加剧大电网受到的冲击。在光伏发电系统的型运行方式和并网方式的基础上，在大电网中设置典型扰动，观察与分析光伏发电系统的运行特性。研究当大电网内发生扰动导致逆变器的交流母线电压降低时，逆变器将无法完成正常换相的条件和判断方法。

（五）研究开发支撑光伏发电接入公共电网运行的监测、保护与控制装备

1. 含光伏发电系统的配电系统的保护原理与技术

光伏发电系统的接入改变了配电系统故障的特征，使故障后电气量的变化变得更加复杂，传统的保护原理和故障检测方法将受到巨大影响，甚至无法满足要求，需要探讨新的保护方法和保护技术。

2. 孤岛检测及紧急控制与继电保护

并网运行的分布式电源在发生大电网故障等情况时，与大电网断开并继续向本地负荷供电、独立运行的情况称为孤岛运行。出于用电安全和用电质量的考虑，须迅速检测出孤岛，对分离系

统部分和孤岛采取相应的调控措施，至系统故障消除后再恢复并网运行。

研究光伏发电系统孤岛检测方法，研究紧急状态下负荷切除和孤岛划分的优化选择技术，研究孤岛运行和联网运行的无缝切换控制技术。研究光伏发电对配电网中短路电流大小、流向及分布的影响，以及含光伏电源的配电网保护与控制技术，以保证故障的快速、可靠切除和及时智能地恢复供电。

3. 含光伏发电的配电系统电能质量分析与控制

光伏发电存在较大的不确定性，功率输出的波动，都可能给所接入系统的用户带来电能质量问题。逆变器可能产生的谐波也会使配电系统的谐波水平上升。光伏发电可能以单相电源的形式并网，也增加了配电系统的三相不平衡水平。因此需要研究含光伏发电的配电系统的电能质量相关的独特问题及其电能质量综合监控技术。

4. 配电系统的实时监视、控制和调节

原有配电系统的实时监视、控制和调度是由供电部门统一执行的，由于原配电网是一个无源的放射形电网，信息的采集、开关的操作、能源的调度等相应比较简单。光伏发电系统的接入使此过程趋于复杂化，电网运行需要监测的信息类型和范围增加，需要协调控制的对象增加。

5. 计量设备

光伏发电系统等分布式电源并入配电网以前，配电网基本呈放射状，且末端无电源，电能的流向基本是单一方向；分布式发电系统并入配电网后，个别配电网区域内的潮流流向则可能是双向的，因此需要将原有的电能计量模式由单向改为双向计量模式。

另外，由于光伏发电系统的发电成本仍然相对较高，如何在计量系统中合理地反映电价差别，也是个必须要研究的问题。

（六）健全光伏发电接入公共电网的技术标准与规范

研究并网光伏发电系统的技术参数和控制特性及承受大电网扰动能力的技术要求与标准，研究光伏发电系统并网的规模、接入电压等级、无功配置和电能质量等方面的技术标准，研究大电网接纳光伏发电系统应具备的条件等技术标准与规范。健全光伏发电接入公共电网的技术标准与规范，将有利于引导与规范光伏发电等新能源分布式发电系统有序接入大电网，确保这些新型发电系统及其控制设备不会对大电网的安全稳定运行造成危害。

第三节 风力发电和光伏发电系统互补对接入电网的影响因素

一、背景与目的

在当前可利用的几种可再生能源中，风能和太阳能是目前利用比较广泛的两种。同其他能源相比，风能和太阳能有着其自身的优点：

（一）取之不尽、用之不竭

太阳内部由于氢核的聚变热核反应，从而释放出巨大的光和热，这是太阳能的根本来源。在氢核聚变产能区中，氢核稳定燃烧的时间可在60亿年以上。也就是说，太阳至少有60亿年可以被无限度地利用，从这个意义上来讲，太阳能是“取之不尽、用之不竭”的。在太阳辐射出的能量中，仅有二十万分之一被地球获得，但即使只有这点能量也是十分可观的。据估算，地球一年当中从太阳所获得的能量相当于燃烧200万亿t煤所发出的巨大热量；地球表面每秒获得的能量为350W/m^2，换算成电力相当于1.58×10^{18}kWh。

风能是太阳能在地球表面的另外一种表现形式。由于地球表面的不同形态（如沙土地面、植被地面和水面）对太阳光照的吸热系数不同，在地球表面形成温差，地表空气的温度不同形成空气对流而产生风能。根据相关估计，在全球边界层内的总能量为1.3×10^{15}W，一年中相当于1.14×10^{16}kWh。这相当于目前全世界每年所燃烧的能量的3000倍。

（二）就地可取、无须运输

煤炭和石油这类矿物能源地理分布不均，加之工业布局的不平衡，从而造成了煤炭和石油运输的不均衡。这些都给交通运输带来了压力。即使通过电力调度，对高山、古道、草原和高原这类电网不易到达的地区也有很大的局限性。风能和太阳能的分布虽然也有一定的局限性，但相对于矿物能、水能和地热能等能源而言可视为分布较广的一种能源。各个地区都可根据当地的风力、日照状况采取合理的利用方式。

（三）无环境污染

人们在利用矿物能源的过程中，释放出大量的有害物质，这是造成大气污染的主要原因。此外，其他新能源中，水电、核能、地热能等在开发利用过程中也都存在着一些不容忽视的环境问题。而风能和太阳能在利用中不会给环境带来污染，也不会破坏生态。

风能、太阳能虽然存在上述优点，但也存在着一些弊端：①能量密度低；②能量稳定性差。

（四）能量密度低

空气在标准状态下的密度为水密度的1/775，所以在3m/s的风速时，其能量密度为0.02kW/m^2，水流速度为3m/s时，能量密度为20kW/m^2，在相同的流速下，要获得与水能同样大的功率，风轮直径为水轮的27.8倍。太阳能在晴天平均密度为1kW/m^2，昼夜平均为0.16kW/m^2。其能量密度也很低，故必须配备足够大的受光面积，才能得到足够的功率。由此可见，风能和太阳能都是能量密度很低的能源，给推广利用带来了困难。

（五）能量稳定性差

风能和太阳能都随天气和气候的变化而变化。虽然各地区的太阳辐射和风力特性在较长的时间内有一定的统计规律可循，但是风力和日照强度无时无刻不在变化。不但各年间有变化，甚至在很短的时间内还有无规律的脉动变化。这种能量的不稳定性也给这两种能源的使用带来了困难。

由于这些不利因素的存在，在单独利用其中一种能源转变成为经济可靠的电能过程中存在着很多技术问题。但是，随着现代科学技术的发展，风能和太阳能的利用在技术上都有突破和进展，特别是将风能、太阳能综合利用，充分利用它们在多方面的互补性，可以建立起更加稳定可靠、经济合理的能源系统，如图 3-6 所示。

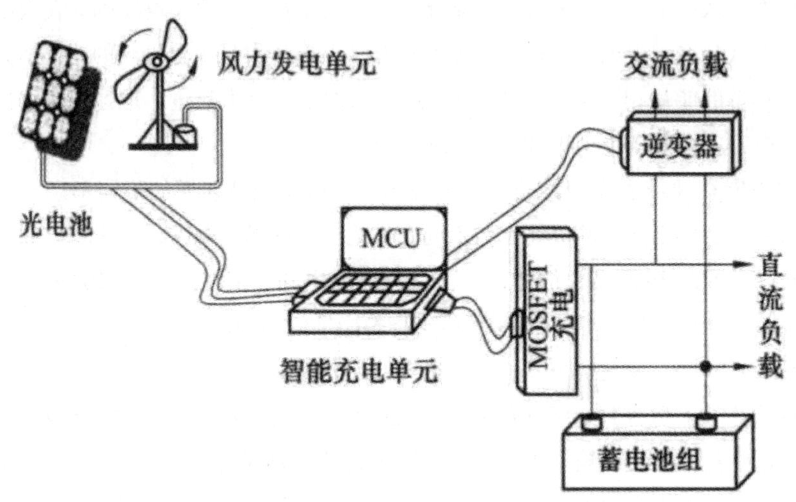

图 3-6 风光互补发电系统

在风能、太阳能单独用于发电的系统中，由于风能、太阳能的稳定性较差，为了能够提供连续稳定的能量转换输出，无论是光伏供电系统还是风力发电系统，都要引入能量存储环节，以调节系统运行过程中的能量供需平衡。能量存储方式有很多种，如机械储能、化学储能、热储能等，其中应用最为广泛的是利用蓄电池的化学储能方式。光电系统是利用光伏组件将太阳能转换成电能，然后通过控制器对蓄电池充电，最后通过逆变器对用电负荷（交流负载）供电的一套系统。该系统的优点是系统供电可靠性高，运行维护成本低，缺点是系统造价高。风电系统则是利用小型风力发电机，将风能转换成电能，然后通过控制器对蓄电池充电，最后通过逆变器对用电负荷供电的一套系统。该系统的优点是系统发电量较高，系统造价较低，运行维护成本低；缺点就是小型风力发电机可靠性低。虽然风电和光电系统通过引入蓄电池储能设备后能够稳定供电，但系统每天的发电量受天气的影响很大，会引起系统的供电与用电负荷的不平衡，从而导致蓄电池组处于亏电状态或过充电状态，长期运行会降低蓄电池组的使用寿命，增加系统的维护投资。考虑到风电和光电系统在蓄电池组和逆变环节可以通用，所以建立风光互补发电系统在技术应用上成为可能，同时可以减少储能设备——蓄电池的设计容量，一定程度上消除了系统电量的供需不平衡，既降低了系统初投资，也减轻了系统维护工作量。因此从技术评价来看，风光互补发电系统是一种合理的独立供电系统。

综上所述，风光互补发电系统在资源上弥补了风电和光电系统在资源上的缺陷，在技术应用中可以通过储能环节使独立的风电、光电系统得到合理化整合。风光互补发电系统可以根据用户的用电负荷情况和资源条件进行系统容量的合理配置，既可保证发电系统的供电可靠性，又可降低发电系统的造价。

二、风光互补发电系统的出力特性

（一）风光互补发电系统的描述

风光互补发电系统主要包括光伏电池阵列、风力发电机、逆变器及控制器等。该系统根据安装地点的风能、太阳能资源，通过合理选择风力发电机的额定转速、光伏阵列的倾角等可将风光系统契合成一个较为理想的整体。

1. 风力发电的输出

在工程的实际应用中，风电场的出力过程一般是根据风机与风速相关的功率曲线，利用测风塔与风机轮毂同高度的实测平均风速查出对应该风速的风机功率，进而得出一年中每个时间段内的风电场出力，从中选取每个月典型日风电场输出功率进行分析研究。例如，选取某地区典型日的风电场出力曲线（如图 3–7 所示），可以看出，该地区夏季白天风小，夜里风比较大，且风的随机波动性较强，甚至在很短的时间内风速还有无规律的脉动变化，这种能量的不稳定性给风能的使用带来了困难。

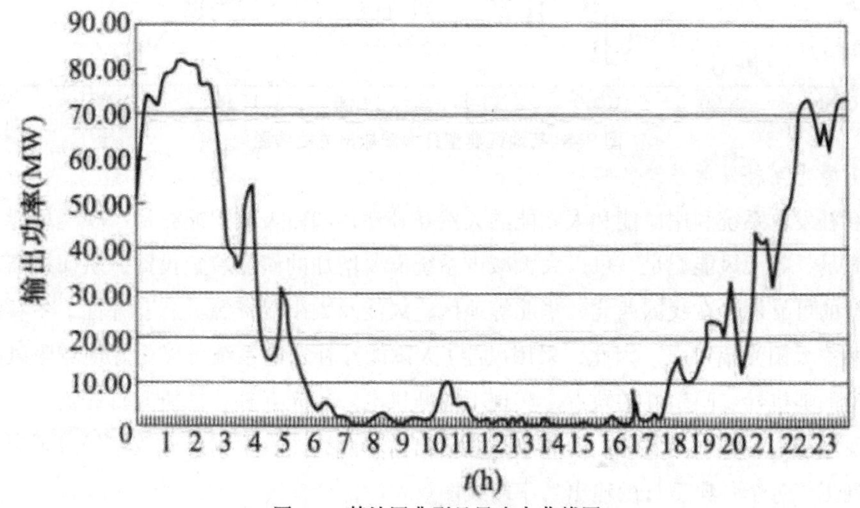

图 3–7 某地区典型日风出力曲线图

2. 光伏发电系统的输出

通过分析实际运行的光伏发电系统，可以发现光伏发电有以下特点：（1）现有主要的光伏并网逆变器的控制方式为电压源电流控制，即输入侧为电压源，输出为电流源控制，通过控制输出电流以跟踪并网点电压，达到并网的目的。输出为纯有功功率，功率因数为 1。（2）为有效利用太阳能，并网逆变器输出功率控制策略为最大功率点跟踪（MPPT），不具备功率调节能力。（3）光伏发电输出受天气影响很大，尤其在多云天气，发电功率会出现快速剧烈变化（发电功率日趋势见图 3–8），发电功率的最大变化率每秒超过 10% 额定出力。（4）由于光伏发电功率的快速随机波动特性，当大容量并网时，就需要常规发电机组的旋转备用容量进行功率调整补偿，使得常规发电机组的发电成本增加。因此，大容量光伏发电并网时，合理安排发电计划将是一项值得深入研究的课题。（5）逆变器输出轻载时，谐波会明显变大，在 10% 额定出力以下时，电流总谐波失真甚至会达到 20% 以上。（6）并网逆变器的抗孤岛保护功能与负荷状况的相关性：由于现有的 PV 容量相对于负载比例小，市电消失后电压、频率会快速衰减，抗孤岛可以准确检测；随着 PV 容量不断加大，PV 并网系统中会有多种类型的并网逆变器（不同保护原理）接入同一并网点，导致互相干扰，同时在出现发电功率与负载基本平衡的状况时，抗孤岛检测的时间会明显增加，甚至可能出现检测失败。

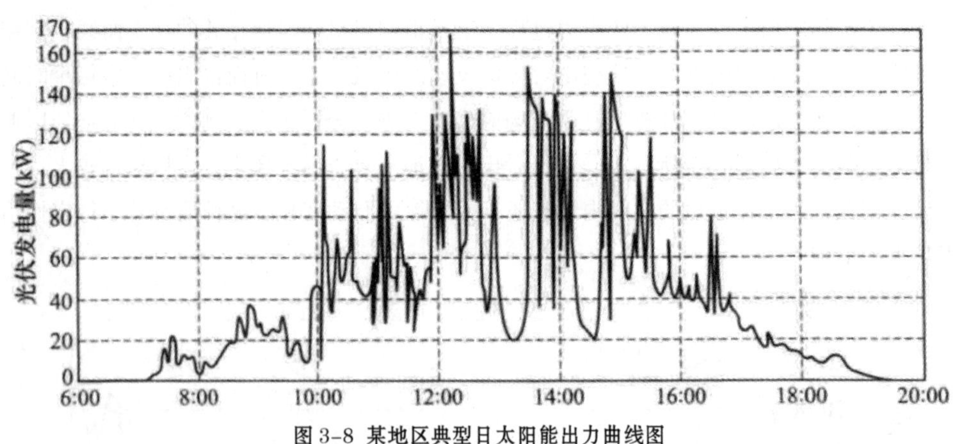

图 3-8 某地区典型日太阳能出力曲线图

（二）风光互补发电系统的特性

风光互补发电系统利用风能和太阳能的天然互补性，如白天太阳能充足，晚上风能充足；夏大太阳能充足，冬天风能充足，可以大大减少系统需要增加的储能装置投资，从而提高系统的经济性和运行的可靠性。在我国西北、华北等地区，风能及太阳能资源具有互补性，冬春两季风力大，夏秋两季太阳光辐射强，因此，采用风能 / 太阳能互补发电系统可以很好地克服风能及太阳能提供能量的随机性、间歇性的缺点，实现不间断供电。风光互补特性研究首先需要得到每月典型日风力发电出力、太阳能发电出力和风光总输出功率曲线图，根据历史数据经过理论计算并修正可以得到 1 年每个月典型日的输出功率曲线图。

三、风光互补发电系统的并网

（一）风力发电机组的并网技术

随着风力发电机组单机容量的增大，在并网时对电网的冲击也越大。这种冲击严重时不仅引起电力系统电压的大幅下降，而且可能对发电机和机械部件造成损坏。如果并网冲击时间持续过长，还可能使系统瓦解或威胁其他挂网机组的正常运行。因此，采用合理的并网技术是一个不可忽视的问题。

1. 风力发电的并网控制方式

风力发电机的并网控制是整个电控系统最关键、最复杂的部分，它直接影响到风力发电机能否向电网送电及机组不受并网时电流冲击。并网控制装置有软并网、降压运行和整流逆变三种装置。一般采用晶闸管软并网装置。

（1）软并网装置

异步发电机直接并网时，其冲击电流达到额定电流的6～8倍，电网电压瞬时下降幅度较大，有时电网电压下降可使风力发电机的低电压保护动作，导致异步发电机并不上网。为了减少直接并网时产生的冲击电流，目前多采用晶闸管并网，然后用接触器将晶闸管短路，晶闸管容量较小，仅用于并网过程，风力发电机运行时不起作用。根据发电运行“发电就并网，不发电就解列”的原则，当风速在启动风速附近变化时，如果完全依靠旁路主接触器与电网并网或解列，必然会造成接触器吸合、断开的频繁动作，这不仅对设备，而且对电网不利。为了减少接触器的投切频率，一般的控制方法是在风速持续低于启动风速一段时间后，风力发电机才与电网解列，在这段时间内风力发电机处于电动机运行状态，从电网吸收有功功率。

（2）降压运行装置与软并网装置类似

软并网装置只在风力发电机启动时运行，而降压运行装置始终运行，控制方法也比较复杂。降压运行装置在风速低于风力发电机的启动风速时将风力发电机与电网切断，避免了风力发电机的电动运行状态。

（3）整流逆变在技术上是比较好的并网方式

它可以对无功功率进行控制，有利于电力系统安全稳定运行，缺点是造价高。随着风电场规模的不断扩大和大功率电力电子设备价格的降低，将来这种并网装置可能会得到广泛的应用。

随着国内风力发电项目的增加和百兆瓦级以上风电场的出现，以及风电场注入电网功率变动而造成的对电网的影响也越加显著。风电特性对电网的影响，成为制约风电场容量和规模的严重障碍。

2. 同步风力发电机组的并网控制

同步发电机在运行中，由于它既能输出有功功率，又能提供无功功率，频率稳定，电能质量高，已被电力系统广泛采用。然而，把它移植到风力发电机组上使用却不甚理想，这是由于风速时大时小，随机变化，作用在转子上的转矩极不稳定，并网时其调速性能很难达到同步发电机所要求的精度。并网后若不进行有效的控制，常会发生无功振荡与失步问题，在重载下尤为严重。这就是在相当长的时间内，国内外风力发电机很少采用同步发电机的原因。但近年来随着电力电子技术的发展，通过在同步发电机与电网之间采用变频装置，从技术上解决了这些问题，采用同步发电机的方案又引起了人们的重视。

该结构中允许同步发电机以可变速度运行，能够产生可变电压和频率的功率。作为在并网发电系统中普遍应用的同步发电机，在运行时既能输出有功功率，又能提供无功功率，且频率稳定。

3. 异步风力发电机组的并网方式

异步发电机并入电网时靠滑差来调整负荷，其输出的功率与转速近似呈线性关系，因此对机组的调速要求不像同步发电机那么严格精确，不需要同步设备和整步操作，只要转速接近同步转速时就可并网。国内外与电网并联运行的风力发电机组中多采用异步发电机，但异步发电机在并网瞬间会出现较大的冲击电流（为额定电流的 4 ~ 7 倍），并使电网电压瞬间下降。随着风力发电机单机容量的不断增大，这种冲击电流对发电机本身部件的安全及对电网的影响也越严重。过大的冲击电流可能使发电机与电网连接的主回路中的自动开关断开，电网电压的较大幅度下降会使低压保护动作，从而导致异步发电机根本不能并网，当前风力发电采用的异步发电机并网方法有直接并网方式、降压并网方式、通过晶闸管软并网方式等。

（二）风力发电对电网的影响

风力发电机是以风作为原动力，风的随机波动性和间歇性决定了风力发电机的输出特性也是波动和间歇的。此外，风力发电机多为异步发电机，在发出有功功率的同时还要从系统吸收无功功率，其无功需求是随有功输出的变化而变化的。当风电场的容量较小时，这些特性对电力系统的影响并不显著，但随着风电场容量在系统中所占比例的增加，风电场对系统的影响就会越来越显著。

1. 风电并网过程对电网的冲击

感应发电机的并网条件是：（1）转子转向与定子旋转磁场转向一致，即感应发电机相序和电网相序相同。（2）发电机转速尽可能接近同步速。并网的第一个条件必须满足，否则发电机并网后将处于电磁制动状态，第二个条件不是非常严格，但越接近同步速并网，并网冲击电流越小且衰减时间越短。

风力发电机并网冲击电流产生的原因是异步发电机作为发电机运行时，本身没有励磁机构，并网时发电机本身无电压，故并网时必然伴随一个过渡过程（一般零点几秒即可转入稳态）。试验证明，直接并网时，风机启动产生的冲击电流是额定电流的 5 ~ 8 倍。

异步发电机并网时的冲击电流大小，与其本身暂态电抗和并网时的电压大小有关，其有效值还与并网时的滑差 S 有关。S 越大则交流暂态衰减时间就越长，并网时冲击电流有效值也就越大。风力发电机组与大电网并联时，合闸瞬间的冲击电流对发电机及电网系统安全运行不会有太大影响。但对小容量的电网系统或接入点短路容量很小时，并网瞬间会引起电网电压大幅度下跌，从而影响接在同一电网上的其他电气设备的正常运行，有可能导致发电机保护开关动作，使并网失败，甚至会影响到小电网系统的稳定与安全。

2. 风电并网对电网频率的影响

风速的随机性导致了风机出力的随机性。风电作为系统的一个不稳定的电源，它的并网与脱网是很难预测的。当风电容量在系统中所占的比例较大时，其输出功率的随机波动性对电网频率的影响就是显著的，可影响电网的电能质量和一些频率敏感负荷的正常工作。这就要求电网中其他常规机组有较高的频率影响能力，能进行跟踪调节，抑制频率的波动。考虑到风电的不稳定性，当风电由于停风或大风失速而失去出力后，会使电网频率降低，特别是当风电比重较大时，会影响到系统的频率稳定性。频率稳定分析的基本原则是：失去风机出力后，电网频率不能低于允许值。消除该影响的主要措施是提高系统的备用容量和采取优化的调度运行方式。当然，当电力系统较大、联系紧密时，频率问题是不显著的。

3. 风电并网对电网电压的影响

风力发电机出力随风速大小等因素而变化，同时由于风力资源分布的限制，风电场大多建设在电网的末端，网络结构比较薄弱，因此在风电场并网运行时必然会影响电网的电压质量和电压稳定性。另外，风力发电机多采用感应发电机，感应发电机的运行需要无功支持，因此并网运行的风力发电机对电网来说是一个无功负荷，为满足风力发电场的无功需求，每台风力发电机都配有无功补偿装置。

目前常用的是分组投切电容器，其最大无功补偿量是根据异步发电机在额定功率时的功率因数设计的，即在额定功率时无功补偿量必须保证功率因数达到设计的额定功率因数，一般大于0.98，但由于分组投切电容器不能实现快速连续的电压调节，对快速的电压变化也是无能为力的。从欧美经验看，大量引入风电产生的联网问题主要是薄弱系统的电压问题，其次是闪变问题。在我国，风力资源大都分布在沿海和一些边远地区，这些地区没有主干电网，地区电网短路容量水平较低，这些因素严重地影响着电能质量和制约着风电规模的发展。

4. 风电并网对电网稳定性的影响

风电接入系统引起的稳定问题主要是电压稳定问题，这是因为：①普遍的无功补偿方式为电容器补偿，补偿量与接入点电压的平方成正比，当系统电压水平降低时，无功补偿量下降很多，风电场对电网的无功需求反而上升，进一步恶化电压水平，严重时会造成电压崩溃，风机被迫停机。②在故障和操作后，未发生功角失稳的情况，部分风电机组由于自身的低电压保护而停机，风电场有功输出减少，相应地系统失去部分负荷，从而导致电压水平偏高，甚至使风电场母线电压越限。③故障切除不及时，会发生暂态电压失稳。④风电场出力过高有可能降低电网的电压安全裕度，容易导致电压崩溃。总之，并网型风电场对于电网稳定性的主要威胁；一方面是风速的波动性和随机性引起风电场出力随时间变化而难以准确预测，从而导致风力发电机接入系统时潜在安全隐患；另一方面是弱电场中风电注入功率过高引起的电压稳定性降低。

5. 风电并网对电网继电保护的影响

与常规配电网保护不同，通过风电场与电力系统联络线的潮流有时是双向的。风力发电机组在有风期间都是和电网相连的，当风速在启动风速附近变化时，为防止风力发电机组频繁投切对接触器的损害，允许风力发电机组短时电动机运行。此时会改变联络线的潮流方向，继电保护装置应充分考虑到这种运行方式。另外，并网运行的异步发电机没有独立的励磁机构，在电网发生短路故障时由于机端电压显著降低，异步发电机在三相短路故障时仅能提供短暂的冲击短路电流，两相短路时异步发电机提供的短路电流最大。

6. 风电并网对电能质量的影响

风电对电能质量的影响主要有下列几方面：（1）由于风速的波动和变化、风流的不均匀，以及塔架遮蔽影响产生的有功功率输出的波动，同时无功功率和电压也发生波动。这种波动频率为 1Hz 级。（2）风电经 AC/DC/AC 并网时由于脉宽调制变换器产生的谐波，谐波的次数和大小与采用的变换装置和滤波系统有关。

由此可见，大规模风电场接入电网，对系统的稳定性与电能质量的影响是不可忽视的，这些问题处理不当不仅会危害用户的正常用电，而且会造成整个电网的瓦解，甚至会严重制约风能的有效利用，限制风电场的建设规模。异步风力发电系统一般采用异步发电机直接并网的运行方式，在机端装有无功补偿电容器，以提供其在并网运行时所需要的激磁无功。

目前，国内风电场大多在电网的边缘即电网的薄弱点联网，风速的波动会引起风机吸收无功的变化，由于无功补偿量与接入点电压水平成正比，因此当系统电压水平降低时，无功补偿量也会随之下降，但此时电压较低，风电场本就缺乏无功支持，补偿量的减少更导致风电场对电网无功功率需求的上升，从而导致电压水平进一步下降，造成电压崩溃，部分风电机组由于自身的低电压保护停机。当风电机组停机后，风电场输出减少，需求无功相应减少，系统失去这部分无功功率又容易导致电压水平偏高。总之，并网风电场会显著影响局部电网的电压质量和电压稳定性。

（三）太阳能光伏并网发电

实际应用中的太阳能光伏发电系统可分为两种基本类型：独立运行、并网型。

1. 独立运行光伏发电系统

在独立运行光伏发电系统中，蓄电池作为储能单元一般是不可缺少的，它将由日照时发出的剩余电能储存起来供日照不足或没有日照时使用。为了延长蓄电池的寿命，直流控制中应具有一个调节和保护环节来控制蓄电池的充放电过程的速率和深度。

2. 并网型光伏发电系统

在有公用电网的地区，光伏发电系统可以同电网连接，这要求逆变器具有同电网连接的功能，并网型光伏发电系统的优点是系统可以省去蓄电池而将电网作为自己的储能单元，当日照很强时，系统将所发的多余电力回馈入电网，而当需要用电时再从电网输出电力。省去蓄电池后光伏发电系统的造价可以大幅度降低。

四、风光互补发电系统对电网的影响

（一）风光互补发电系统的并网控制

风能和光能的互补性使风光互补发电系统在资源上具有最佳的匹配性。另外，风力发电和光伏发电系统在蓄电池和逆变器环节上是可通用的。并网控制更提高了供电的可靠性。并网控制系统主要有三种回路形式：工频变压器隔离方式、高频变压器隔离方式和无变压器方式。

1. 工频变压器隔离方式

这种方式是目前大功率下采用最多的结构，实现了电压变换和电气隔离，所以安全性能好、可靠性高。但由于采用了工频变压器，系统整体比较笨重，而且效率相对较低。

2. 高频变压器隔离方式

该方法采用了带高频变压器的 DC-DC 变换器，将太阳能电池和风机发出的电压变换为满足并网要求的直流电压，在经过逆变后直接与电网连接。这种系统体积小、质量轻，适合小功率场合。

3. 无变压器方式

这种方式首先用无隔离的 DC-DC 变换器将太阳能电池阵列的直流电压提高到逆变器并网所需要的直流电压，再经过逆变与电网相连。这种方式在尺寸、质量和效率方面具有更大的优势，因而在并网系统中成为目前研究的热点和发展趋势。

（二）并网型风光互补发电系统仍然影响电力系统的运行

从技术层面上来讲，由于风能和太阳能资源所具有的随机波动性导致并网型风光互补发电系统对电力系统的运行仍然存在一定的影响。

1. 对电网电压水平的影响

我国风能和太阳能资源与电力需求在地域和时间分布上有较大差异。风能与太阳能资源丰富的地区一般处于现有电网末端，当地负荷需求很小，因此大量风电功率的长距离输送往往会造成线路压降过大；风电的高峰出力通常发生在相对低的用电负荷需求时段，而对于常规的风光互补电站，风电往往占据较大比例，局部电网的电压稳定性受到影响、稳定裕度降低；电网的电压稳定极限也限制了风电场及光伏发电站装机最大的装机容量。

2. 对电网电能质量的影响

由于风速的随机波动特性及风电机组运行过程中受湍流、尾流效应、塔影效应的影响，以及光伏发电系统受日照的影响较大，发电量也变化无常，最终会导致并网型风光互补发电系统的输出功率波动，从而引起电网电压波动和闪变等电能质量问题。变速风电机组中大量使用的电力电子变频设备则会带来谐波和间谐波问题；光伏发电系统的直流电经逆变后转换为交流电并入电网时，也会产生谐波，因此风光互补发电系统会对电网的电能质量产生一定的影响。

3. 对电网稳定性的影响

在风电场装机与光伏发电站装机比例较大的电网中，风电与光伏发电接入将改变电网原有的潮流分布、线路传输功率与整个系统的惯量。因此，风光互补发电系统接入后电网的暂态稳定性及频率稳定性都会发生变化。在风电与光伏并网发电系统的发电容量占电网内总发电量比例达到一定程度后，由于风能和太阳能的时变特性，馈线上的潮流可能会发生实时的变动，甚至有逆潮流注入输电网的时刻，有可能导致馈线的电压调节设备的正常工作受到影响。

（三）风光互补系统的功率特性不能完全消除等效负荷峰谷差

风电的随机波动性对系统负荷和峰谷变化产生了较大的影响。利用其他电源进行电网调峰，将增加系统调度的难度和系统运行成本。

在系统负荷处于最小值时，风电有可能接近满功率输出，为满足系统负荷的变化，系统中其他电源需要为风电进行调峰。

在风电接入电网研究中，通常可以将风电场出力视为负的负荷。风电场出力和负荷的日变化相关性具有实际应用意义，两者叠加后的等效负荷曲线，对于电力系统投入的电源调度安排有一定参考价值。

（四）风光互补系统的结构影响电网的调峰能力

由于风能和太阳能均具有间歇性和随机性的特点，目前还无法像其他常规电源那样对其出力进行安排和控制。大规模风电并网及光伏发电并网的运行将增加系统中不可控的发电出力，并对电力系统维持供需平衡的能力产生影响。

水力、燃油及燃气电源具有良好的调节能力。由于受资源条件的限制，我国风能与太阳能资源好的地区，电源结构以燃煤发电为主，而以煤电为主的电源结构的调峰性能较差，影响了电网吸纳风电和光伏发电的能力。此外，能够用于调峰的水电机组也十分有限，且水电具有明显的季节性特征，水库中的蓄水除了发电调峰之外，还要满足农田灌溉等需要，水电的调峰能力也会受到制约。在我国电源结构中，响应速度快的燃气及燃油发电等灵活发电所占比例也在 0.3% 以下，电网接纳风电与光伏发电的能力进一步受到限制。随着我国电力工业的发展及电力结构的调整，60 万 kW 级燃煤机组已经成为电网的主力机组，大型化是未来发展方向，燃煤汽轮机组在其功率额定值附近运行时是高效率的，用燃煤机组调峰将降低其经济性，同时增加单位发电煤耗，也是不环保的。尤其是超临界参数机组，由于其更低的运行成本和高效益，使得此类型的机组在现在的电力市场中更具有竞争性。但超临界机组及 100 万 kW 超超临界机组按照设计应该在系统内带基荷，最小出力应不小于额定出力的 80%。按照节能减排、上大压小的要求，系统内用于起停调峰的 5 万 kW、10 万 kW 小燃煤机组都逐步被关停；发电集团为了扩容且达到排放量控制的总体目标，可参与调峰的 20 万 kW 燃煤机组有的也在关停计划中，使得即使用燃煤机组调峰，电网调峰容量也出现较大下降。为应对风电与光伏发电大规模接入系统所需的调峰容量远远达不到要求。

（五）并网型风光互补发电系统仍然面临大规模远距离外送

我国风能资源与太阳能资源丰富地区一般处于电网末端，电网网架结构不够坚强、电源结构较为单一，风电与光伏发电的大规模接入对这些地区电网稳定运行带来很大压力；另外，风电机组大多采用异步发电机技术，其对电网安全稳定的影响与常规同步发电机组不同，且风能与太阳能的波动性使风光互补发电系统的输出功率具有波动性，难以像常规电源一样制订和实施准确的发电计划。随着对能源要求的不断提高，风电和光伏发电装机在电网中所占比例越来越高，其对电网的影响范围也从局部逐渐扩大。

我国西部和北部地区为风能资源和太阳能资源较为丰富地区，适宜发展风力发电和光伏发电互补系统，距离华东沿海地区 1200 ~ 2000km。交流 500kV 电网合理输电距离相对较小，一般不宜超过 700km，适合承担区域内部电力的输送、交换和分配；330kV 电网主要作为西北地区省网主网架；750kV 电网主要作为西北地区跨省联网送电线路；新疆、西北甘肃地区风电基地需要通过西北—三华电网之间的直流背靠背异步联网，超远距离大容量送电至负荷中心。

综上所述，我国并网型风光互补发电系统仍然面临大规模远距离外送的问题。

第四章 分布式电源并网

第一节 分布式电源并网运行控制

一、并网运行控制规范的基本规定

并网运行控制规范的基本规定有如下几方面；（1）并网分布式电源应具备由相应资质的单位或部门出具的测试报告。（2）分布式电源接入电网前，其运营管理方与电网企业应按照统一调度、分级管理的原则，签订并网调度协议或发用电合同。（3）接入 380V ~ 35kV 电网的分布式电源，应以三相平衡方式接入。分布式电源单相接入 220 V 配电网前，应校核接入各相的总容量，不宜出现三相功率不平衡情况。（4）分布式电源中性点接地方式应与其所接入电网的接地方式相适应。（5）接入 10（6）kV ~ 35 kV 电网的分布式电源，其运营管理方宜进行发电预测，向电网调度机构报送次日发电计划。（6）当直接接入公共电网的分布式电源、涉网设备发生故障或出现异常情况时，其运营管理方应收集相关信息并报送电网运营管理部门。接入 10（6）kV ~ 35 kV 电网的分布式电源，应有专人负责设备的运行维护。（7）在公共电网检修、故障抢修或其他紧急情况下，分布式电源所接入的电网运营管理部门可直接限制分布式电源的功率输出，直至断开并网开断设备。（8）已报停运的分布式电源不得自行并网。

二、并网 / 离网控制

电网正常运行情况下，分布式电源计划离网时，宜逐级减少发电效率，发电功率变化率应符合电网调度机构批准的运行方案。并网运行过程中，分布式电源出现故障或异常情况时，分布式电源应停运；条件允许的情况下，分布式电源应逐级减少与电网的交换功率，直至断开与电网的连接。

接入 10（6）kV ~ 35 kV 电网的分布式电源，检修计划应上报电网调度机构，并应服从电网调度机构的统一安排。

电网发生故障恢复正常运行后，接入 10（6）kV ~ 35 kV 电网的分布式电源，在电网调度机构发出指令后方可依次并网；接入 220/380 V 电网的分布式电源，在电网恢复正常运行后应延时并网，并网延时设定值应大于 20 s。

分布式电源停运或涉网设备故障时，应及时记录并通知所接入电网管理部门。

三、有功功率控制

接入 10（6）kV ~ 35 kV 电网的分布式电源，应具备有功功率控制能力，当需要同时调节输出有功功率和无功功率时，在并网点电压偏差符合 GB/T 12325《电能质量 供电电压偏差》规定的前提下，宜优先保障有功功率输出。

不向公用电网输送电量的分布式电源，由分布式电源运营管理方自行控制其有功功率。

接入 10（6）kV ~ 35 kV 电网的分布式电源，若向公用电网输送电量，则应具有控制输出有功功率变化的能力，其最大输出功率和最大功率变化率应符合电网调度机构批准的运行方案，同时应具备执行电网调度机构指令的能力，能够通过执行电网调度机构指令进行功率调节。紧急情况下，电网调度机构可直接限制分布式电源向公共电网输送的有功功率。

接入 380 V 电网低压母线的分布式电源，若向公用电网输送电量，则应具备接受电网调度指令控制输出有功功率的能力。接入 220 V 电网的分布式电源，可不参与电网有功功率调节。

四、无功电压调节

分布式电源无功电压控制宜具备支持定功率因数控制、定无功功率控制、无功电压下垂控制等功能。接入 10（6）kV ~ 35 kV 电网的分布式电源，应具备无功电压调节能力，可以采用调节分布式电源无功功率、调节无功补偿设备投入量及调整电源变压器变比等方式，其配置容量和电压调节方式应符合 NB/T 32015《分布式电源接入配电网技术规定》的要求。

接入 380 V 电网的分布式电源，并网点处功率因数应满足以下要求：（1）以同步发电机形式接入电网的分布式电源，并网点处功率因数在 0.95（超前）~ 0.95（滞后）范围内应可调；（2）以感应发电机形式接入电网的分布式电源，并网点处功率因数在 0.98（超前）~ 0.98（滞后）范围内应可调；（3）经变流器接入电网的分布式电源，并网点处功率因数在 0.95（超前）~ 0.95（滞后）范围内应可调。

接入 10（6）kV ~ 35 kV 电网的分布式电源，并网点处功率因数和电压调节能力应满足以下要求：（1）以同步发电机形式接入电网的分布式电源，应具备保证并网点处功率因数在 0.95（超前）~ 0.95（滞后）范围内连续可调的能力，并可参与并网点的电压调节；（2）以感应发电机形式接入电网的分布式电源，应具备保证并网点处功率因数在 0.98（超前）~ 0.98（滞后）范围自动可调的能力，有特殊要求时，可做适当调整以稳定电压水平；（3）经变流器接入电网的分布式电源，应具备保证并网点处功率因数在 0.98（超前）~ 0.98（滞后）范围内连续可调的能力，有特殊要求时，可做适当调整以稳定电压水平。在其无功输出范围内，应具备根据并网点电压水平调节无功输出、参与电网电压调节的能力，其调节方式、参考电压、电压调差率等参数可由电网调度机构设定。

接入 10（6）kV ~ 35 kV 用户内部电网且不向公用电网输送电能的分布式电源，宜具备无功控制功能。分布式电源运营管理方宜根据无功就地平衡和保障电压合格率原则，控制无功功率和并网点电压。

接入 10（6）kV ~ 35 kV 用户内部电网且向公用电网输送电能的分布式电源，宜具备无功电压控制功能。分布式电源在满足其无功输出范围和公共连接点功率因数限制的条件下，进行其并网点功率因数和电压的控制，同时，宜接受电网调度机构无功指令，其调节方式、参考电压、电压调差率、功率因数等参数执行调度协议的规定。

接入 10（6）kV ~ 35 kV 公共电网的分布式电源，应在其无功输出范围内参与电网无功电压调节，应具备接受电网调度机构无功电压控制指令的功能。在满足分布式电源无功输出范围和并网点电压合格的条件下，电网调度机构按照调度协议对分布式电源进行无功电压控制。

五、电能质量监测

并网分布式电源应具备监测并记录其并网点或公共连接点处谐波、电压波动和闪变、电压偏差、三相不平衡等电能质量指标的能力。接入 10（6）kV ~ 35 kV 电网的分布式电源，每 10 min 保存一次电能质量指标统计值，并定期上传；接入 220/380 V 电网的分布式电源，每 10 min 保存一次电能质量指标统计值，且应保存至少 1 个月的电能质量数据。

分布式电源接入电网后，当公共连接点的电能质量不满足要求时，应产生报警信息；接入 10（6）kV ~ 35 kV 电网的分布式电源，其运营管理方应将报警信息上报至所接入电网管理部门；接入 220/380 V 电网的分布式电源，其运营管理方应记录报警信息以备所接入电网运营管理部门查阅。

分布式电源并网导致公共连接点电能质量不满足要求时，应采取改善电能质量的措施。在采取改善措施后电能质量仍无法满足要求时，分布式电源应断开与电网的连接，电能质量满足要求时方可重新并网。

六、通信与自动化

（一）通信安全防护

通过 380 V 电压等级并网的分布式电源，以及通过 10（6）kV 电压等级接入用户侧的分布式电源，可采用无线、光纤、载波等通信方式。采用无线通信方式时，应采取信息通信安全防护措施。

通过 10（6）kV 电压等级直接接入公共电网，以及通过 35 kV 电压等级并网的分布式电源，应采用专网通信方式，具备与电网调度机构之间进行数据通信的能力，能够采集电源的电气运行工况，上传至电网调度机构，同时具有接受电网调度机构控制调节指令的能力。

接入电网的分布式电源，采用光纤专网通信时，传输速率应不小于 19200b/s，误码率应优于 1×10^{-9}；采用其他方式时，传输效率应不小于 2400b/s，误码率应优于 1×10^{-5}。

（二）自动化设备保障

接入 10（6）kV ~ 35 kV 电网的分布式电源，通信和自动化后备电源应保证在失去外部电源时其通信和自动化设备能够至少运行 2 h，并向电网调度机构提供的基本信息应包括但不限于以下内容：

1. 电气模拟量

并网点的电压、电流、有功功率、无功功率、功率因数、频率；

2. 状态量

并网点的并网开断设备状态、故障信息、分布式电源远方终端状态信号以及通信通道状态等信号；

3. 电能量

发电量、上网电量、下网电量；

4. 电能质量数据

并网点处的谐波、电压波动和闪变、电压偏差、三相不平衡等；

5. 其他信息

分布式电源并网点的投入容量。

（三）信息存储能力

接入 220/380 V 电网的分布式电源，应具备以下信息的存储能力，至少存储 3 个月的数据，以备所接入电网运营管理部门现场查阅：

1. 电气模拟量

并网点的电压、电流；

2. 状态量

并网点的并网开断设备状态、故障信息等信号；

3. 电能量

发电量、上网电量、下网电量；

4. 其他信息

分布式电源并网点的投入容量。

接入 10（6）kV ~ 35 kV 电网的分布式电源，其并入电力通信光纤传输网的分布式电源通信设备，应纳入电力通信网管系统统一管理。

第二节 分布式电源并网监控系统

为了研究光伏并网发电系统的运行性能及优化分布式电源的设计，分布式电源的监控技术随着光伏产业的发展而深入展开。

分布式电源监控系统通过对分布式电源的运行状态、设备参数、环境数据等进行监视、测量和控制，主要体现在设备和人身安全、发电可靠性和发电质量、并网电能管理、设备寿命管理、集中或远程监控等方面，实现光伏发电系统的安全、可靠、经济和方便的运行。

一、监控系统功能

分布式电源监控系统基本功能主要体现在性能指标方面，对于光伏发电系统规模及是否并网，差异不大。并网分布式电源要求与调度中心建立通信联系，向其传送数据并接受其控制指令。

分布式电源监控系统具备以下功能：

（一）数据采集与处理

数据采集范围包括模拟量、开关量和来自智能装置的记录数据等。

模拟量包括环境参数（如日照强度、风速、风向、气温等）、交直流电气参数（如电压、电流、有功功率、无功功率、功率因数、频率等）；开关量包括直流开关、交流断路器、隔离开关、接地开关的位置信号，设备投切状态，低压交直流保护装置和安全自动装置动作及报警信号等；电能量包括各种方式采集到的交直流有功电量和交流无功电量数据，通过数据处理实现累加等计算功能。

数据处理功能包括对实时采集的模拟量进行不变、跳变、故障、可疑、超值域、不一致等有效性检查；对实时采集的开关量进行消抖、故障、可疑、不一致等有效性检查。对实时数据的模拟量进行乘系数、零漂、取反、越线报警、死区判断等计算处理；对实时采集的开关量能进行取反等计算处理，并支持计算量公式定义和运算处理。

在数据处理的基础上定期储存需要保存的历史数据和运行报表数据，实时存储最近发生的事件数据。

（二）事件与报警

分布式电源监控系统能对遥测越限、遥信变位、动作/故障信号、操作事件等被监控设备信号，以及监控系统本身的软硬件、通信接口和网络故障信号等事件进行有效的报警；同时还能够实现对事件的分类、分层处理，便于按要素查询和检索。

（三）运行监控

运行监控工作站的分布式电源监控系统是与运行人员联系的主要界面，运维人员通过监控工作站发出控制操作命令，查看历史数据，修改系统参数，制作报表，确认报警灯。

运行监控功能包括：全站实时生产统计数据、环境参数、电气接线图与参数、设备通信联络与工况、站用变压器分接头位置、容抗器投退、保护装置软连接片投退、逆变器启动/停止、充放电控制装置的充放电等；调节对象包括：低压交流保护整定值、逆变器参数设定、充放电控制装置参数设定等。

运行监控应具备人工控制和自动控制两种方式。人工控制包括主控室控制和现场设备控制两级，并具备备站控层和现场设备的控制切换功能，现场设备控制权限级别高于站控层，同一时刻只允许一级控制。当站控层设备及网络停运后，应能在现场设备层对断路器、逆变器等设备进行一对一的人工控制操作。自动控制应包括自动功率设定、逆变器启停、充放电控制等。

（四）安防监控

大型分布式电源应配置视频监控和安防系统，在光伏阵列场地周边根据场地大小应配置1～4个带云台控制摄像头，在设备室应配置1～2个固定摄像头；在主控室和设备室宜设置烟感、报警等安防设备；在主控室配置视频监控工作站。

（五）发电控制

对一定规模并网分布式电源，其最大发电功率、最大功率变化率等指标影响接入电网稳定运行，需设置与调度中心的通信通道，接受调度中心的发电调度。

除设备故障、接受调度指令外，监控系统可以确保同时切除或启动的逆变器有功功率总和小于接入电网波动限制。

监控系统能够根据当前光照强度、逆变器运行、电网对输出有功功率要求，综合考虑定期对逆变器等设备运行状态进行自动切换和调配，以延长逆变器等设备的使用寿命，提高电站运营经济效率。

（六）电能质量监测

分布式电源监控系统能够实时监测输入电网或向交流负载提供的交流电能的质量，当电压偏差、频率、谐波和功率因数出现偏离标准的越限情况时，系统能自动将发电系统与电网完全断开。

（七）能量管理与预测

通过表格和趋势曲线，分布式电源监控系统能够按日、月和年来对比分析历史与当前发电情况。在具备直供负荷，并配置储能电池及其充放电控制装置的分布式电源，监控系统能够根据日照强度、发电功率和负荷趋势，对储能电池进行有针对性的充放电控制和管理，以提高设备使用寿命和发电经济效益；在具备一定容量直供负荷，并配置双向电能计量设备的电站内，监控系统能根据系统日照强度、发电功率、负荷趋势和潮流情况动态平衡全站有功功率，还能实时预测特定时段的发电功率总和，提供给电力调度管理部门，以确保系统的稳定运行。

（八）在线统计与制表

分布式电源监控系统可以对运行的各种常规参数进行统计计算，还能够对发电站主要设备的运行状况计算，包括断路器正常操作及事故跳闸次数、容抗器投退次数等。

（九）时钟同步

分布式电源监控系统设备采用GPS标准授时信号进行始终校正，与调度中心进行远动通信时能接受调度时钟同步。

站控层设备和具备对时功能的现场设备保持与标准时钟的误差不大于1 ms、远动通信设备正常时通过站内GPS进行时钟校正，需要时也可与调度端对时。

（十）系统自诊断和自恢复

分布式电源监控系统具备在线诊断能力，对系统自身的软硬件运行状况进行诊断，发现异常时，予以报警和记录，必要时采取自动恢复措施。

分布式电源监控系统的自动恢复：一般软件异常时，自动恢复运行；当设备有备用配置，在线设备发生软硬件故障时，能自动切换到备用装置。自动恢复时间不大于 30 s。

（十一）系统维护

分布式电源监控系统能对数据库进行在线维护，增加、删除和修改各数据项，并能离线对数据库进行独立维护，重新生成数据库并具备合力的初始化值。

（十二）外部接口（并网光伏发电电控系统）

一定规模的分布式电源通过监控系统与地区调度中心建立通信联系，向调度中心传送实时生产和设备运行关键数据，接受调度中心的发电指令和控制。

二、监控系统构成

一般而言，分布式电源监控系统一般分为站控层、网络层、间隔层三个层次：①站控层由监控主机和远动通信装置等构成，提供全站设备运行监控、视频监控、运行管理和与调度中心通信等功能。②网络层由现场网络交换设备、网络线路、站控层网络交换设备等构成，提供全站运行和监控设备的互联与通信。③间隔层为现场设备间隔层，由发电设备（含汇流、配电、逆变）、配电与计量设备、监测与控制装置、保护与自动装置等构成，提供全站发电运行和就地独立监控功能，在站控层或网络失效的情况下，仍能独立完成间隔设备的就地监控功能。

三、监控系统设计原则

分布式电源监控系统的设计应遵循以下原则：

（一）完整性

系统能够完成不同厂商、不同种类、不同型号设备的监测数据被统一完整的采集，可提供实时数据、周期采样数据、事件数据的应用服务。

（二）规范性

系统规范遵循有关国家标准、国际标准、电力行业有关标准。制定或完善相关标准规范，确保监测设备、监测数据通信的规范性。界面设计遵循有关界面设计的规范。

（三）扩展性

硬件扩展性：系统能够广泛适配新接入监测设备的通信接口；软件扩展性：软件功能模块应可重用、可配置、可拆卸。

（四）开放性

系统能够同各类专家系统、电网调度系统进行数据信息交换。

（五）集成性

能够集成环境、安防、电能量、电能质量等监测数据，分类处理、分类存储，统一界面显示监测数据。

（六）可操作性

界面友好，操作方便，注重用户体验。

（七）适应性

适应分布式电源的内电磁、自然环境的复杂性和各类系统的可接入性。

第三节 分布式电源并网运行异常

传统的配电网一般为单电源的放射状、链状式结构，分布式电源的引入使得配电系统从传统的单电源辐射型网络变成双端甚至多端网络，在分布式电源并网异常运行或故障状态下将出现一些新的特征，对分布式电源的控制和运行带来很大挑战。

一、分布式电源配网故障方式与特性

电力系统可能发生的故障类型比较多，其中短路故障是电力系统最常见且危害最严重的故障。短路是由于某种原因造成相与相或相与地之间绝缘破坏而构成了通路，主要原因是电气设备载流部分的绝缘损坏。电力系统中可能发生的短路有两类：对称短路和不对称短路，电力系统的短路故障多为单相接地不对称短路。

单相接地短路是最常见的故障，约占全部故障的80%以上。对于中性点直接接地系统，发生单相接地时，要求迅速切除故隐点；对于中性点不接地或中性点经消弧线圈接地的系统，发生单相接地时，允许短时间带电运行，但要求尽快寻找接地点，将接地部分退出运行并进行处理。两相接地故障一般不会超过全部故障概率的10%，在中性点接地故障中，这种故障多在同一地点发生；在中性点非直接接地系统中，常见情况是先发生一点接地，而后其他两相对地电压升高，在绝缘薄弱处形成第二接地点，此两点多数不在同一点。两相短路及三相短路相对较少，一般不会超过全部故障概率的5%，但这种故障比较严重，故障发生后要求更快速的切除。当发生以上几种故障后，往往由于故障的演变和扩大，可能会由一种故障转换为另一种故障，或发生两种或两种以上的复杂性故障，这种故障约占全部故障概率的5%以下。随着短路类型、发生地点和持续时间的不同，短路可能只破坏局部地区的正常供电，也可能威胁整个系统的安全运行，当电网系统连接有多个分布式电源时，这样更容易导致系统的不稳定，因此研究分析电网故障状况下的分布式电源控制与运行具有非常重要的意义。

当电网出现瞬时性故障时，分布式电源并网点电压可能出现跌落现象，基于系统侧故障时不脱网的并网要求，分布式电源需要具备低电压穿越能力，即当并网点电压跌落时，分布式电源能够保持并网，甚至向电网提供一定的无功功率，支持电网恢复，直到电网恢复正常，从而“穿越”这个低电压时间（区域）。考虑到电网在运行中的扰动（雷击，设备故障等）时有发生，此时利用低电压穿越能力使得分布式电源保持与电网连接，对于电网的稳定性是至关重要的。

并网运行的分布式电源在发生大电网故障等情况时，与大电网断开并继续向本地负载供电、独立运行的情况称之为孤岛运行。出于用电安全和用电质量的考虑，需要迅速检测出孤岛，并对分离系统部分和孤岛采取相应的调控措施，直至系统故障消除后再恢复并网运行。一般分布式电源都需要具有反孤岛保护的功能，必须在规定时间内检测到孤岛效应并采取相应的措施。

随着含分布式发电的配电网结构以及配电网中短路电流的大小、流向及分布发生根本性的变化，使得配电网各种保护也将随之发生深刻变化，配电网潮流的不确定性将会对电力系统继电保护、安全自动装置的配置和动作整定带来一定的难度，极有可能造成继电保护及安全自动装置误动或拒动。为保证含分布式电源的配电网在故障消除后能及时智能地恢复供电，含分布式电源的配电网对继电保护和控制也提出了新的要求。

二、低电压穿越特性分析

低电压穿越（LVRT）通常指当电网扰动或故障引起分布式电源并网点电压跌落时，在一定电压跌落范围内，分布式电源能够不间断并网运行。运行经验表明，在系统发生短时故障造成电压跌落时，分布式电源并不立即切机，而是继续与电网相连输出功率，有利于电网的恢复。

目前，对低电压穿越的研究更多的集中在风电机组上，考虑到电压跌落会给电机带来一系列暂态过程，如出现过电压、过电流或转速上升等，严重危害风电机组本身及其控制系统的安全运行。一般情况下若电网出现故障就实施被动式自我保护而立即解列，并不考虑故障的持续时间和严重程度，这样能最大限度保障风机的安全，在风力发电的电网穿透率（即风力发电占电网的比重）较低时是可以接受的。然而，当风电在电网中占有较大比重时，若风机在电压跌落时仍采用被动式解列，则会增加整个系统的恢复难度，甚至可能加剧故障，最终导致系统其他机组全部解列，因此必须采取有效的低电压穿越措施，以维护风电场电网的稳定。

通常情况下电网发生电压突降时，风机端电压难以建立，若风电机组继续挂网运行，将会影响到电网电压无法恢复，因此，这种情况一般切除风电机组。随着风力发电机组装机容量占电网总装机容量的百分比日益增大，其切机情况对电网的安全运行造成的影响也就日益严重。国外的经验表明，当这个数值达到3% ~ 5%时，高风速期间如果出现大面积切机将对电网产生毁灭性打击。由电网电压跌落造成的风机大面积切机不仅会对电网造成严重影响，还会对风电机组本身造成很大危害。在这个过程中风电机组会出现机械输入和电气输出功率不平衡，暂态过程导致发电机中出现过电流，可能造成电气器件损坏。同时由不平衡带来的附加转矩、应力还有可能损坏机械部件。由此可知风力发电机组低电压穿越能力的重要性。

与风电接入相似，随着光伏装机容量在系统中所占比例增加，其运行对电力系统的稳定性影响将不容忽视。不同国家和地区所提出的低电压穿越要求不尽相同。各项标准中，只有德国中压并网标准明确提出分布式电源必须具备低电压穿越能力，参与电网的动态支撑（适用于各种短路类型）。

第四节　分布式电源继电保护配置

分布式电源侧应具有在电网故障及恢复过程中的自保护能力。分布式电源的接地方式应与电网侧的接地方式相适应，并应满足保护配合的要求。

分布式电源接入 10（6）kV ~ 35 kV 配电网，并网点开断设备应采用易操作、可闭锁、具有明显开断点、带接地功能、可开断故障电流的断路器；分布式电源接入 380V 配电网，并网点开断设备应采用易操作、具有明显开断指示、可开断故障电流的并网开关。继电保护和安全自动装置的新产品，应按国家规定的要求和程序进行检测或鉴定，合格后，方可推广使用。设计、运行单位应积极创造条件支持新产品的试用。

一、分布式电源经专线接入

用户高压总进线断路器处应配置阶段式（方向）过电流保护、故障解列，若接入电网要求配置全线速动保护时，应配置光纤纵联差动保护。

用户高压母线的分布式电源馈线断路器处可配置阶段式（方向）过电流保护、重合闸。

用户高压总进线断路器处配置的保护应符合以下要求：（1）当用户用电负荷大于分布式电源装机容量时电流保护应经方向闭锁，保护动作正方向指向线路。变流器型分布式电源电流定值可按 110% ~ 120% 分布式电源额定电流整定。（2）故障解列应满足的要求：①故障解列包括低 / 过电压保护、低 / 过频率保护等；②动作时间宜小于公用变电站故障解列动作时间，且有一定级差；③动作时间应躲过系统及用户母线上其他间隔故障切除时间，同时考虑符合系统重合闸时间配合要求。

用户高压母线的分布式电源馈线断路器下配置的保护应满足以下要求：（1）电流保护应符合公共变电站馈线断路器处保护的配合要求，按指向分布式电源整定，必要时可经方向闭锁；（2）用户高压母线的分布式电源馈线断路器跳闸后是否重合，可根据用户需求确定。若采用重合闸，可检无压或检同期重合，其延时应与公共变电站馈线断路器处重合闸配合，并宜具备后加速功能。

二、分布式电源接入 380 V 配电网

分布式电源经专线或 T 接接入 380 V 配电网的典型接线图见图 4-1、图 4-2。用户侧低压进线开关（图 4-1 和图 4-2 中 2DL）及分布式电源出口处开关（图 4-1 和图 4-2 中 3DL）应具备短路瞬时、长延时保护功能和分励脱扣、欠压脱扣功能。用户侧低压进线开关（图 4-1 和图 4-2 中 2DL）及分布式电源出口的开关（图 4-1 和图 4-2 中 3DL）处配置的保护应符合以下要求：（1）保护定值中涉及的电流、电压、时间等定值应符合 GB 50054《低压配电设计规范》的要求；（2）必要时，2DL 或 3DL 处配置的相关保护应符合配网侧的配电低压总开关（图 4-1 和图 4-2 中 1DL）处配置保护的配合要求，且应与用户内部系统配合。

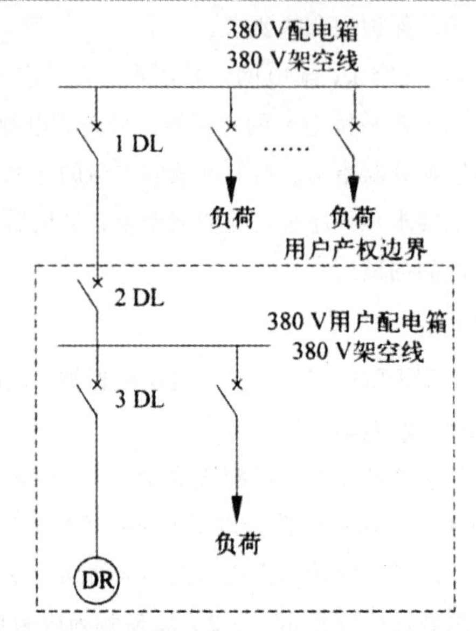

图 4-1 分布式电源经专线接入 380V 系统典型接线

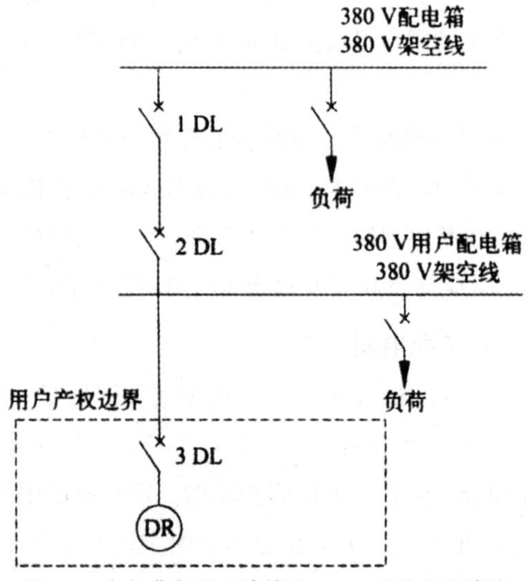

图 4-2 分布式电源 T 接接入 380V 系统典型接线

第五节 分布式电源并网标准与测试

分布式电源并网需要制定统一的运行技术标准，为了达到分布式电源接入电网的各项规定，以保证分布式电源主要设备安全和建设质量，并网前将对电网电能质量、电压电流与频率响应特性以及安全与保护功能等进行检测。

一、分布式电源并网标准

（一）分布式电源并网技术标准的编制原则

根据国家电网公司企业标准计划，通过对分布式电源及其对电网影响的研究分析，结合我国各类分布式电源的特性、35 kV 及以下电压等级、电网结构，以及电网运行对电源的要求，我国分布式电源并网技术标准的编制原则如下：（1）技术标准遵守现有的相关法律、条例、标准和导则等，兼顾电网运行和分布式电源发展的要求。相关的法律法规包括《中华人民共和国可再生能源法（修订）》《中华人民共和国电力法》《电网调度管理条例》。（2）技术标准的出发点和基本原则是保障电网及分布式电源的安全、稳定和优质运行，同时尽量使条文具有一定的可操作性，便于理解、引用和实施。（3）技术标准兼顾了现有电网结构和配置，以及分布式电源的技术水平，在不需要大量投资改变现有电力系统结构的基础上发展分布式电源。同时，在技术上，分布式电源也可以通过合适的设计和技术手段做到不影响电网的电能质量和安全稳定运行，并且可以通过电网调度机构的通信以及合适的控制来支持电网的运行，满足规定的技术要求。（4）技术标准适用于 35 kV 及以下电压等级线路接入电网的分布式电源。对于容量只有几千瓦（kW）的非常小的电源，对电网的影响和支撑非常有限，考虑到成本及各方面的因素，在电压/无功调整、有功调节、电压电流和频率效应、通信功能等方面，规定的要求可适当宽松一些。技术标准把适用范围内的电源分为两类：10（6）kV ~ 35 kV 电压等级并网和 380 V 电压等级并网，分别在接入系统原则、电能质量、功率控制和电压调节、启停、频率运行范围、安全、电压保护、通信与信息、电能计量等方面提出不同的技术要求。（5）技术标准所指的电源是指并入 35 kV 及以下电压等级电网的新建和扩建分布式电源，由于自备电源和非自备电源在接入容量、电压等级方面有较大区别，很难统一界定，所以技术标准主要针对非自备电源编制，自备电源可参照执行。

（二）《分布式电源并网技术要求》中的主要内容

1. 接入系统原则

考虑到低电压电网的电能质量及安全稳定运行，分布式电源接入低压电网时需考虑公共连接点处是否已有其他电源并网，分布式电源并网点的不同选择可能会对电网的稳定和安全保护带来不同的影响，我国技术标准首先提出并网点的确定原则必须总体考虑分布式电源的共同影响，以选择合适的并网点，最小化分布式电源对电网的影响。

为防止逆流对上一级电网产生较大的影响，导致上一级电网需要在继电保护设置等方面做出大范围的调整，分布式电源所产生的电力电量尽量在本级配电区域内平衡，技术标准规定分布式电源总容量原则上不宜超过上一级变压器供电区域内最大负荷的 25%。该限值的取值一方面根据区域内负荷峰谷差估算分布式电源所产生的电力能在本供电区域内全部被平衡掉，另一方面考虑到近几年内分布式电源有可能发展迅速，本技术标准不需要更新，25% 是可接受的合理范围。这里所说的容量都为电源的装机容量，由于实际中可能存在特殊电源结构和负荷特性，我国的技术标准只提出原则上的要求，特殊情况可做特殊处理，主要保证分布式电源的输出不会对上一级电网运行造成大的影响。

分布式电源功率波动导致连接点处的电压波动，与分布式电源容量和接入点短路容量的比值密切相关，通过对分布式电源并网点短路电流与分布式电源额定电流比值的规定，可以减少分布式电源对配电网运行的影响，通过大量研究和分析，分布式电源并网点的短路电流与分布式电源额定电流之比不宜低于 10。

2. 电能质量

分布式电源发出电能的质量，指标包括谐波、电压偏差、电压不平衡度、电压波动和闪变。

分布式电源并入低压电网，对电压偏差、谐波等电能指标的影响较大，并网前分布式电源应开展电能质量前期评估工作，分布式电源应提供电能质量评估工作所需要的电源容量、并网方式、变流器型号等相关技术参数。

分布式电源应具备适应电网运行的能力，在电网正常运行、电能质量符合应技术标准的要求时，分布式电源应能正常运行，此条款的提出是为防止分布式电源保护设置范围与电网运行的各类指标范围不符合而导致分布式电源频繁动作，影响电网的正常运行，同时，分布式电源还应满足电磁兼容的要求，其设备产生的电磁干扰不应超过相关设备标准的要求。其次，对于变流器类型的电源，变流器将直流电转换为交流电并入电网，要防止直流分量流入电网对电网的电磁使用设备造成危害，直流分量应在一定的限制范围内，关于直流分量的数值广泛征求了国内变流器生产厂商的意见，确定了变流器类型分布式电源并网额定运行时，向电网馈送的直流电流分量不应超过其交流定值的 0.5%。

技术标准中电能质量指标引用最新版国标关于电能质量的规定。国标中没有规定 220 kV 电压等级的谐波电流，其谐波参照 10 kV 电压等级标准执行。当分布式电源并网点的电压波动和闪变值满足 GB/T 12326《电能质量电压波动和闪变》、谐波满足 GB/T 14549《电能质量公用电网谐波》、间谐波值满足 GB/T 24337《电能质量公用电网间谐波》、三相电压不平衡满足 GB/T 15543《电能质量三相电压不平衡》的要求时，分布式电源应能正常运行。分布式电源发出电能的质量，在谐波、电源偏差、电压不平衡度、电压波动和闪变等方面应满足相关的国家标准。通过 10（6）kV ~ 35 kV 电压等级并网的变流器类型分布式电源应在公共连接点装设满足 GB/T 19682《电能质量监测设备通用要求》要求的 A 级电能质量在线监测装置，电能质量监测历史数据应至少保存一年。

3. 功率控制和电压调节

分布式电源有功功率控制是一个非常重要的能力，但分布式电源功率控制的使用也许非常有限。目前，功率控制可能最广泛地应用在发生事故、系统能力降低的情况下，以帮助系统恢复正常运行，防止事故扩大。

通过 10（6）kV ~ 35 kV 电压等级并网的分布式电源应具有有功功率调节能力，输出功率偏差及功率变化率不应超过电网调度机构的给定值，并能根据电网频率值、电网调度机构指令等信号调节电源的有功功率输出。

分布式电源参与配电网电压调节的方式可包括调节电源无功功率、调节无功功率补偿设备投入量以及调整电源变压器变比。

通过 380 V 电压等级并网的分布式电源，在并网点处功率因数应满足以下要求：①同步发电机类型和变流器类型分布式电源应具备保护并网点功率因数在 0.95（超前）~ 0.95（滞后）范围内可调节的能力；②异步发电机类型分布式电源应具备保证并网点处功率因数在 0.98（超前）~ 0.98（滞后）范围可调节的能力。

通过 10（6）kV ~ 35 kV 电压等级并网的分布式电源，在并网点功率因数和电压调节能力应满足以下要求：①同步发电机类型分布式电源应具备保证并网点功率因数在 0.95（超前）~ 0.95（滞后）范围内连续可调的能力，并可参与并网点的电压调节；②异步发电机类型分布式电源应具备保证并网点处功率因数在 0.98（超前）~ 0.98（滞后）范围自动调节的能力，有特殊要求时，可做适当调整以稳定电压水平；③变流器类型分布式电源应具备保证并网点功率因数在 0.98（超前）~ 0.98（滞后）范围内连续可调的能力，有特殊要求时，可做适当调整以稳定电压水平。在其无功输出范围内，应具备根据并网点电压水平调节无功输出，参与电网电压调节的能力，其调节方式和参考电压、电压调差率等参数应可由电网调度机构设定。

4. 启停

分布式电源的启停会对低压电网的运行带来一定的影响，分布式电源启动时应充分考虑到运行电网的电压和频率，当电网电压和频率异常时，分布式电源不应启动，以防止事故发生，通过 380 kV 电压等级并网的分布式电源可自动监测电网条件而启停，也可根据当地条件由电网企业协商确定；而通过 10（6）kV ~ 35 kV 电压等级并网的分布式电源启停时必须执行电网调度机构的指令，以确保系统运行安全和检修人员的人身安全。

5. 频率运行范围

分布式电源接入电网一方面影响电网的电压、频率和短路电流水平，另一方面，分布式电源根据保护设置对电网的电压和频率运行水平做出响应。分布式电源电压和频率响应特性必须支持系统电压和频率稳定，同时避免损坏连接设备。

频率响应特性针对不同容量等级的分布式电源提出不同要求，特别小容量的电源对电网频率支持作用非常微弱，不对其频率耐受能力提过多要求。当并网点频率超过 49.5 ~ 50.2 Hz 运行范围时，规定其在 0.2 s 内停止向电网线路送电，不增大系统对频率稳定处理的负担。大容量电源对电网频率有一定影响和支撑作用，对其提出频率耐受能力使得它们能够支持电网频率稳定。

变流器类型分布式电源和同步电机、异步电机类型分布式电源频率控制方式有所不同，系统频率低于 48 Hz 时，变流器类型分布式电源响应特性受固有运行频率限制或电网调度机构要求而确定，同步电机、异步电机类型分布式电源要求运行 60 s，以支撑系统频率稳定；频率高于 50.2 Hz 时，系统有功过剩，分布式电源应具备降低有功功率输出的能力，为频率稳定做出贡献；当频率高于 50.5 Hz 时，分布式电源应立刻终止向电网线路送电，缓解系统有功过剩压力。

6. 安全

分布式电源接入低压电网，直接靠近用户侧，人身和设备的安全就非常重要。当分布式电源变压器的接地方式与电网的接地方式不配合，就会引起电网侧和分布式电源侧的故障传递问题，及分布式电源的三次谐波传递到系统侧的问题，因此分布式电源的接地方式应和配电网侧的接地方式相协调，并应满足人身、设备安全和保护配合的要求。通过 380 V 电压等级并网的分布式电源，应在并网点安装易操作、具有明显开断指示，具备开断故障电流能力的开关。通过 10（6）kV ~ 35 kV 电压等级并网的分布式电源，应当并网点安装易操作、可闭锁、具有明显开断点、带接地功能、可开断故障电流的开断设备。

对安全标识的要求：通过 380 V 电压等级并网的分布式电源，连接电源和电网的专用低压开关柜应有醒目标识，标识应标明“警告”“双电源”等提示性文字和符号，标识的形状、颜色、尺寸和高度应按照规定执行；通过 10（6）kV ~ 35 kV 电压等级并网的分布式电源，应在电气设备和线路附近标识“当心触电”等提示性文字和符号。

7. 电压保护

分布式电源应配置继电保护和安全自动装置，保护功能主要针对电网安全运行对电源提出保护设置要求确定，包括低电压和过电压、低频和过频、过电流、短路和缺相、防孤岛和恢复电网保护。分布式电源不能反向影响电网的安全，电压保护装置的设置必须与电网侧线路保护设置相配合，以达到安全保护的效果。

通过 380 V 电压等级并网的分布式电源，当并网点处电压超出规定的电压范围时，应在相应的时间内停止向电网线路送电，此要求适用于多相系统的任何一相。通过 10（6）kV ~ 35 kV 电压等级并网的分布式电源，送出线路可采用两段式电流保护当不能满足可靠性、选择性、灵敏性和速动性要求时，宜采用距离保护或光纤电流差动保护。分布式电源应具备快速监测孤岛且立即断开与电网连接的能力，防孤岛保护动作时间不大于 2 s，其防孤岛保护应与配电网侧线路重合闸和安全自动装置动作时间相配合。系统发生扰动脱网后，电网电压和频率恢复到正常运行范围之前，分布式电源不允许并网。在电网电压和频率恢复正常后，通过 380 V 电压等级并网的分布式电源需要经过一定延时时间后才能重新并网，延时值应大于 20 s，并网延时由电网调度机构给定。通过 10（6）kV ~ 35 kV 电压等级并网的分布式电源恢复并网应经过电网调度机构的允许。

8. 通信与信息

为了满足电网调度机构对分布式电源的有功、无功的控制以及对分布式电源实时运行数据的掌握，通过 10 kV 及以上电压等级并网的分布式电源必须具备数据通信能力。电网调度机构为了做出正确的运行决策，需要知道电源端电网的运行状态以及机组的参数、模型，这些都是通信信息中需要包括的内容。

通过 380 V 电压等级并网的分布式电源，以及通过 10（6）kV 电压等级接入用户侧的分布式电源，可采用无线、光纤、载波等通信方式。采用无线通信方式时，应采取信息通信安全防护措施。

通过 10（6）kV ~ 35 kV 电压等级并网的分布式电源应采用专网通信方式，具备与电网调度机构之间进行数据通信的能力，能够采集电源的电气运行工况，上传至电网调度机构，同时具有接受电网调度机构控制调节指令的能力。并网双方的通信系统应满足电网安全经济运行对电力系统通信业务的要求，并应满足继电保护、安全自动装置、自动化系统及调度电话等业务对电力通信的要求。

在正常运行的情况下，分布式电源向电网调度机构提供的信息至少应当包括：①通过 380 V 电压等级并网的分布式电源，以及 10（6）kV 电压等级接入用户侧的分布式电源，可只上传电流、电压和发电量信息，条件具备时，预留上传并网点开关状态能力。②通过 10（6）kV 电压等级直接接入公共电网，以及通过 35 kV 电压等级并网的分布式电源，应能够实时采集并网运行信息，主要包括并网点开关状态、并网点电压和电流、分布式电源输送有功、无功功率、发电量等，并上传至相关电网调度部门。配置遥控装置的分布式电源，应能接收、执行调度端远方控制解 / 并列、启停和发电功率的指令。

9. 电能计量

分布式电源既可以作为电源向电网送电，又可以作为用户从电网吸收电能，分布式电源接入电网前，应明确计量点，每个计量点均应装设双向电能计量装置。计量点设置除应考虑产权分界点外，还应考虑分布式电源出口与用户自用电线路处。产权分界处按国家有关规定确定。产权分界处不适宜安装电能计量装置的，关口计量点由分布式电源业主与电网企业协商确定。电能计量装置的配置和技术要求应符合 DL/T 448《电能计量装置技术管理规程》，以及相关标准、规程要求。

为保证计量的合格性及公正性，计量表的安装需经电网与电源双方认可，并由相应资质的电能计量检测机构对电能计量装置完成相应检测。通过 10（6）kV ~ 35 kV 电压等级并网的分布式电源的同一计量点应安装同型号、同规格、准确度相同的主、副电能表各一套，主、副电能表应有明确标志。电能表采用静止式多功能电能表，技术性能符合《交流电测量设备特殊要求第 22 部分：静止式有功电能表（0.2 s 级和 0.5 s 级）》和《多功能电能表》的要求。电能表应具备双向有功和四象限无功计量功能、事件记录功能，配有标准通信接口，具备本地通信和通过电能信息采集终端远程通信的功能，电能表通信协议符合《多功能电能表通信协议》。

二、分布式电源并网检测

分布式电源并网检测是保证分布式电源主要设备和分布式电源建设质量的主要手段。为了保证分布式电源能满足接入电网规定的各项技术指标，并网前需对各项技术指标进行检测与确认，以确保分布式电源并网后对电网的电能质量和安全稳定运行不会带来不利影响。其检测内容包括并网后的电能质量、电压电流与频率响应特性、有功功率输出特性、有功和无功控制特性、电源起停对电网的影响、安全与保护功能等检测，这些检测内容都是直接关系到分布式电源并网后系统的供电质量和安全稳定运行，甚至关系到分布式电源接入电网未来的发展。《分布式电源接入电网测试技术规范》规定了分布式电源接入电网的接口测试内容及测试方法。分布式电源接入电网的互联接口是指单个设备或多个设备的集合，包括同步发电机、感应发电机、变流器与电网的互联部分，以及系统稳定控制、继电保护与安全自动装置、自动化通信、计量等装置。

分布式电源接入电网的检测点为电源并网点，必须由具有相应资质的单位或部门进行检测，并将检测方案报所接入电网调度机构备案。分布式电源应当在并网运行后6个月内向电网调度机构提供由资质单位出具的有关电源运行特性的检测报告,以表明该电源满足接入电网的相关规定，当分布式电源更换主要设备时，需要重新提交检测报告。

（一）检测内容

检测应按照国家或有关行业对分布式电源并网运行制定的相关标准或规定进行，必须包括但不仅限于以下内容：（1）有功功率输出特性，有功和无功控制特性；（2）电能质量，包括谐波、电压偏差、电压不平衡度、电压波动和闪变电磁兼容等；（3）电压电流与频率响应特性；（4）安全与保护功能；（5）电源起停对电网的影响；（6）调度运行机构要求的其他并网检测项目。

分布式电源系统各设备应在通过型式试验、例行试验、现场调试并取得当地电网运营管理部门允许后，方可进行接口的现场测试。

（二）对检测时采用的电网技术要求

测试和试验设备应有一定的标度分辨率，使所取得的数值等于或高于被测量准确度等级的1/5，基本误差应不大于被测试准确度等级的1/4。当测试采用真实电网时，真实电网应满足以下技术要求：（1）谐波应小于电能质量系列标准规定的谐波允许值的50%；（2）在测试和试验过程中，电网的稳态电压变化幅度不得超过正常电压的 ±1%；（3）电压偏差应小于标称电压的 ±3%；（4）频率偏差值应小于 ±0.01 Hz；（5）三相电压不平衡度应小于1%，相位偏差应小于3%；（6）中性点不接地的电网，中性点位移电压应小于相电压的1%。

当测试采用模拟电网时，模拟电网除应满足以上直接电网需满足的技术要求外，还应满足以下技术要求：（1）额定容量应大于被测分布式电源系统的额定容量；（2）具有在一个周波内进行 ±0.1% 额定频率的调节能力；（3）具有在一个周波内进行 ±3% 标称电压的调节能力。

（三）分布电源接口试验

接入不同电压等级的分布式电源，具有下列情况之一时，应进行型式试验：（1）接口定型时应做型式试验，接口由多个设备组成时，单个设备应作相应的型式试验。（2）设计、工艺、元器件、材料和固件发生变更，可能影响产品性能时。接口设备出厂前应进行例行试验。分布式电源接口完成现场安装之后、投入运行之前，应进行现场试验。

第五章 光伏电站方阵结构

第一节 光伏支架结构设计

一、光伏支架结构设计基本原则

光伏支架应结合工程实际选用材料、设计结构方案和构造措施，保证支架结构在运输、安装和使用过程中满足强度、稳定性和刚度要求，并符合抗风、抗震和防腐要求。

光伏支架宜采用钢材，材质的选用和支架设计应符合《钢结构设计规范》的规定。光伏支架也可采用其他材料（如铝合金等），当采用除钢材以外的材料时，支架设计应满足相应材料相关标准的规定。在众多光伏发电站中，Q235B 钢是最常用的光伏支架材料。但是，在严寒地区（如东北、华北、西北部分地区），Q235B 钢往往不能满足低温力学性能要求。如《钢结构设计规范》中规定：对于需要验算疲劳的焊接结构的钢材，应具有常温冲击韧性的合格保证。当结构工作温度不高于 0℃但高于 -20℃时，Q235 钢应具有 0℃冲击韧性的合格保证，即应采用 Q235C 钢；当结构工作温度不高于 -20℃时，Q235 钢应具有 -20℃冲击韧性的合格保证，即应采用 Q235D 钢。事实上，光伏支架厂家为了降低成本，业主为了加快施工进度（Q235C、Q235D 需要预订之后工厂才会生产，生产过程将会耗费一定时间），往往会忽略低温情况下的冲击韧性要求，直接采用 Q235B 钢，将给光伏支架结构安全留下隐患。

支架应按承载能力极限状态计算结构和构件的强度、稳定性以及连接强度，按正常使用极限状态计算结构和构件的变形。

按承载能力极限状态设计结构构件时，应采用荷载效应的基本组合或偶然组合。荷载效应的设计值应按下式验算，即

$$\gamma_0 S \leqslant R$$

式中：γ_0 为重要性系数。光伏支架的设计使用年限宜为 25 年，安全等级为三级，重要性系数不小于 0.95；在抗震设计中，不考虑重要性系数。S 为荷载效应组合的设计值。R 为结构构件承载力的设计值。在抗震设计时，式右端项应除以承载力抗震调整系数为 γ_{RE}，γ_{RE} 按照《构筑物抗震设计规范》的规定进行取值。

对于一般光伏支架而言，其设计使用年限为25年，安全等级为三级。对于特殊光伏组件支架，设计使用年限和重要性系数要另行确定。当支架设计使用年限大于25年时，应按《钢结构设计规范》进行设计。

按正常使用极限状态设计结构构件时，结构构件应按荷载效应的标准组合，采用极限状态设计表达式，即

$$S \leqslant C$$

式中：S为荷载效应组合的设计值；C为结构构件达到正常使用要求所规定的变形限值。

一般地，在抗震设防地区，光伏支架应进行抗震验算。对于光伏支架而言，通常风荷载是控制荷载，地震作用往往不起控制作用。众多工程表明，对于地面用光伏组件的支架；对于与建筑结合的光伏组件的支架，应按相应的设防烈度进行抗震验算。

（一）光伏支架变形要求

光伏支架及构件的变形应满足下列要求：（1）风荷载标准值或地震作用下，支架的柱顶位移不应大于柱高的1/60；（2）受弯构件的挠度不应超过表5-1的容许值。

表5-1 受弯构件的挠度容许值

受弯构件		挠度容许值
主梁		$L/250$
次梁	无边框光伏组件	$L/250$
	其他	$L/200$

注：L为受弯构件的跨度。对悬臂梁，L为悬伸长度的2倍。

与《钢结构设计规范》附录相比，表5-1所列受弯构件的挠度容许值较为宽松。然而，实践表明，若光伏支架主梁、次梁挠度偏大，光伏组件的安装将变得十分困难，并将大幅度降低整个工程的美观程度。工程师在设计过程中，可根据结构正常使用的需要适当降低受弯构件的挠度容许值。

（二）光伏支架构造要求

支架的构造应符合下列规定：

（1）用于次梁檩条的板厚不宜小于1.5mm，用于主梁和立柱的板厚不宜小于2.5mm，当有可靠依据时板厚可用2mm。

光伏支架结构多采用薄壁型钢，其厚度多在2.5mm左右。由于支架结构壁厚很薄，对制造误差的要求就显得格外重要。一般地，可要求光伏支架厂家供货只能出现正误差，不能出现负误差。如果无法实现，只有留出足够的结构壁厚裕量，以消除负误差的不利影响。

（2）受拉和受压构件的长细比应满足表5-2的规定。

表5-2 受压和受拉构件的长细比限值

构件类别		容许长细比
受压构件	主要承重构件	180
	其他构件、支撑等	220
受拉构件	主要构件	350
	柱间支撑	300
	其他支撑	400

注：对承受静荷载的结构，可仅计算受拉构件在竖向平面内的长细比。

（三）光伏支架防腐要求

光伏支架的防腐应符合下列要求：

1. 支架在构造上应便于检查和清刷

光伏支架主梁、檩条、立柱多采用C形钢，除了连接较为方便之外，另一个重要原因就是支架腐蚀之后容易检查与及时处理。相比较而言，钢管（方钢管、圆钢管）内部腐蚀具有一定的隐蔽性，一旦腐蚀不容易发现，容易错过最佳处理时机，即便发现了也难以处理。

2. 钢支架防腐宜采用热浸镀锌，镀锌层厚度最小值规范要求各异

采用热浸镀锌时，镀锌层厚度不宜小于85μm。考虑到钢结构较容易腐蚀，且光伏支架均处于露天环境，镀锌层厚度下限值取85μm更为稳妥。但是，镀锌层并非越厚越好，镀锌层过厚将导致镀锌工艺难以实现、镀锌层容易脱落等一系列问题。

对于腐蚀性严重的地区，镀锌层厚度的确定应有可靠的依据。

光伏支架在运输与施工过程中，热浸镀锌层容易磨损、脱落，由于现场不具备热浸镀锌的条件，可采用喷锌的方式来补救，以维持结构的防腐性能。光伏支架部分构件之间、光伏支架与基础顶部预埋件之间有可能采用现场焊缝连接，焊缝处便成为光伏支架结构防腐的薄弱环节，也可采用现场喷锌的方法以确保结构有足够的耐久性。

当铝合金材料与除不锈钢以外的其他金属材料或与酸、碱性的非金属材料接触、紧固时，应采用材料隔离。

铝合金支架应进行表面防腐处理，可采用阳极氧化处理措施，阳极氧化膜的厚度应符合表5-3的要求。

表5-3　氧化膜的最小厚度

腐蚀等级	最小平均膜厚（μm）	最小局部膜厚（μm）
弱腐蚀	15	12
中等腐蚀	20	16
强腐蚀	25	20

（四）支架允许偏差

固定及手动可调支架安装的允许偏差应符合表5-4中的规定。

表5-4　固定及手动可调支架安装的允许偏差

项目		允许偏差（mm）
中心线偏差		≤2
垂直度（每米）		≤1
水平偏差	相邻横梁间	≤1
	东西向全长（相同标高）	≤10
立柱面偏差	相邻立柱间	≤1
	东西向全长（相同轴线）	≤5

（五）支架纵向刚度

由于前、后立柱及斜撑的存在，光伏支架横向刚度容易保证。为了提供必要的约束，避免出现纵向可动体系，需要在后立柱之间设置X形支撑。研究表明，鉴于安全与经济平衡原则，一

个光伏阵列设置两个X形支撑较为合适，且两个X形支撑最好布置在光伏阵列的第二跨与倒数第二跨。为了确保X形支撑的安全性，X形支撑直径不宜小于10mm。也有部分设计师持有不同的设计理念，倾向于只在光伏阵列中间设置一个X型支撑，此时X形支撑直径不宜小于12mm。当然，这种方案更为简洁与经济。

（六）预留接地孔

预留接地孔是光伏支架设计中容易忽略的一个环节。若未提前预留接地孔，而直接在现场打孔，施工难度颇大且不利于结构安全。

（七）汇流箱支架

汇流箱支架设计方案总体上有两种：其一，汇流箱支架单独设置基础；其二，汇流箱支架生根于光伏支架上。由于第一种方案工程量较大，成本较高，现在已经很少采用。若采用第二种方案，则需要在光伏支架设计时，预先考虑汇流箱支架荷载，并预留足够的汇流箱支架生根空间。

二、光伏支架荷载

（一）风荷载

现有研究表明，作用于光伏支架上的风荷载计算方法并无统一结论，尚存在一定争议，以下将几种常见的光伏支架风荷载模型逐一介绍。

1. 日本规范风荷载模型

日本的光伏产业发展较早，经过长时间的积累，迄今已较为成熟。日本太阳光发电协会对作用于光伏方阵上的风压荷载形成了较为明确的规定，即

$$W=C_W \cdot q \cdot A_W$$

式中：W为风压荷载，N；C_W为风力系数，主要通过风洞实验确定；q为设计风压，N/m^2；A_W为受风面积。

2. 中国规范风荷载模型

风荷载叫规定如下：

$$w_k=\beta_Z \mu_S \mu_Z w_0$$

式中：w_k为风荷载标准值：kN/m^2；β_Z为高度Z处的风振系数；μ_S为风荷载体型系数；μ_Z为风压高度变化系数；w_0为基本风压：kN/m。

对于光伏结构而言，其高度变化范围不大，风压高度变化系数μ_Z可近似取为常数。值得说明的是，相比一般低矮建筑物而言，光伏结构柔度较大，风振效应较为显著。此外，光伏组件为脆性结构，一旦破坏便无法恢复。有鉴于此，光伏结构应该考虑风振系数β_Z的影响。

（二）地震作用

依据《构筑物抗震规范》确定光伏支架地震作用。反复试算表明，在地震烈度则度及其以下，地震作用一般不起控制作用。

（三）温度作用

对一端固接、一端自由的结构（如悬臂梁），其一端可以自由伸缩，是不存在均匀温度作用的；对于两端铰接的结构（如简支梁），其伸缩受到较弱的限制，存在一定的均匀温度作用；而对于两端固接的结构（如固接梁），其伸缩受到较强限制，均匀温度作用将颇为显著。不难发现，约束方式及强弱直接决定了均匀温度作用的大小。

对于不均匀温度作用（如太阳辐射等）具有其特殊性。例如，对于太阳辐射而言，结构阳面的温度变化要远大于阴面，导致阳面的膨胀变形较大，从而温度作用相对突出。除温度变化之外，温度作用还与结构尺度紧密相关，结构尺寸越大，温度作用越明显。因此，对于高层结构（或高耸结构）而言，由太阳辐射引发的不均匀温度作用很有可能成为控制荷载。然而，对于光伏支架结构而言，由于其高度多在 2m 以下，结构尺寸较小，不均匀温度作用微乎其微。

第二节 光伏支架基础设计

一、光伏支架基础设计基本原则

光伏发电站中，除光伏支架设计使用年限为 25 年以外，所有建（构）筑物基础的设计使用年限均为 50 年。换句话说，光伏支架设计使用年限与光伏支架基础具有不一致性：光伏支架在达到设计使用年限时，光伏支架基础仍需具有足够的可靠度。

结构基础形式、地基处理方案应综合考虑地质条件、结构特点、施工条件和运行要求等因素，经技术经济比较确定。

光伏电站建（构）筑物基础抗震设防烈度，应按国家有关规定确定。地震烈度 6 度及以上地区建筑物、构筑物的抗震设防要求，应符合《建筑抗震设计规范》的有关规定。

光伏支架基础设计时，岩土工程勘察报告应提供下列资料：（1）有无影响场地稳定性的不良地质条件及其危害程度。（2）场地范围内的地层结构及其均匀性以及各岩土层的物理力学性质。（3）地下水埋藏情况，类型和水位变化幅度及规律以及对建筑材料的腐蚀性。（4）在抗震设防区应划分场地土类型和场地类别，并对饱和沙土及粉土进行液化判别。（5）对可供采用的地基基础设计方案进行论证分析，提出经济合理的设计方案建议；提供与设计要求相对应的地基承载力及变形计算参数，并对设计与施工应注意的问题提出建议。（6）土壤电阻率。（7）地基土冻胀性、湿陷性、膨胀性评价。

光伏支架基础应根据国家相关标准进行强度、变形、抗倾覆和抗滑移验算，并采取相应的措施。在场地地下水位高、稳定持力层埋深大、冬季施工、地形起伏大或对场地生态恢复要求较高时，支架的基础宜采用螺旋钢桩基础。当采用螺旋钢桩基础时应满足相关构造要求。

天然地基的支架基础底面在风荷载和地震作用下允许局部脱开地基土，且脱开地基土的面积应控制不大于底面全面积的 1/4。

二、光伏支架基础设计关键问题

（一）光伏支架基础检测比例确定

对于光伏发电工程而言，光伏支架桩基础的一个突出特点就是桩基总数量庞大。相对应的，如何确定桩基检测比例成为一个难题。考虑到光伏支架基础的重要性与重复性，检测比例可以适当降低，将检测比例定为0.3%更为适宜。在降低检测比例的同时，需要更重视桩基检测的选择性：①施工质量有疑问的桩；②设计方认为重要的桩；③局部地质条件出现异常的桩；④施工工艺不同的桩；⑤除上述规定外，同类桩型宜均匀随机分布。

（二）光伏支架基础施工偏差

光伏发电结构具有较高的精密性，如果光伏支架基础施工偏差过大，必然导致其上的光伏支架、光伏组件无法安装。为此，需要对光伏支架基础轴线及标高偏差、基础尺寸及垂直度偏差、基础预埋螺栓偏差进行严格控制。

1. 支架基础的轴线及标高偏差应符合表5-5的规定。

表5-5 支架基础的轴线及标高偏差（mm）

项目名称	允许偏差	
同组支架基础之间	基础顶标高偏差	≤ ±2
	基础轴线偏差	≤ 5
方阵内基础之间（东西方向、相同标高）	基础顶标高偏差	≤ ±5
	基础轴线偏差	≤ 10
方阵内基础之间（南北方向、相同标高）	基础顶标高偏差	≤ ±10
	基础轴线偏差	≤ 10

2. 支架基础尺寸及垂直度允许偏差应符合表5-6的规定。

表5-6 支架基础尺寸及垂直度允许偏差（mm）

项目名称	允许偏差 / 全长
基础垂直度偏差	≤ 5
基础截面尺寸偏差	≤ 10

3. 支架基础预埋螺栓偏差应符合表5-7的规定。

表5-7 支架基础预埋螺栓偏差（mm）

项目名称	允许偏差	
同组支架的预埋螺栓	顶面标高偏差	≤ 10
	位置偏差	≤ 2
方阵内支架基础预埋螺栓（相同基础标高）	顶面标高偏差	≤ 30
	位置偏差	≤ 2

事实上，控制光伏支架基础水平向、垂直向施工误差非常关键，如果控制不力，将出现光伏支架无法安装的情况。同时，需要强调的是，施工误差控制应以光伏阵列中的同一根桩为定位基准，以避免出现误差累积。

三、基础选型

光伏支架通常采用的基础形式有钢筋混凝土独立基础、钢筋混凝土条形基础、螺旋钢桩基础、钢筋混凝土桩柱基础、岩石锚杆基础等。不同的基础形式有不同的适用范围，现将其分述如下，以供选型参考。

（一）钢筋混凝土独立基础

钢筋混凝土独立基础是最早采用的传统光伏支架基础形式之一，也是适用范围较广的一种基础形式，它是在光伏支架前后立柱下分别设置钢筋混凝土独立基础，由基础底板和底板之上的基础短柱组成。短柱顶部设置预埋钢板（或预埋螺栓）与上部光伏支架连接，需要一定的埋深和一定的基础底面积；基础底板上覆土，用基础自重和基础上的覆土重力共同抵抗环境荷载导致的上拔力，用较大的基础底面积来分散光伏支架向下的垂直荷载，用基础底面与土体之间的摩擦力以及基础侧面与土体的阻力来抵抗水平荷载。它的优点是传力途径明确，受力可靠，适用范围广，施工无须专门施工机械。这种基础形式抵抗水平荷载的能力较强。

但钢筋混凝土独立基础的缺陷十分明显：所需混凝土及钢筋工程量大，所需人工多，土方开挖及回填的量都很大，施工周期长，对周围环境破坏大。由于这种基础形式局限性较大，如今在光伏发电的工程中已经较少采用。

（二）钢筋混凝土条形基础

钢筋混凝土条形基础通过在光伏支架前后立柱之间设置基础梁，从而将基础重心移至前、后立柱之间，增大了基础的抗倾覆力臂，可以仅通过基础自重抵抗风荷载造成的光伏支架倾覆力矩；同时由于条形基础与地基土接触面积较大，此种基础形式可在场地表层土承载力较低的情况下采用，适用于场地较为平坦、地下水位较低的地区。由于现浇钢筋混凝土条形基础可以通过较大的基础底面积获得足够的抗水平荷载的能力，因此不需要较大埋深，一般埋深 200 ~ 300mm 即可，所以大大减少了土方开挖量。这种基础形式不需要专门的施工机具，施工工艺简单。

钢筋混凝土条形基础需大范围的场地平整，对环境影响较大，混凝土量较大且施工养护周期较长，所需人工较多。此外，倘若场地地基承载力较低，条形基础埋深过小难以满足承载力要求。若为满足承载力要求而增大埋深，将导致成本大幅度增加。

（三）螺旋钢桩基础

螺旋钢桩基础（又称钢制地锚）是近年来日益广泛使用的光伏支架基础形式，它是在光伏支架前、后立柱下均采用带有螺旋状叶片的热浸镀锌钢管桩，螺旋叶片可大可小、可连续可间断，螺旋叶片与钢管桩之间采用连续焊接。施工过程中，可用专业机械将其旋入土体中。螺旋钢桩基础上部露出地面，与上部支架立柱之间通过螺栓连接。其受力机理与日常生活中常见的螺丝钉相似，用配套机械将其旋入土体中，通过钢管桩桩侧与土体之间的侧摩阻力，尤其是螺旋叶片与土体之间的咬合力抵抗上拔力及承受垂直荷载，利用桩体、螺旋叶片与土体之间的桩土相互作用抵抗水平荷载。螺旋钢桩基础的优点突出：施工速度快，无须场地平整，无土方开挖量，最大限度保护场区植被，且场地易恢复原貌，方便调节上部支架，可随地势调节支架高度。对环境影响较小，所需人工少，今后进行回收时，螺旋钢桩仍可视情况得到二次利用。

螺旋钢桩基础的主要缺陷是：工程造价相对较高，且需要专门的施工机械，最重要的是基础水平承载能力与土层的密实度密切相关，螺旋钢桩基础要求土层具有一定的密实性，特别是接近地表的浅层土不能够太松散或太软弱。倘若场地多为松散土或者软弱土，不能提供足够的桩土相互作用，在水平荷载作用下螺旋钢桩的水平位移将持续增大，容易导致光伏支架侧向倾斜。此外，螺旋钢桩耐腐蚀性能较差，尽管可以在螺旋钢桩表面采取热浸镀锌防腐措施，但仍然难以适应较强的腐蚀性环境。

光伏支架采用螺旋钢桩基础，必然有其原因。施工速度快、环保性能佳是螺旋钢桩的两大突出特征，在不久的将来必然令其脱颖而出。“短、平、快”是光伏电站建设的必然要求，施工速度快能够把握先机，抢占市场，获得丰厚的经济效益；环保性能佳符合全球经济发展战略，螺旋钢桩及时回收与二次利用，有效地避免了建筑垃圾的出现。相比较而言，在光伏支架设计使用期过后，桩柱基础、独立基础、条形基础等钢筋混凝土基础则无法二次利用。

（四）钢筋混凝土桩柱基础

钢筋混凝土桩柱基础分为现浇钢筋混凝土桩柱和预制钢筋混凝土桩柱两种。现浇钢筋混凝土桩柱采用直径约 300mm 的圆形现场灌注短桩作为支架生根的基础，桩入土长度约 2.0m，露出地面 300 ~ 500mm，桩入土长度需根据土层的力学性质确定，顶部预埋钢板或螺栓与上部支架前、后立柱连接。现浇钢筋混凝土桩柱受力机制与钢筋混凝土灌注桩相同，利用桩侧与土体之间的侧摩阻力抵抗支架在环境荷载作用下产生的上拔力，利用桩侧与土体之间的侧摩阻力及桩端与持力层之间的端阻力共同承受支架向下的荷载。这种基础型式施工过程简单，速度较快，先在土层中成孔，然后插入钢筋，再向孔内灌注混凝土即可。这种现浇钢筋混凝土桩柱的优点是节约材料、造价较低、施工速度较快，缺点是对土层的要求较高，适用于有一定密实度的粉土或可塑、硬塑的粉质黏土中，不适用于松散的砂性土层中，松散的砂性土层易造成塌孔，土质坚硬的卵石或碎石土可能存在不易成孔的问题。

预制钢筋混凝土桩柱采用直径约 300mm 的预应力混凝土管桩或截面尺寸约 200mm × 200mm 预制钢筋混凝土方桩直接打入土层中，顶部预留钢板或螺栓与上部支架前、后立柱连接。其受力原理与现浇钢筋混凝土桩柱相同，造价比现浇钢筋混凝土桩柱略高，优点是施工更为简单、快捷。

相比螺旋钢桩而言，钢筋混凝土桩柱基础由于底面积与侧面积相对较大，在相同的地质条件下容易获得较大的结构抗力。因为桩身材料为混凝土，结构防腐性性能较好。由于桩身材料与成桩工艺等因素的不同，钢筋混凝土桩柱基础制桩成本要低于螺旋钢桩基础。然而，钢筋混凝土桩柱基础会产生一定土方量，今后也不能回收利用。由于混凝土需要养护，其施工时间相对螺旋钢桩基础较长，但远快于钢筋混凝土独立基础和条形基础。

常见的钢筋混凝土桩柱基础有预制钢筋混凝土方桩、PHC 桩、灌注桩等。

预制钢筋混凝土方桩通常是在工厂预制，故而桩体规整，桩身质量容易保证，抗腐蚀能力较强。由于预制桩一般是锤击（或者静压）入土，其施工效率较高，施工周期较短。此外，因为预制桩是挤土桩，对周边土有挤密作用，从而有较强的抗拔能力，能有效抑制光伏支架基础在遇强风时被拔出。然而，在施工过程中，桩顶标高不容易控制，对施工单位要求较高。

PHC桩即预应力高强混凝土管桩，是预制钢筋混凝土桩中特殊的一种，故而同样具备预制钢筋混凝土桩施工效率较高、施工周期较短、挤土效应显著等诸多优点。此外，PHC桩还具备成本较低、价格低廉的优势，故而颇受投资方青睐。但是，PHC桩具备抗剪、抗拔承载力较弱等缺点，由于光伏支架基础对抗剪、抗拔承载力要求不高，故而并不妨碍PHC桩在光伏电站中的应用。此外，PHC桩还存在耐腐性性能较弱、与上部支架连较困难等缺陷，这是在光伏支架基础选型中需要重视的问题。

灌注桩为现场灌注成桩，其桩身混凝土质量较难控制，容易产生短桩、缩（扩）径、夹泥和露筋等病害。另外，灌注桩需要现场浇筑混凝土，施工速度较慢，施工周期较长。灌注桩对周边土无挤密作用，并使周边土体产生应力松弛现场，不利于光伏支架基础抗拔。但是，由于灌注桩无须全长配筋，同时对混凝土强度等级要求较低，故其单价较低。由于灌注桩是在现场浇筑混凝土，桩顶标高较易控制，有利于光伏支架的安装。

（五）岩石锚杆基础

钢锚杆基础的基本原理与螺旋钢桩基础类似，所不同的是钢锚杆多用于较硬的土层，如砾砂层、基岩等，钢锚杆表面不设叶片或设置直径很小的连续螺旋叶片，施工时需要采用机械在较硬的土层中预成孔，成孔直径大于钢锚杆直径，插入钢锚杆后灌注水泥浆，钢锚杆上部与支架柱连接。钢锚杆基础适用于较坚硬的基岩等土层。

如果要在岩石地基上（尤其是在山坡岩面上）建设光伏电站，岩石锚杆基础将成为首选的基础形式。岩石锚杆基础对岩石地基有一定的要求，需要岩石地基是中风化岩或者是微风化岩，强风化岩则不宜采用岩石锚杆基础。同时，还需要岩石地基不能存在明显的节理，以防在施工过程中岩石顺着节理开裂，从而导致岩石锚杆基础失效。

岩石锚杆基础在进行岩土工程勘测时，应根据具体情况适当增加钻孔数量，以确保岩层信息全面、翔实、可靠。

岩石锚杆基础必须严格按照相关规范进行试桩与检测。

第三节 水上光伏电站结构设计

一、水上光伏电站基础选型

水上光伏电站是一种全新的新能源理念，发展水上光伏电站，可以充分利用我国广阔的水域空间，从而节约陆地面积。由于水冷效应的存在，水上光伏发电效率要比陆上光伏略高一些。此外，水上光伏对生态环境破坏较小，倘若布置得当，还能美化环境。一般地，水上光伏基础可分为三大类：高桩承台基础（包括钢筋混凝土平台与钢平台）、单柱基础和悬浮式基础。

（一）高桩承台基础（钢筋混凝土平台）

高桩承台基础适合于水深较深（大于5m）、地质条件较弱（淤泥层较厚，持力层地基承载力特征值较小）、传递至桩顶的荷载较大的场地。高桩承台基础水平向桩间距取6m左右较为适宜，垂直向桩间距依据光伏阵列支架跨度确定。建议选用预应力高强钢筋混凝土管桩，因其成本低廉，且打桩过程简单、方便。基于工程水深较深，地质条件较弱，传递至桩顶的荷载较大，为了能够有效地抵抗弯矩，可采用双排桩承台基础。承台为钢筋混凝土平台：在钢筋混凝土管桩上浇筑钢筋混凝土梁，在钢筋混凝土梁上搭设钢筋混凝土预制板（采用钢筋混凝土预制板可以避免水上浇筑混凝土）。有了钢筋混凝土平台，光伏阵列支架即可生根。由于钢筋混凝土结构长期处于干湿交替的环境条件下，对混凝土及其中的钢筋均具有一定腐蚀性，故建议基础采用水工混凝土，混凝土强度等级在C40以上，并在混凝土中应添加混凝土防腐剂与钢筋阻锈剂。

由于采用钢筋混凝土平台，该方案防腐性能较好，结构成本较低；但结构自重大，且需要在水域上浇筑混凝土，施工难度颇大，施工周期较长。

（二）高桩承台基础（钢平台）

钢平台高桩承台基础桩布置、结构尺寸与钢筋混凝土高桩承台基础完全一致。所不同的是，其承台为钢平台：在钢筋混凝土管桩的桩顶预埋埋件，在预埋件上焊接工字钢梁，在工字钢梁上搭设钢格栅板。搭设钢格栅板的主要目的是为了维护方便。若每年维护的次数不多，从节约成本的角度考虑，亦可不搭设钢格栅板，而改用驳船进行维护。事实上，为降低施工难度，可先在岸上将钢梁与钢格栅板装配完毕，再将其整体吊装至钢筋混凝土管桩上连接。由于钢结构中长期处于干湿交替的环境条件下，对钢结构具有较强的腐蚀性，故建议对其进行镀锌处理。

由于采用钢平台，该方案防腐性能较差；但结构自重轻，整体美感强，施工较为方便，施工周期较短。

（三）单柱基础

与风力发电机组不同的是，光伏发电设备承受的荷载（一般以风荷载为控制荷载）较小，且对支撑结构倾斜度的要求较低，故单柱基础是一种比较理想的光伏支架基础形式。相比多桩基础而言，单柱基础优势明显：①节省材料，降低造价；②施工速度快，缩短施工周期。但是，单柱基础的承载能力却远不及高桩承台基础。其主要原因在于单柱基础的受力机制与高桩承台基础大相径庭。高桩承台基础依靠多桩的拉力（压力）与多桩之间的力臂来平衡上部结构传递的弯矩，而单柱基础则依靠桩端的受拉区与受压区形成的力偶及桩侧摩阻力形成的力偶来抵御上部结构传递的弯矩。一般地，由于光伏单柱基础埋深较浅、桩径较小，桩侧摩阻力形成的力偶相对较小，通常不起主导作用，主要依靠桩端阻力力偶来平衡上部结构传递的弯矩。

基础形式不同，其上部光伏支架亦随之而调整。对于单柱基础而言，通常采用两个钢斜撑支起光伏组件，钢斜撑与单柱基础之间连接通过抱箍实现，如此就建立了简洁、高效的光伏支撑结构。事实上，由于单柱基础占用空间小，前后排光伏组串之间的距离较为宽敞，方便行船与养鱼，倘若在空隙之间发展渔业，便形成了经典的渔光互补系统，这种互补系统体现了工业与渔业两个行业之间的和谐共处，是资源综合利用、发展新能源的典范。

（四）悬浮式基础

悬浮平台用锚索(钢缆)张拉固定，锚索借助锚桩定位于池底。锚索采用水工结构常用的钢缆，八根锚索分别从不同的方向张拉以稳定悬浮平台。锚桩为预应力高强混凝土管桩，桩保持一定的入土深度以满足基桩抗拔承载力要求，桩顶高出池底约0.5m用以固定锚索。悬浮平台采用压水板，压水板边长保持一定长度，并采取特殊构造形式方可保证平台垂直方向承载力。

悬浮式基础结构安全难以保证，在随机动力荷载（风、浪、地震等）作用下容易发生倾覆。事实上，悬浮式基础只有在深水领域才能体现成本优势。对于水深较浅的工程（如水深约为5m）采用悬浮式基础，由于其结构形式较为复杂，结构构件较多，其成本非但不减，反而会有所增加。此外，悬浮式基础施工工艺复杂，施工难度颇大。

（五）单柱基础与双柱基础比选

一般地，光伏支撑结构（包括光伏支架以及其基础）多采用双柱支撑结构，即采用前、后两个立柱共同支撑光伏组件。然而，随着渔光互补系统的蓬勃发展，单柱光伏支撑结构也跻身于主流光伏支撑结构的行列，又因为其独特的优势，逐渐引起业内的广泛关注，并受到部分业主的大力推崇，而其应用范围也不再仅限于渔光互补系统。为了掌握两种光伏支撑结构各自的具体特点，以下将从支架成本、支架基础成本、施工费用、施工周期等方面进行对比研究，为光伏支撑结构的概念设计（包括可行性研究、初步设计等）奠定基础。

1. 支架成本对比

单柱与双柱光伏支撑结构之间最根本的区别在于光伏支架不同。不难发现，双柱光伏支撑结构主要由主梁、次梁、前支柱、后支柱、斜支撑、双柱基础等关键构件组成。双柱光伏支撑结构由前、后两个支柱以及斜支撑支起主、次梁，由主梁、次梁托起光伏电池板。前、后两个支柱与基础之间的连接通过焊接或者螺栓连接来实现。单柱光伏支撑结构前立撑、后立撑是双柱光伏支撑结构前立柱、后立柱的拉长版，且单柱光伏支撑结构又多了大型抱箍、钢柱等构件。因此，从定性上判断，单柱光伏支撑结构中支架成本相对较高。

2. 支架基础成本对比

光伏支架基础成本与基础尺寸紧密相关。在环境荷载与地质条件相同的条件下，光伏支架基础尺寸又取决于其受力机制。

如前所述，单柱光伏支架基础的受力机制与双柱光伏支架基础大不相同。双柱光伏支架基础依靠双桩的拉力（或压力）与双桩之间的力臂来平衡上部结构传递的弯矩，而单柱光伏支架基础则依靠桩端的受拉区与受压区形成的力偶和桩侧摩阻力形成的力偶抵御上部结构传递的弯矩。这导致了两种支架基础尺寸的不同。一般地，为了满足承载力要求，单柱光伏支架基础直径较大，入土较深。对于绝大部分工程而言，两者之间是存在一定差距的，而决定这个差距的一个重要因素是水深以及水下淤泥层厚度。一般来说，水深越深或者水下淤泥层的厚度越大，单柱光伏支架基础的优势越明显。原因在于，双柱光伏支架基础由于穿越水深以及淤泥层厚度导致桩长增加是单柱光伏支架基础的2倍。此外，立柱数目（即桩数）越多，承受的水流荷载越大。经验表明，当水深以及淤泥厚度大于2m时，单柱光伏支架基础更为经济。

3. 施工费用对比

光伏支撑结构施工费用主要包括光伏支架安装费用与基础施工费用两部分。

对于光伏支架安装费用，单柱与双柱光伏支架相差无几。相比较而言，单柱光伏支架安装流程较为复杂，耗时较长。然而，双柱光伏支架桩顶标高调平相对困难，较为费时。总体上，单柱与双柱光伏支架安装费用基本相近。

光伏支架基础施工费用与总桩长成正比例关系。在总桩长相同的情况下，由于单柱光伏支架基础（单柱基础）只需要打桩一次，而双柱光伏支架基础需要打桩两次，在施工费用上，单柱比双柱光伏支架基础要略占优势。经验表明，单柱比双柱光伏支架基础施工费用少约5%。

4. 施工周期对比

光伏支撑结构施工周期主要取决于光伏支架安装周期与基础施工周期。如前所述，单柱与双柱光伏支架的安装周期基本相同。单柱光伏支架基础在施工过程中，因为只需要打桩一次，有效地节省了桩机移机时间，从而使得施工周期大幅度缩短。相比双柱光伏支架基础施工而言，单柱光伏支架基础要节省1/4 ~ 1/3的施工周期。

5. 综合指标对比

事实上，单柱与双柱光伏支撑结构对比应该综合考虑包括支架成本、支架基础成本、施工费用、施工周期等各项指标。由于不同的工程的侧重点各异，各项指标对应的权重亦各不相同。对于某一具体工程，基于加权系数法，即可分辨出单柱与双柱光伏支撑结构两者孰优孰劣。对渔光互补系统而言，水深较深，淤泥层厚度较大，两者之和往往超过2m，采用单柱光伏支撑结构更为经济。此外，由于单柱光伏支撑结构占用空间小，前后排光伏组串之间的距离较为宽敞，方便行船与养鱼，非常适用于发展渔业。再次，相比双柱光伏支撑结构而言，单柱光伏支撑结构施工周期有较大程度的缩减。从美学的角度来说，单柱光伏支撑结构显得简洁、高效。总体上，对于渔光互补系统而言，除支架成本以外，单柱光伏支撑结构在支架基础成本、施工费用、施工周期、工艺要求、美学层次均占较大优势，故而最终能以压倒性优势胜出。

二、水上光伏电站面临的共同问题

对于水上光伏电站而言，面临维修与冲洗困难、需要进行地基处理等诸多共同问题。

（一）维修与冲洗

维修与冲洗是水上光伏电站设计应仔细考虑的问题。不同的结构的电站，其维修与冲洗方式大相径庭。倘若采用高桩承台基础形式，由于其自身包含了钢平台（或者混凝土平台），可供工作人员通行，故可通过自身携带的平台实现维修与冲洗。如果采用单柱基础形式，则宜通过行船来完成维修与冲洗。在进行光伏阵列布置时，应该考虑行船所需的通道以及行船掉头所需的空间。

（二）地基处理

对于大部分水上光伏电站所处场地而言，最上层土质通常为淤泥层，其承载能力极弱，不适合做持力层。淤泥层的厚度也因地而异，较薄的地方约为1m，较厚的地方可达8m，甚至更厚。对于厚度较大的淤泥层，通常可采用两种处理方案：①增加桩长，使得桩体穿透淤泥层，并进入持力层一定深度，以满足承载力要求。当然，这种强硬的处理方案会导致成本大幅度增加。②采用地基处理方法（如采用注浆或者抛石等）来提高地基承载力以及减缓冲刷侵蚀。值得指出的是，并非所有场地都适合采用地基处理方案，也并非所有场地都能够采用地基处理方案。

一般地，在淤泥层厚度较小的情况下，增加桩长更为经济、方便。在淤泥层厚度较厚的情况下，采用地基处理方案较为经济、稳妥。

第四节 灰场光伏发电系统结构设计

灰场光伏发电系统是指将光伏电站建设于火电厂废弃贮灰场之上。显然，灰场光伏发电项目充分利用了火电厂废弃贮灰场的土地资源，不涉及征地、动迁等方面的投资，且可以利用火电厂完备的供电、供水设施。此类项目优化利用了各项已有资源，并对废弃资源实现了再利用，适应了国家发展新能源的战略要求。

一、灰场光伏发电系统特点

光伏电站要建于废弃贮灰场之上，必须与废弃贮灰场已有条件相适应。

一般来说，灰场光伏发电系统具有以下特点：

（一）贮灰场自身需要具备一定的条件

即并非所有的贮灰场都适合建设光伏电站。首先，贮灰场必须已经废弃，否则持续堆灰将不断增加积灰高度，最终将整个光伏电站埋没。其次，贮灰场需要具备一定的地基承载力，才能满足光伏支架基础竖向与水平承载力要求，尤其是抗拔承载力要求。通常贮灰场积灰沉积时间越长，地基承载力特征值越大。此外，对贮灰场进行适当的地基处理（如碾压等），将大幅度提升其地基承载力。

（二）积灰具有较强的腐蚀性

由于火电厂生产工艺的特点，积灰中富含各种酸根离子（如硫酸根离子、氯离子等），对建筑材料（如混凝土、钢筋、钢结构等）具有较强的腐蚀性，故而在勘测分析时需进行必要的积灰腐蚀性分析，在进行结构设计时应采取适宜的防腐措施。

（三）贮灰场容易扬灰，导致光伏组件容易蒙灰

这将给冲洗带来较大的困难，并需要适当增加冲洗的频率。此外，光伏组件容易蒙灰也将导致发电效率有所下降。事实上，有规律地冲洗光伏组件不仅可以保持较高的发电效率，还可以增加积灰含水量，有利于恢复地面植被与提高地基承载力。

（四）植被恢复不易

依据环境保护相关要求，在灰场光伏电站建设竣工之后，需要对其进行植被恢复。相比其他环境条件而言，在灰场上进行植被恢复的难度系数要大得多。

二、灰场光伏发电系统结构设计

（一）基础选型

光伏支架基础位于灰场贮灰区，不宜进行大开挖，故而不宜采用独立基础与条形基础。一般而言，灰场积灰因为诸多酸根离子的存在，对钢结构、混凝土以及其中的钢筋具有较强的腐蚀性，从而不宜采用耐腐蚀能力较弱的螺旋钢桩基础。倘若灰场积灰对钢结构的腐蚀性较弱，螺旋钢桩基础是一种不错的选择。首先，螺旋钢桩基础能够非常方便且快速地拧进贮灰场积灰中，具有一定的施工优势；其次，采用大叶片的螺旋钢桩基础能够较好地满足承载力要求，尤其是抗拔承载力要求。

倘若采用桩柱基础，在桩型选择上宜谨慎。对于灰场光伏发电系统，宜采用预制桩，而非钻孔灌注桩，因为在贮灰场上成孔的过程中容易出现塌孔现象。在诸多预制桩当中，宜采用预制钢筋混凝土方桩，而非预应力混凝土管桩，因为后者防腐性能较差。预制钢筋混凝土方桩宜采用锥形桩尖，以期在打桩过程中获取较好的挤土效应，从而提高地基承载力。

（二）地基处理

倘若贮灰场充填的灰渣沉积时间不够长，灰渣孔隙比大、压缩系数高、承载力低、抗液化能力差，不能满足光伏支架基础对地基承载力的要求，需要进行适当的地基处理。结合贮灰场自身的特点，表面填土并分层碾压是一种较为理想的地基处理方式。如果分层碾压之后仍不能达到预期的地基承载力要求，则可采用灰土挤密桩方案以提高地基承载力。对于贮灰场而言，灰土挤密桩的原料可以就地取材，从而有效降低了成本。尽管如此，进行地基处理仍然会导致成本大幅增加。因此，应尽量选用地基承载力高的废弃贮灰场建设光伏发电站，以降低项目总投资，这是在选址过程中需要认真考虑的问题。

另外，适当增加积灰含水量对提高地基承载力颇有益处。较强的地基承载力是建设光伏电站的基本前提。

（三）防腐措施

由上述基础选型可知，桩柱基础以及大叶片螺旋钢桩基础是适用于灰场光伏电站建设的两种基础形式。桩柱基础（尤其是预制钢筋混凝土方桩）本身具备较好地耐腐蚀性能，若在基础混凝土中添加复合型防腐阻锈剂，并在桩柱表面刷防腐涂层，将取得更为理想的防腐效果。螺旋钢桩基础自身防腐性能较差，但选取防腐性能较好的螺旋钢桩种类，并加厚钢桩表面的热浸镀锌层，也将取得不错的防腐效果。

总之，基础防腐性能好是灰场光伏电站的基本要求。

第六章 光伏电站的整体设计

第一节 独立光伏电站的设计

一、光伏电站设计原则、步骤和内容

（一）系统的设计原则

太阳能电池发电系统设计的总原则，是在保证满足负载供电需要的前提下，确定使用最少的太阳能电池组件功率和蓄电池容量，以尽量减少初始投资。系统设计者应当知道，在光伏发电系统设计过程中做出的每个决定都会影响造价。由于不适当的选择，可轻易地使系统的投资成倍的增加，或者未必见得就能满足使用要求。

（二）系统设计步骤和内容

在做出要建立一个独立光伏发电系统之后，可按下述步骤进行设计：计算负载；确定蓄电池容量；确定太阳能电池方阵容量；选择控制器和逆变器；考虑混合发电的问题等。

（三）设计中的专有名词

1. 太阳能射量

（1）辐照度

指照射到单位表面积上的辐射功率（W/m^2）。

（2）总辐照（总的太阳辐照）

在一段规定的时间里，照射到某个倾斜表面的单位面积上的太阳辐照。

（3）总辐照度

入射于倾斜表面单位面积上地的全部的太阳辐射功率（W/m^2），其中包括直射和散射。

2. 方位角、高度角和倾斜角

（1）方位角

方位角既是指太阳方位角，也是指光伏板的方位角（光伏板所在方阵的垂直面与正南方向的夹角。向东偏设定为负角度，向西偏设定为正角度）。在北半球光伏板所在方阵的垂直面与正南方向的夹角为0° 时，即光伏板朝向正南方向时，光伏板的发电量最大。

（2）高度角

高度角是指太阳高度，其实是角度。对于地球上的某个点，太阳高度角是指太阳光的入射方向和地平面上的夹角。专业上讲太阳高度角是指某地太阳光线与该地作垂直于地心的地表切线的夹角。太阳高度是决定地球表面获得太阳热能数量的重要因素。

（3）倾斜角

倾斜角是指光伏板平面与水平面的夹角。倾斜角对光伏板能接收到的太阳辐射影响很大，因此确定光伏板的最佳倾斜角非常重要。在北半球的最佳方位是面向正南方向，而最佳倾斜角则为当地纬度的函数。

3. 峰值日照时数

峰值日照时数是一个描述太阳辐射的单位（W/m²/ 天，即瓦每平方米每天），也被叫作太阳日照率或简称为日照率。

峰值日照是指在晴天时地球表面的大多数地点能够得到的最大太阳辐射照度——1000W/m²。一个小时的峰值日照就叫作峰值日照小时。

日照率是用来比较不同地区的太阳能资源。举例来说，在新墨西哥州南部和亚利桑那州，年平均日照率为每天 6.5 ～ 7h 的峰值日照；而在密苏里州，为 4 ～ 4.5 个峰值日照小时；在多云的不列颠哥伦比亚省，则大约是 4 个。

一天内的峰值日照时数如图 6-1 所示。

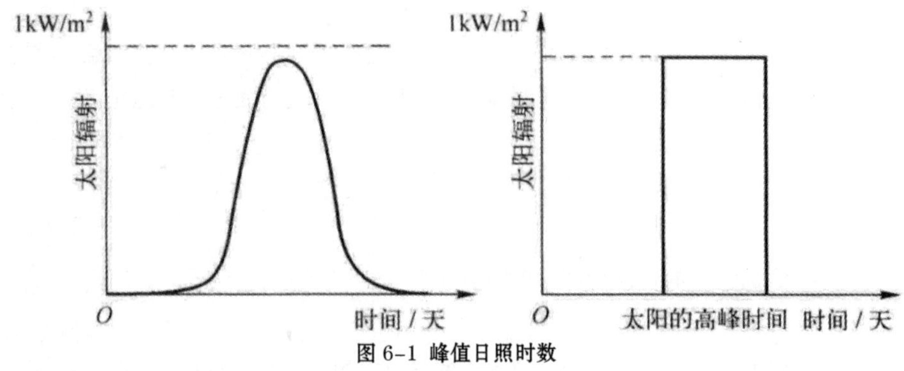

图 6-1 峰值日照时数

4. 空气质量

空气质量（Air Mass，AM）的好坏反映了空气污染程度，它是依据空气中污染物浓度的高低来判断的。空气污染是一个复杂的现象，在特定时间和地点空气污染物浓度受到许多因素影响。

5. 孤岛效应和最大功率跟踪

孤岛效应是指电网突然失压时，并网光伏发电系统仍保持对电网中的临近部分线路供电状态的一种效应。具有相当大的危害性，不仅会危害到整个配电系统及用户端的设备，更严重的是会危害输电线路维修人员的生命安全，所以对光伏电站而言，具有反孤岛效应的功能是至关重要的。

最大功率跟踪（MPPT）是指利用电力电子器件配合适当的软件，控制光伏电池组件阵列的输出电流和电压，使之输出最大功率的关键技术。

二、独立光伏电站的设计原则

通常的独立光伏发电系统主要由太阳能电池方阵、蓄电池组、控制器和逆变器等组成示。独立光伏电站的设计分软件设计和硬件设计，且软件设计先于硬件设计。

软件设计包括负载用电量的计算，太阳能电池方阵电池方阵面辐射量的计算，太阳能电池、蓄电池用量的计算和二者之间相互匹配的优化设计，太阳能电池方阵安装倾角的计算，系统运行情况的预测和系统经济效益的分析等。软件设计由于牵涉复杂的辐射量、安装倾角以及系统优化的设计计算，一般是由计算机来完成的；在要求不太严格的情况下，也可以采取估算的办法。

硬件设计包括负载的选型及必要的设计，太阳能电池和蓄电池的选型，太阳能电池支架的设计，逆变器的选型和设计以及控制、测量系统的选型和设计。对于大型太阳能电池发电系统，还要有方阵场的设计、防雷接地的设计、配电系统的设计以及辅助或备用电源的选型和设计。

下面具体介绍一个独立光伏电站的设计要点。

（一）计算负载和负载特性

对于任意一个独立光伏电源系统的设计来说，首先要确定负载，负载的估算是独立光伏电源系统设计和定价的关键因素。通常列出所有负载的名称、功率要求、额定工作电压和每天用电时间，交流和直流负载同样列出。功率因数在交流功率计算中不予考虑。然后将负载分类并按工作电压分组，计算每一组的总的功率要求。最后，在选定系统工作电压之后，计算整个系统在这一工作电压下所要求的日平均安培 · 小时数，即算出所有负载的每天平均耗电量之和。

理论上确定负载是直截了当的，而实际上往往难以精确地算出，例如家用电器所需要的功率可以从制造厂商的资料上得知，但它们的工作时间通常是不清楚的，必须估算每天、每周和每月的使用时间。估算不可能很准确，很可能过高，则其累计的最后结果会造成设计的光伏系统容量过大，造价上升。如果过低，则系统的容量不足，使供电的可靠性降低。实际上，某些较大功率的负载可安排在不同的时间内使用，以避免出现较大的峰值。

（二）太阳能电池板入射能量的计算

设计安装光伏发电系统要掌握当地的太阳能资源情况。设计计算时需要以下基本数据：（1）现场的地理位置，包括地点、纬度、经度和海拔等。（2）安装地点的气象资料，包括逐月太阳总辐射量，直接辐射及散射量（或日照百分比），年平均气温，最长连续阴雨天，最大风速及冰雹、降雪等特殊气候情况。

这些资料一般无法做出长期预测，只能根据以往 10 ～ 20 年观察到的平均值作为依据。但是几乎没有一个独立运行的光伏发电系统建在太阳辐射数据资料齐全的城市，且偏远地区的太阳辐射数据可能并不类似最附近的城市。因此在只能采用邻近城市的气象资料或类似地区气象观测站所记录的数据，类推时要把握好可能偏差的因素。须知太阳能资源的估算，会直接影响到独立光伏系统的性能和造价。

（三）确定蓄电池的容量

独立运行光伏发电系统，一般都要配置蓄电池组作为储能装置。蓄电池的作用是将太阳能电池方阵在有日照时发出的多余电能储存起来，以供晚间或阴雨天时负载使用。

蓄电池容量是指它蓄电的能力，通常用该蓄电池放电至终了电压所放出的电量大小来量度。铅蓄电池的使用容量是在一定的工作条件下所放出的电量，铅蓄电池使用容量与厂家制造质量及电池工作条件有关。确定独立光伏系统蓄电池容量最佳值，必须综合考虑太阳能电池方阵发电量，负荷容量及直交变换装置（逆变器）的效率等。

作为独立光伏电站，最重要的是要取得系统的可靠性与经济性的平衡。在独立光伏电站中，太阳能电池组件和蓄电池的费用约占系统总投资的 70% ~ 80%。因此，按照电力使用情况确定独立光伏发电系统的太阳能电池板和蓄电池的最佳容量是系统设计的首要任务。

第二节　并网光伏电站的设计

一、分布式光伏发电系统的概述

光伏电站的发展方向是分布式并网发电系统。分布式发电是随着城市化与人类对更高生活质量的追求而出现的一种能源利用方式。它的特点是对能源的梯级利用和综合利用，在以更少的能源投入，满足更多样的需求的同时，实现保护环境、安全供给和更廉价的能源目标。

（1）科学、可操作的立法，为分布式发电发展保驾护航。（2）明确严格的并网技术标准，确保公共电网安全稳定。（3）合理的分布式发电政策，可引导其科学有序的发展。（4）推进智能电网建设，从技术上保障分布式发电发展。

随着大量分布式电源接入，上网电量不断增加，配电网双向潮流日益增多，将对智能配电网运行以及大电网调峰能力提出重大挑战。需要加快智能配电网建设，满足高渗透率分布式发电接入需求。积极发展分布式发电，对我国优化能源结构，推动节能减排，有效降低电力行业 PM2.5 污染，促进经济可持续发展具有重要意义。

分布式发电是指发电功率在几千瓦至数十兆瓦的小型模块化、分散式以及设置在用户附近的，就地消纳、非外输型的发电单元。主要包括以液体或气体为燃料的内燃机、微型燃气轮机、热电联产机组、燃料电池发电系统以及可再生能源发电，诸如太阳能光伏发电、风力发电、生物质能发电等。

国家能源局在“分布式发电管理办法”中给出的分布式发电概念：是指位于用户附近，装机规模小，电能由用户自用和就地利用的可再生能源、资源综合利用发电设施或有电力输出的能量梯级利用多联供系统，并网电压等级在 110KV 及以下。

二、分布式并网发电系统设计的技术要点

（一）系统效益

根据太阳辐射量、温度以及地理位置等资料，利用专用的光伏发电系统的设计软件可以进行仿真计算，求出电站的年总发电量。光伏电站设计中，仅根据有关气象资料预测并网光伏发电系统的年总发电量，电站建成后实际发电量会有一定偏差。通常系统效率可达到80% ~ 85%。

（二）电能质量

电能质量问题包括谐波、直流分量、电压波动和闪变及三相不平衡等。这里主要强调一下谐波问题，即光伏发电会对电网谐波污染。

并网型逆变器将直流电能转化为与电网同频率、同相位的正弦波电流，过程中会产生高次谐波。特别是逆变器输出轻载时，谐波会明显变化。在10%额定出力以下时，电流总谐波畸变率 THD_i 甚至达到20%以上。因此，在光伏发电系统并网时需要对谐波电压（电流）进行检测，是否满足国标的相关规定，如不满足，需要采取相应措施。

总电流谐波畸变率，畸变越厉害，电能质量越差。按照国际规范和要求，THD_i 不能超过5%，否则电网可以拒绝接入。业界的标准一般为2% ~ 3%。佳讯逆变器在这个指标上处于领先水平，全系列小于2%。

按照动态的观点，如果目前电站的谐波畸变率为2% ~ 3%，5年之后可能衰减到3% ~ 4%，10年之后可能突破5%，这样电站有可能被禁止接入电网。

分布式光伏发电系统上网需要安装电能质量分析仪。电能质量分析仪是对电网运行质量进行监测及分析的专用仪器，可以提供电力运行中的谐波分析及功率品质分析，能够对大型用电设备在启动或停止的过程中对电网的冲击进行全程监测，能够对电网运行进行长期的数据采集监测，同时配备电能质量数据分析软件，对上传至计算机的测量数据进行各种分析。

（三）储能装置

分布式发电系统要求配备存储功能，通过自身的存储，来平抑自身发电用电的错峰错谷现象。储能能够显著改善负荷的可用性，而且对电力系统的能量管理、安全稳定运行、电能质量控制等均有重要意义。

电力是高品位、洁净的二次能源，比其他类型的动力更为通用，并能高效地转换为其他形式，例如能以近乎100%的效率转换为机械能或者热能。然而，热能、机械能却不能以如此高的效率转换为电能。电力的缺点是不易大规模储存，或者说电力储存的代价不菲。对于几乎所有在使用的电能，其耗电量即为发电量，如果姑且不说输配电及用电损耗的话。这对于传统电厂并无困难，不过是其燃料消耗量随着负载需求而连续变化。但对光伏发电和风力发电等间歇性性电源，就不能随时、全时满足负荷需求。因此，储能成为一个必备的特征以配合这类发电系统，尤其对独立光伏发电系统和离网型风机而言。

近年来，随着光伏发电、风力发电设备制造成本大幅度降低，将它们大规模接入电网成为一

种发展潮流，使得电力系统原本在“电力存取”这一薄弱环节带来更大挑战。众所周知，电能在“发、输、供、用”运行过程中，必须在时空两方面都要达到“瞬态平衡”，如果出现局部失衡就会引起电能质量问题，即闪变，“瞬态激烈”失衡还会带来灾难性事故，并可能引起电力系统的解列和大面积停电事故。要保障公共电网安全、经济和可靠运行，就必须在电力系统的关键节点上建立强有力的“电能存取”单元（储能系统）对系统给予支撑。这在光伏发电、风力发电等大规模接入电网时必须加以重视的研究课题。

储能技术分为三类：物理储能、化学储能及其他储能（超导储能）。储能的应用有诸多方面，首先是在电力系统方面的应用，包括发电系统、辅助服务、电网应用、用户端及可再生能源发电并网；另外，在电动汽车、轨道交通、UPS 电源、电动工具以及电子产品等多有应用；此外，储能还可以应用于孤立电网或离网的场合。

（四）逆变技术

在光伏发电系统中都需要配备逆变器。逆变器一般还具备有自动稳频、稳压功能，可保障光伏发电的供电质量。如接入电网还须与电网同步。因此，逆变器已成为光伏发电系统中不可缺少的关键设备。

逆变器按应用可分有四类：并网型逆变器、独立型逆变器、泵机专用逆变器以及双向储能逆变器。

逆变器的主要技术特征及性能指标如下：（1）基于载波移动相的大功率主电路拓扑结构设计，单机功率达到 MW 级，转换最大效率达 98.6%，稳定性好。（2）通过运用膜电容、一体式集成散热器设计及低沸点介质蒸发冷却技术以及采用光伏并网逆变器专用 LCL+LC 高品质滤波器等。电流谐波畸变率小于 3%，实现同等功率容量条件下，体积小、重量轻及结构紧凑，可适应于高海拔应用，成本降低 20% 以上。（3）孤岛检测技术及低电压穿越技术相结合，即实现孤岛 2s 内的快速检测、准确响应，又能满足低电压穿越要求，提高电力系统运行的可靠性。（4）采用基于 FFT 和小波函数理论、解耦控制策略，可精确测量有功、无功电流，功率因数在 –0.9 ~ +0.9 之间可调，满足电网对光伏电站的调度控制要求。（5）采用基于自适应多峰最大功率跟踪（MPPT）先进控制策略，克服庞大的光伏阵列接入可能导致的多峰 IV 特性复杂影响，使系统的 MPPT 具有良好的动态特性和稳态控制精度，最大跟踪效率达到 99.96% 以上。

第三节　光伏电站的设计与运行

一、站址选择

（一）场地要求

对光伏电站的场地有以下要求：光伏场区需要与当地土地、电力规划相结合；太阳能光照资源丰富无灾害性天气的地区；交通便捷地势平坦地质灾害较少的地区；接入系统便捷、送出线路距离合适。

（二）电网要求

光伏电站安装容量小于 1MW，可采用 0.4kV。不能就地消纳时，也可采用 10kV。光伏电站安装容量不小于 1MW，不大于 10MW 时，宜采用 10kV 光伏发电站周边地区仅有 35kV 时则采用 35kV，光伏电站安装容量在 10MW 至 30MW 时宜采用 35kV。光伏电站采用 35kV 及以上电压并网时，也可采用 100kV。光伏电站安装容量大于 30MW 时，应采用 100kV。

（三）太阳能资源要求

根据光伏上网电价，结合光伏系统造价的要求，目前光伏电站需要建设在光照资源很丰富的地方，年总辐射量要求在 5000MJ/m^2（1400kWh/m^2）以上。

根据评估标准，我国内陆地区太阳能资源的分布，从西到东基本分为最丰富地带（Ⅰ）、很丰富地带（Ⅱ）、较丰富地带（Ⅲ）和一般地带（Ⅳ）四个等级。

二、太阳能资源分析

（一）气象数据收集

如收集近年来连续 10 年的逐年各月总辐射量、直接辐射量、散射辐射量及日照时数的观测记录，且与站址现场观测站同期至少一个完整年的逐小时的观测记录。

（二）太阳能观测站要求

在光伏发电站站址处设置太阳能辐射现场观测站，其观测内容应包括总辐射量、直射辐射量、散射辐射量、最大瞬间辐射强度、日照时数，以及气温、风速、风向等实测时间序列数据。且应按《地面气象观测规范》的规定进行安装和实时观测记录。

（三）太阳能资源验证与评估

依据 GB/T 37526-2019《太阳能资源评估方法》标准，包括太阳能资源的计算、太阳能资源丰富程度评估和太阳能资源稳定程度评估。

三、光伏系统设计

（一）主要设备选择

1. 光伏组件

最近几年，由于硅材料成本直线下降，晶硅组件占有绝对优势，薄膜电池几乎处于停滞状态。

2. 逆变器

（1）逆变器的构成和功能。

光伏并网逆变器由并网控制、并网保护和逆变三部分构成，它是整个光伏发电系统中的核心设备，也是光伏并网发电系统的技术核心。它决定了系统整体方案的设计、寿命的长短、效率的高低、故障率的高低及智能化的高低。

（2）逆变器的分类。

按光伏并网逆变器与系统连接方式分有以下三种。

①集中型逆变器：单机功率≥ 100kW 时，集中型逆变器接线图与外形如图 6–2 所示。

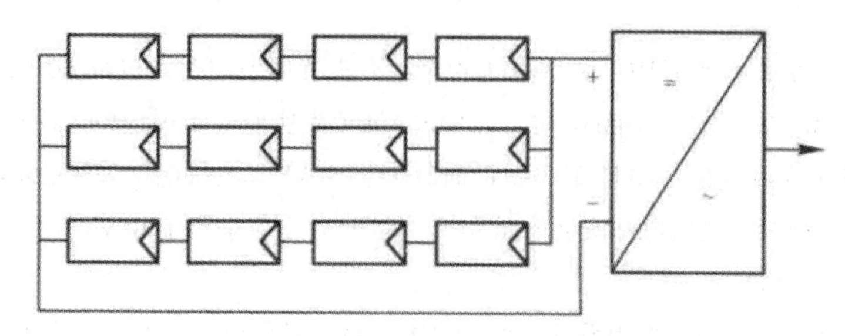

图 6–2 集中型逆变器接线图与外形图

②组串型逆变器

单机功率≥ 30kW 时，分单相和三相输出，组串型逆变器接线图与外形如图 6–3 所示。

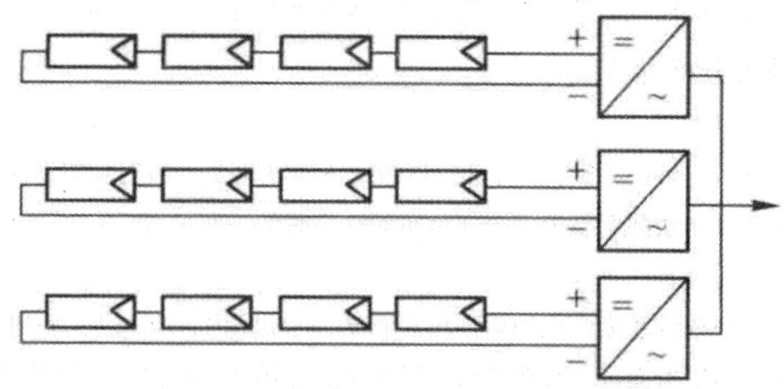

图 6–3 组串型逆变器接线图与外形图

③微型逆变器

单机功率≥ 350W 时，与单件组件配合使用，微型逆变器接线图与外形如图 6–4 所示。

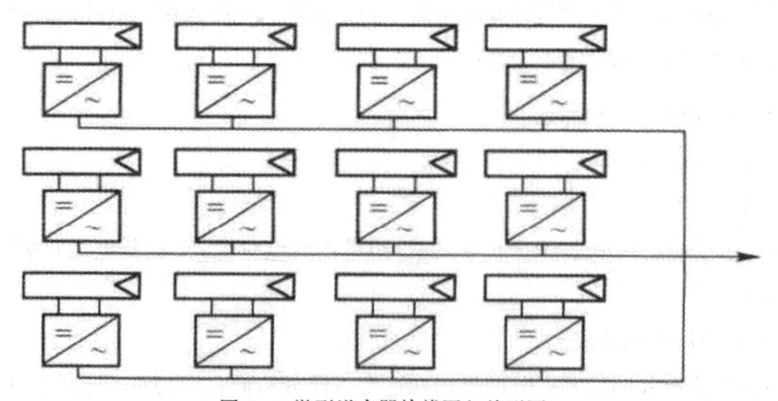

图 6–4 微型逆变器接线图与外形图

（二）光伏系统配置

光伏系统配置的流程是项目信息→最佳倾角设计→组串设计→支架单元设计→前后排间距计算。

1. 关于最佳倾斜角的研究及不足之处

光伏电站的效率在很大程度上取决于光伏板的方位角和倾斜角。光伏板只有具备最佳的方位角和倾斜角，才能最大限度地降低遮挡物对其的影响并获得最多的太阳辐射。

纵观以前的研究有许多不足之处：（1）未能考虑逐时晴空指数的影响；（2）缺少全面具体的气象数据；（3）在计算中使用简化的天空模型。

为了提高计算结果的精确性，在计算最佳倾斜角时应引用了各向异性的天空模型并有了一种新的计算方法。此方法包含了逐时晴空指数对最佳倾斜角的影响，可以用来计算不同应用情况下（全年、季度和月）的最佳方位角和倾斜角。主要内容包括如下：（1）在考虑晴空指数的影响的基础上，分析光伏板的倾斜角对太阳辐射入射量的影响；（2）分析光伏板在不同应用情况下（全年、季度和特定月）的最佳倾斜角；（3）分析最佳倾斜角与当地纬度、地面反射率和当地气象情况（晴空指数或大气透射率）等相关参数的关系。

2. 影响光伏组件性能的因素

（1）负载阻抗

负载阻抗的大小通常影响太阳能电池方阵的输出电压，从而引起输出功率和效率的显著变化。根据最大功率传输定理：当负载阻抗等于电源内阻时，负载可获得最大功率，但此时电源的效率却只有 50%。只有当负载阻抗与电池组件的 i–u 曲线匹配好时，电池组件才可以输出最高功率，产生最大的效率。当负载阻抗较大或者因为某种因素增大时，电池组件将运行在高于最大功率点的电压上，这时组件效率和输出电流都会减小。当负载阻抗较小或者因为某种因素变小时，电池组件的输出电流将增大，电池组件将运行在低于最大功率点的电压上，组件的运行效率同样会降低。

（2）辐射（日照强度）

电池组件的输出功率与太阳能辐射强度成正比，日照增强时组件输出功率也随之增强。当环境温度相同且 i–u 曲线的形状保持一致时，随着日照强度的变大，电池组件的输出电压变化不大，但输出电流上升很多，最大功率点也随同上升。

太阳光线的辐射主要影响太阳能电池方阵的输出电流，而不影响输出电压。短路电流和太阳能辐射强度成正比，同时开路电压几乎和太阳能辐射强度无关。当太阳能辐射低于最大值时，i–u 曲线的形状保持不变，但曲线下的区域减小。

（3）组件温度

电池组件温度越高，组件的工作效率越低。随着组件温度的上升，作电压将下降，最大功率点也随着下降。环境温度每升高 1℃，电池组件中每片电池片的输出电压将下降 5mV 左右，整个电池组件的输出电压将下降 0.18V 左右（36 片）或 0.36V 左右（72 片）。

（4）阴影（热斑效应）

在电池组件或方阵中，当有阴影（如树叶、鸟粪、污物等）对电池组件的某一部分发生遮挡，或电池组件内部某一电池片损坏时，局部被遮挡或损坏的电池片就要由未被遮挡的电池片提供负载所需要的功率，而被遮挡或损坏的电池片在组件中相当于一个反向工作的二极管，其电阻和电压降都很大，不仅消耗功率，还产生高温发热，这种现象就称为热斑效应。在高电压大电流的电池方阵中，热斑效应能够造成电池片碎裂、焊带脱落、封装材料烧坏，甚至引起火灾。

（三）光伏支架及基础设计

1. 传统基础形式

传统基础就是浅基础，有混凝土独立基础、条形基础及筏形基础三种形式。

2. 特殊条件下的基础形式

特殊条件下的基础就是深基础，有混凝土灌注桩、预制桩（方桩、管桩）两种形式。深基础具有绿色环保、不破坏生态、施工速度快、可立即受荷等特点。

3. 快捷环保的电站基础解决方案

在场地地下水位高、稳定持力层埋深大、冬季施工、地形起伏大或对场地生态恢复要求较高时，支架的基础宜采用钢制地锚。

4. 光伏发电站的站区总平面布置

总平面布置设计由以下部分组成：光伏方阵、升压站（或开关站）、场内集电线路、就地逆变升压站、站内道路、生产、生活辅助设施、其他防护功能设施（防洪、防雷、防火）。总平面布置的原则是：交通运输方便；协调好站内与站外、生产与生活、生产与施工之间的关系；与城镇或工业区规划相协调；方便施工，有利扩建；合理利用地形、地质条件；减少场地的土石方工程量；工程造价低，运行费用小，经济效益高。

大、中型地面光伏发电站站区可设两个出入口，其位置应使站内外联系方便。站区主要出入口处主干道行车部分的宽度，宜与相衔接的进站道路一致，宜采用 6m；次干道（环行道路）宽度宜采用 4m，通向建筑物出入口处的人行引道的宽度宜与门宽相适应。

站区内各建筑物之间，应根据生产、生活和消防的需要设置行车道路、消防通道和人行道。站内主要道路可采用碎石泥结路面、混凝土路面或柏油路面。

四、电气系统设计

（一）变压器

1. 主变压器选择原则

（1）应优先选用自冷式、低损耗电力变压器。（2）当无励磁调压电力变压器不能满足电力系统调压要求时，应采用有载调压电力变压器。（3）主变压器容量可按光伏发电站的最大连续输出容量进行选取，且宜选用标准容量。

2. 升压箱变选择原则

（1）应优先选用自冷式、低损耗电力变压器。（2）升压变压器容量可按光伏方阵单元模块最大输出功率选取。（3）可选用高压 / 低压预装式箱式变电站或由变压器与高低压电气元件等组成的敞开式设备。对于在沿海或风沙大的光伏发电站，当采用户外布置时，沿海防护等级应达到IP65，风沙大的光伏发电站防护等级应达到IP54。（4）就地升压变压器可采用双绕组变压器或分裂变压器。（5）就地升压变压器宜选用无励磁调压变压器。

（二）中心点接地方式

光伏发电站内10kV或35kV系统中性点可以采用不接地经消弧线圈接地或小电阻接地方式。经汇集形成光伏发电站群的大、中型光伏电站，其站内汇集系统宜采用经消弧线圈或小电阻接的方式。采用消弧线圈接地方式接地，消弧线圈容量选择和安装满足《交流电气装置的过电压保护和绝缘配合》的规定。就地升压变压器的低压侧中性点是否接地由所连接的逆变器的要求确定。

五、接入系统

（一）一般原则

1. 按照电压等级对光伏电站进行分类

（1）小型光伏电站

接入电压等级0.4kV低压电网的光伏电站。

（2）中型光伏电站

接入电压等级为10 ~ 35kV电网的光伏电站。

（3）大型光伏电站

接入电压等级为66kV及以上电网的光伏电站。

2. 定义了可逆和不可逆接入方式

根据是否允许通过公共连接点向共用电网送电，可分为可逆和不可逆的接入方式。

（二）功率控制和电压调节

大中型光伏电站应具备相应电源特性，能够在一定程度上参与电网的电压和频率调节。小型光伏电站当作负荷看待，应尽量不从电网吸收无功或向电网发出无功。

1. 有功功率的调节

（1）需要安装有功功率控制系统，具备限制最大功率输出以及限制输出功率变化率的能力。（2）具备根据电网频率、调度部门指令等信号自动调节电站的有功功率输出的功能，确保输出功率及变化率不超过给定值。（3）光伏电站的起停操作需考虑最大功率变化率的约束。

2. 无功电压调节

（1）大中型光伏电站电压调节方式包括调节光伏电站的无功功率，无功补偿设备投入量以及调整变压器的变比等。在接入设计时，应重点研究其无功补偿类型、容量以及控制策略。（2）大中型光伏电站的功率因数应能够在0.98（超前）~ 0.98（滞后）范围内连续可调。（3）在其无功输出范围内，大中型光伏电站应具备根据并网点电压水平自动调节无功输出的能力，其调节方式和参数应可由电网调度机构远程设定。

3. 小型光伏电站的调节

（1）有功功率调节性能暂不做要求。（2）输出有功功率大于其额定功率的 50% 时，功率因数应不小于 0.98（超前或滞后）。（3）输出有功功率在其额定功率的 20% ~ 50% 之间时，功率因数应不小于 0.95（超前或滞后）。

4. 电网异常时的响应特性

（1）小型光伏电站在电网频率异常的响应要求

小型光伏电站当作负荷看待，在电网频率和电压发生异常时应尽快切除。当并网点频率超过 49.5 ~ 50.2Hz 的范围时，应在 0.2s 内停止向电网路线送电。如果在指定的时间内频率恢复到正常的电网持续运行状态，则无须停止送电。

（2）大中型光伏电站在电网频率异常的响应要求

大中型光伏电站应当作电源看待，应具备一定的耐受电网频率和电压异常的能力，能够为保持电网稳定性提供支撑。

5. 安全与保护

安全与保护的基本原则是光伏电站或电网异常、故障时，为保证设备和人身安全，应具有相应继电保护功能，保证电网和光伏设备的安全运行，确保维修人员和公众人身安全。基本要求是光伏电站应配置相应的安全保护装置，光伏电站的保护应符合可靠性、选择性、灵敏性和速动性的要求，与电网的保护相匹配。

（1）总断路器

在逆变器输出汇总点必须设置易于操作、可闭锁、且具有明显断开点的并网总断路器。

（2）过流保护

光伏电站应具备一定的过电流能力，在 120% 倍的额定电流以下，光伏电站连续可靠工作时间不小于 1 min。根据调研以及多家逆变器厂商反应，当逆变器输出电流超过 120% 倍额定电流时，逆变器自动保护，关闭输出，允许持续时间不小于 20s ~ 10min。不同类型的逆变器过载保护能力各有不同。

（3）防孤岛保护

①小型光伏电站应具备快速监测孤岛且立即断开与电网连接的能力，其防孤岛保护应与电网侧线路保护相匹配。②大中型光伏电站公用电网继电保护装置必须保障公用电网故障时切除光伏电站，光伏电站可不设置防孤岛保护。大中型光伏电站因接入电网方式一般难以形成孤岛，其防孤岛保护依靠电站内多个并联逆变器的控制也存在技术问题，且光伏电站同时实现低电压穿越和防孤岛保护要求时还存在技术困难，因此大中型光伏电站无须专门设置孤岛保护，但公用电网继电保护装置必须保障公用电网故障时合理切除光伏电站。③接入用户内部电网的中型光伏电站的防孤岛保护能力由电力调度部门确定。

（4）继电保护及安全自动装置

①光伏电站相关继电保护、安全自动装置以及二次回路的设计、安装应满足电力系统有关规定和反事故措施的要求。一般情况下，专线接入公用电网的光伏电站宜配置光纤电流差动保护。②接入 220kV 及以上电压等级的大型光伏电站应装设同步相量测量单元（PMU），为光伏电站的安全监控与电力调度部门提供统一时标下的光伏电站暂态过程中的电压、相角、功率等关键参数的变化曲线。③大型光伏电站应装设专用故障录波装置。故障录波装置应记录故障前 10s 到故障后 60s 的情况，并能够与电力调度部门进行数据传输。

（5）逆功率保护

当光伏电站设计为不可逆并网方式时，应配置逆向功率保护设备。当检测到逆向电流超过额定输出的 5% 时，光伏电站应在 0.5 ~ 2s 内停止向电网线路送电。

（6）恢复并网

系统发生扰动后，在电网电压和频率恢复正常范围之前光伏电站不允许并网。在电网电压和频率恢复正常后，小型光伏电站需要经过一个可调的延时时间后才能重新并网，延时时间一般为 20s ~ 5min，具体延时时间由电力调度部门确定。大中型光伏电站应按电力调度部门指令执行，不可自行并网。

6. 通信与信号

大中型光伏电站与电力调度部门之间的通信方式、传输通道和信息传输由电力调度部门做出规定，包括提供遥测、遥信、遥控、遥调信号以及其他安全自动装置的信号，提供信号的方式和实时性要求等。正常运行信号应具有以下特点：（1）光伏电站并网状态、辐照度、环境温度。（2）光伏电站有功和无功输出、发电量、功率因数。（3）并网点的电压和频率、注入电网的电流。（4）变压器分接头档位、主断路器开关状态等。

7. 系统测试

系统测试的基本原则是：测试点为光伏电站并网点，必须由具备相应资质的单位或部门进行。光伏电站应当在并网运行后 6 个月提交测试报告。光伏电站更换逆变器或变压器等主要设备时需重新提交测试报告。主要测试内容有以下六项：（1）电能质量，包括电压不平衡度、谐波、直流分量、电压波动和闪变等。（2）有功输出特性（有功输出与辐照度的关系特性）。（3）有功和无功控制特性。（4）电压与频率异常时的响应特性。（5）安全与保护功能。（6）通用技术条件测试。

第七章 光伏电站的现场施工

第一节 并网光伏电站的建设

一、项目前期

洽谈→初设→路条→办理手续→项目启动。

1. 政府与投资人有项目投资意向

政府提供以下条件：（1）可利用地面。（2）较好的日照条件。（3）良好的政策环境。（4）良好的电网条件。（5）投资收益保障。

而投资人应具备以下条件：（1）资金实力。（2）项目实施能力。（3）产业带动能力。

2. 屋顶业主与投资人也要有项目投资意向

业主需要具备的条件：（1）可利用的屋顶。（2）较大的用电需求。（3）较高的用电价格。（4）良好的公共关系。（5）良好的接网条件，业主的需求是一定的效益。

面对业主此时投资人需要具备的条件：（1）资金实力。（2）较强的项目实施能力。（3）良好公共关系。（4）长期运营能力，投资人也需要有一定的收益。

3. 投资人与总承包人或各分项承包人也应有合作意向

投资人具备的条件是：（1）资金实力。（2）政府协调能力。

总承包人或各分项承包人的条件是：（1）项目设计能力。（2）项目实施能力。（3）项目成本控制能力。（4）发电量保障。

二、项目立项

投资项目基本建设程序流程如图 7-1 所示。对其重要的几项加以说明。

1. 初步设计

初步设计是请具备电力设计资质的单位根据项目所在地情况进行概略设计和计算，主要输出包括电站规模、总平面布置、设备选择等方面的整体设计方案。有待于进一步深化设计，是下一步项目建议书、取得“路条”、项目规划选址等审批的主要依据。

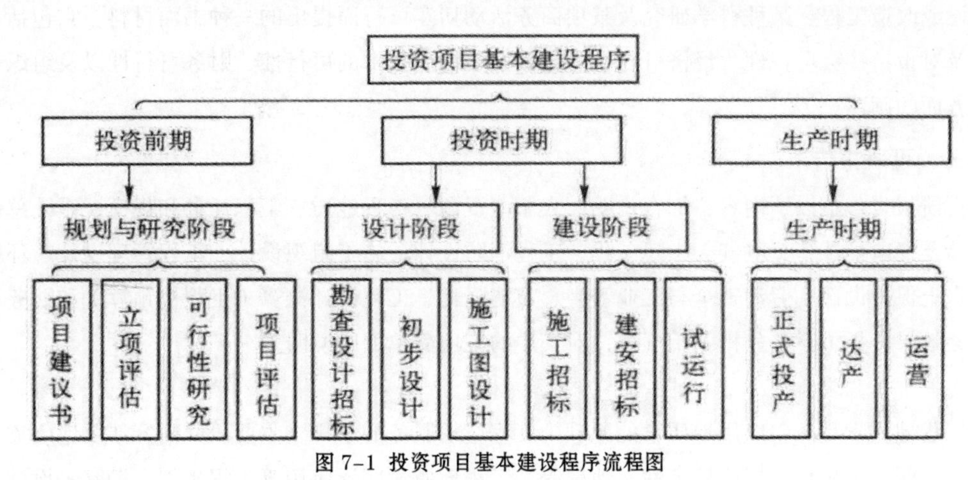

图 7-1 投资项目基本建设程序流程图

2. 项目建议书

项目建议书是由具备工程咨询资质的单位根据项目初步设计编制而成，主要从宏观上论述项目设立的必要性和可能性，把项目投资的设想变为概略的投资建议。

3. 项目“路条”审批流程

工程咨询单位将项目建议书提交至项目所在地发改委，再由项目所在地发改委将项目建议书逐级上报至省发改委能源局，省发改委能源局根据当地实际情况进行审批，项目所在地发改委发给业主可开展项目前期工作的联系函，俗称“路条”。

4. 手续办理

手续办理程序流程图如图 7-2 所示。

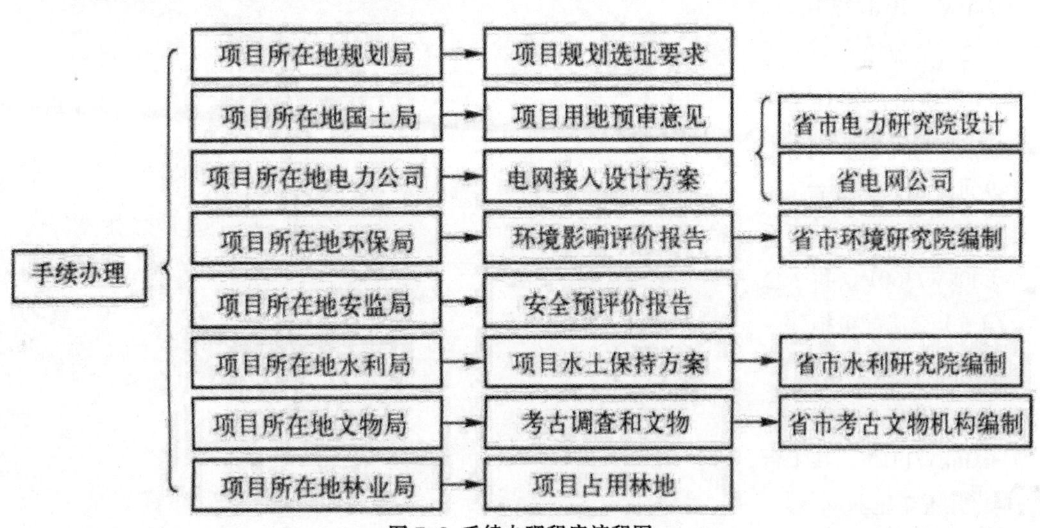

图 7-2 手续办理程序流程图

5. 可行性研究报告

可行性研究报告是在制订生产、基建及科研计划的前期，通过全面的调查研究，分析论证某个建设或改造工程、某种科学研究及某项商务活动切实可行而提出的一种书面材料。它包括风险因素及对策、社会可行性、经济可行性、投资必要性、技术的可行性、财务可行性以及组织可行性等方面的阐述。

三、可研报告

可研报告包括以下内容：综合说明、太阳能资源、工程地质、工程任务和规模、系统总体方案设计及发电量计算、电气、土建工程、工程消防设计、施工组织设计、工程管理设计、环境保护与水土保持设计、劳动安全与工业卫生、节能降耗、工程设计概算（工程概预算）和财务评价与社会效果分析（财务分析）十五项，对其中的三项简单加以说明。

（一）工程地质

工程地质学是一门应用地质学的原理为工程应用服务的学科，主要研究内容涉及地质灾害、岩石与第四纪沉积物、岩体稳定性、地震等。工程地质学广泛应用于工程规划、勘察、设计、施工与维护等各个阶段。工程地质的目的是为了查明各类工程场区的地质条件，对场区及其有关的各种地质问题进行综合评价，分析、预测在工程建筑作用下，地质条件可能出现的变化和作用，选择最优场地，并提出解决不良地质问题的工程措施，为保证工程的合理设计、顺利施工及正常使用提供可靠的科学依据。

（二）电气

1. 方阵设计

如一个单元模块设计要列出以下元器件：

（1）组件

240W，共 6732 块。

（2）汇流箱

17 进 1 出，共 18 台。

（3）直流柜

9 进 1 出，共 2 台。

（4）逆变器

800kW/360V，共 2 台。

（5）交流配电柜

1.6MW，共 1 台。

（6）升压变压器

0.36kV/11kV，共 1 台。

2. 升压变压器

如电网接入点设计，要列出 SFZ9-60000/11/132 升压变压器主要技术参数。

3. 节能降耗

如果已知光伏电站系统各部分的损耗如表 7–1 所示，则系统效率为：

η =97.5% × 96.8% × 94.5% × 97.2% × 97% × 97.5% × 97.3% × 97.3% × 96.9%=75.2%

表 7–1 系统各部分的损耗

序号	项目	数值
1	温度造成的年平均损失	2.5%
2	光伏组件匹配造成的损失	3.2%
3	灰尘 / 积雪造成的损失、遮挡造成的损失	5.5%
4	不可利用的太阳能辐射损失等	2.8%
5	直流线路造成的损失	3%
6	逆变器直流—交流转换效率损失	2.5%
7	箱式变压器升压效率损失	2.7%
8	交流线路造成的损失	2.7%
9	系统维修及故障造成的损失	3.1%

四、项目建设

（一）前期工作程序

项目建设前期工作程序流程如图 7–3 所示。

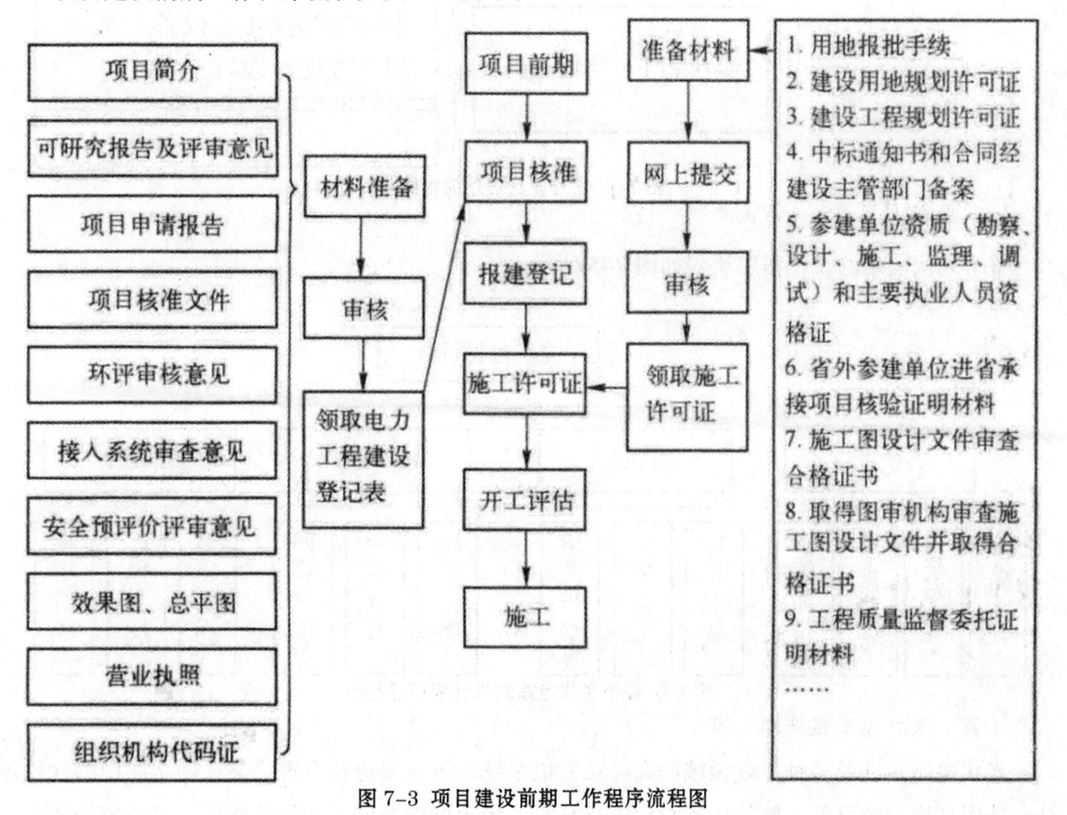

图 7–3 项目建设前期工作程序流程图

（二）项目设计程序

项目设计程序流程如图 7–4 所示。

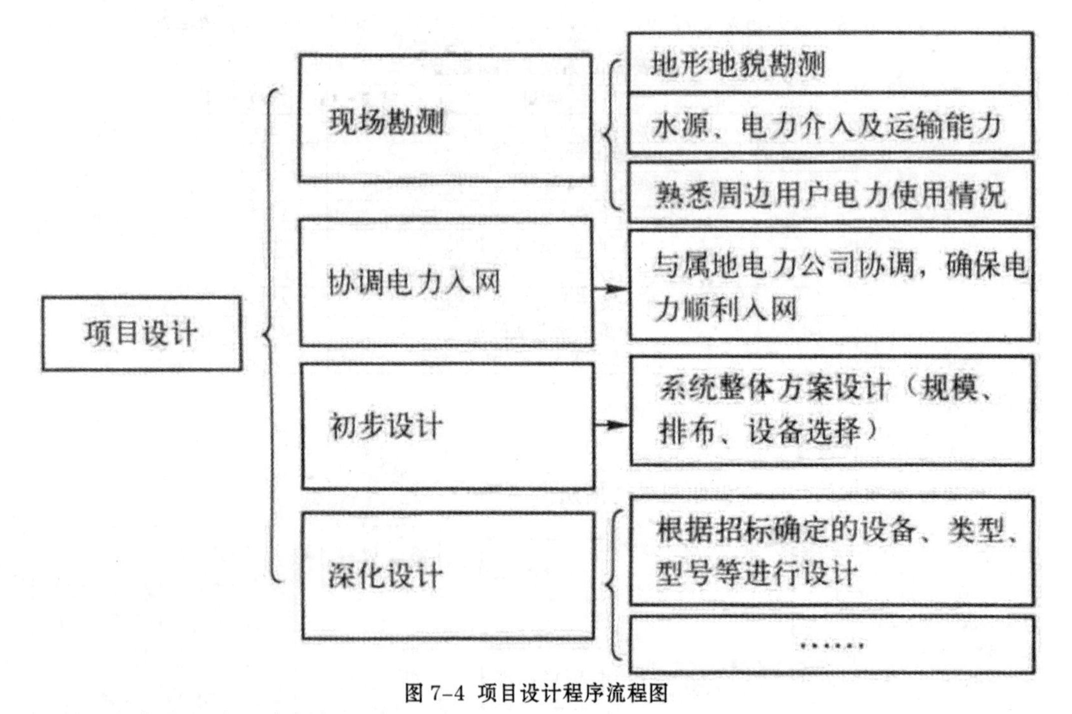

图 7–4 项目设计程序流程图

（三）光伏电站设计程序

整个光伏电站的设计程序流程如图 7–5 所示。

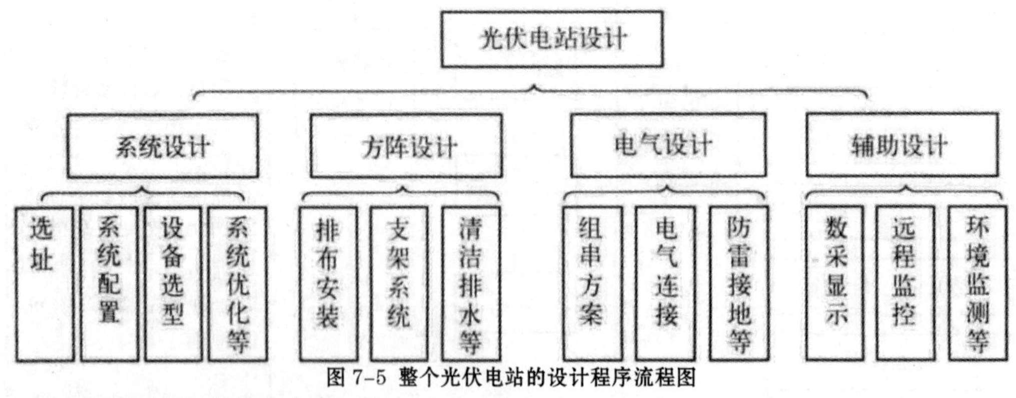

图 7–5 整个光伏电站的设计程序流程图

（四）项目施工程序和内容

光伏电站是涉及多种专业领域的高科技发电系统，不仅要进行合理可靠、经济实用的优化设计，选用高质量的设备、部件，还必须进行认真、规范的安装施工和检测调试。系统容量越大，电流电压越高，安装调试工作就越重要。否则，轻则会影响光伏发电系统的发电效率，造成资源浪费，重则会频繁发生故障，甚至损坏设备。另外还要特别注意在安装施工和检测全过程中的人身安全、设备安全、电气安全、结构安全及工程安全问题，做到规范施工、安全作业，安装施工人员要通过专业技术培训合格，并在专业工程技术人员的现场指导和参与下进行作业。光伏电站施工包括三个方面的内容：方阵基础及其光伏发电系统施工、配电设备及其设备之间线缆施工和防雷接地及其监控检测系统施工。

（五）光伏电站系统调试

随着工程的进展，太阳能组件、设备、电线、电缆及逆变器等安装完毕，通电、试电；空载试运转；这一阶段，要做好相应的系统方案，指导相应的系统调试工作。同时，对于调试方面出现的细节问题要重视、及时给予解决，为一次验收达标创造条件。

（六）并网验收

1. 启动并网（启委会一次会议）

启动并网也叫作启委会一次会议，启动并网的程序流程如图 7–6 所示。启动并网的条件及证明材料要求如表 7–2 所示。

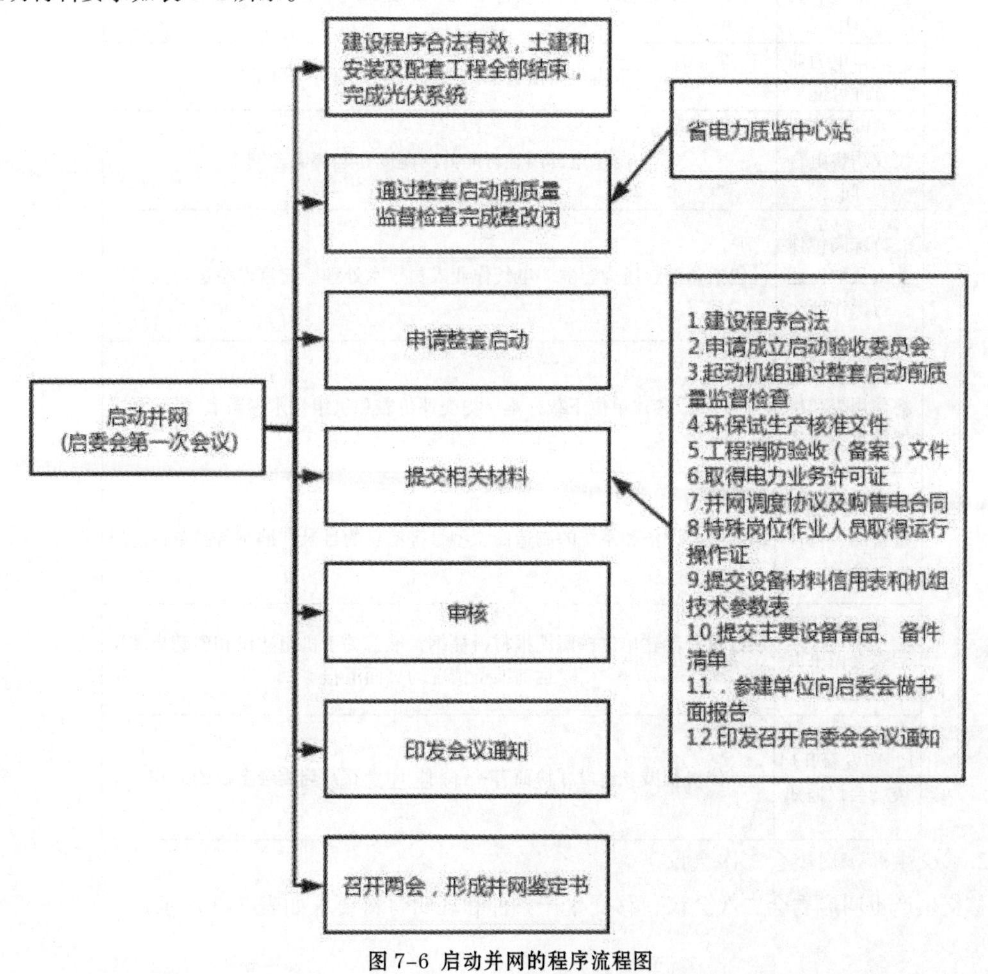

图 7–6　启动并网的程序流程图

表 7-2 启动并网的条件及证明材料要求表

条件	证明材料要求
1. 建设程序合法	项目经有权部门核准，所有基建程序合法有效
2. 申请成立启动验收委员会	报送成立启动验收委员会的书面请示，提出启动验收委员组成单位建议名单，并附启动试运指挥部成员名单
3. 启动机组通过整套启动前质量监督检查	准备启动的机组需通过整套启动试运行前质量监督检查，省电力质检中心站出具盖章认可的检查报告
4. 环保试生产核准文件	按环评批复要求，试生产前须经环保部门核准的，应取得环保试生产核准文件
5. 工程消防验收（备案）文件	须经消防部门验收合格（或备案），并出具书面意见
6. 取得电力业务许可证	取得电力监管部门合法的电力业务许可证
7. 并网调度协议及购售电合同	与供电部门签订的并网调度和购售电合同
8. 特殊岗位作业人员取得运行操作证	包括司炉、压力容器、电气作业人员、水处理、起重设备运行人员
9. 提交设备材料信用表和机组技术参数表	参建单位下载样本、提交评价表和机组技术参数表
10. 提交主要设备备品、备件清单	编制主要设备和系统的制造商、型号等信息的目录，编制备品备件清册
11. 参建单位向启委会做书面汇报	项目所有参建单位按照汇报材料提纲，准备关于机组建设和整套启动试运前准备情况的书面汇报
12. 印发召开启委会会议通知	住房和城乡建设厅协商有关部门，印发召开启委会会议的通知

2. 移交生产（启委会二次会议）

移交生产也叫启委会二次会议，移交生产条件和证明材料要求如表 7-3 所示。

表 7-3 移交生产条件和证明材料要求表

条件	证明材料要求
1. 机组完成整套启动试运行考核	300MW 及以上机组通过 168h 连续满负荷试运行考核。300MW 以下机组通过 72+24h 满负荷运行考核，风电机组通过 240h 连续试运行考核
2. 机组通过整套试运行质量监督检查	机组整套启动试运行后通过省电力质检中心站的机组整套启动试运行后质量监督检查，并取得报告。参建单位对提出的整改事项已实施闭环管理，并报中心站备案
3. 电力业务许可证	提交电力业务许可证
4. 烟气在线监测装置联网运行	提交联网运行证明文件
5. 完成有关涉网试验	按电力监管部门并网安全性评价要求，完成有关涉网试验，并提交报告批复
6. 完成初步达标建设评估	仅限垃圾焚烧或秸秆发电项目
7. 机组启动验收交接书	填写机组启动验收交接书
8. 参建单位汇报材料	按汇报材料提纲准备机组整套启动试运行情况汇报
9. 机组整套启动试运行参数表	对试运行参数做出记录和统计
10. 设备系统信用评估表	对设备信用情况做出记录和统计

3. 竣工验收备案

竣工验收备案工作程序流程如图 7-7 所示。

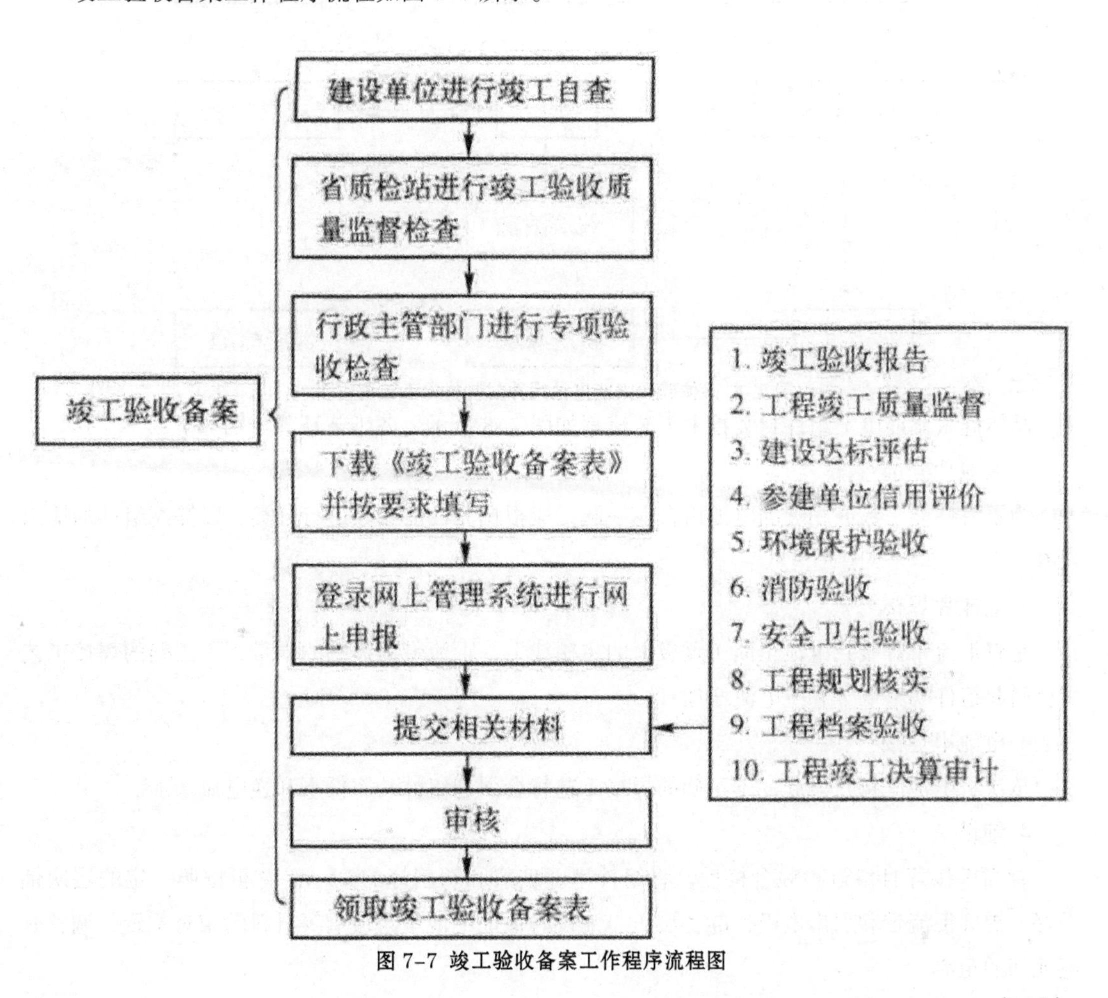

图 7-7 竣工验收备案工作程序流程图

第二节 光伏电站的安装施工

一、电池组件的生产制造工艺及其方阵组成部件

（一）太阳能电池组件的生产制造工艺

1. 晶体硅光伏产业工艺

晶体硅光伏产业工艺制造流程：高纯多晶硅材料→单晶硅棒→单晶硅片→单晶硅电池片→光伏组件→光伏电站，其生产工艺有直拉单晶、铸造多晶和铸造单晶三种类型。

（二）太阳能电池组件制造技术

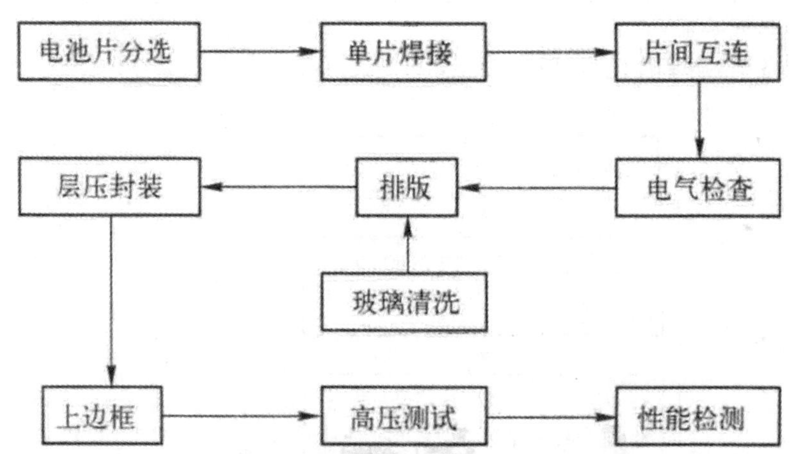

图 7-8 晶体硅太阳能电池组件封装技术工艺流程图

晶体硅太阳能电池组件封装技术工艺流程如图 7-8 所示。各工艺环节分别如下：

1. 电池片分选

为了将性能一致或相近的电池组合在一起，应根据其性能参数进行分类，以提高组件的输出功率。

2. 电池片焊接

是将汇流带焊接到电池正面（负极）的主栅线上，汇流带为镀锡的铜带，不正确的焊接工艺将会引起组件功率低下和逆电流增加。

3. 电池串焊接

依次将电池串接在一起，不正确的焊接工艺将会引起组件功率低下和逆电流增加。

4. 铺设

背面串接好且经过检验合格后，将组件串、玻璃和切割好的 EVA、背板按照一定的层次铺设好，焊好汇流带和引出电极，准备层压。铺设时保证电池串与玻璃等材料的相对位置，调整好电池间的距离。

5. 层压封装

将铺设好的电池放入层压机内，通过抽真空将组件内的空气抽出，然后加热使 EVA 熔化将电池、玻璃和背板黏接在一起，最后冷却取出组件。

6. 切边

层压时 EM 熔化后由于压力而向外延伸固化形成毛边，所以层压完毕应将其切除。

7. 装框

给玻璃组件装铝框，增加组件的强度，方便组件安装，进一步密封电池组件，延长电池的使用寿命。

8. 接线盒安装、导线端子连接

在组件背面引线处黏接一个接线盒子，以利于电池与其他设备或电池间的连接。

9. 成品测试

测试是对电池的输出功率进行标定，测试其输出特性，确定组件的质量等级。其中包含高压抽检测试，在组件边框和电极引线间施加一定的电压，测试组件的耐压性和绝缘强度，以保证组件在恶劣的自然条件（雷击等）下不被损坏。

（三）太阳能电池方阵的组成

太阳能电池方阵也称为光伏方阵或光伏阵列。它是为满足高电压、大功率的发电要求，由若干个太阳能电池组件通过串并联连接，并通过一定的机械方式固定组合在一起的。除太阳能电池组件的串并联组合外，太阳能电池方阵还需要防反充（防逆流）二极管、旁路二极管及电缆等对电池组件进行电气连接，还需要配备专用的、带避雷器的直流接线箱。有时为了防止鸟粪等沾污太阳能电池方阵表面而产生“热斑效应”，还要在方阵顶端安装驱鸟器。另外电池组件方阵要固定在支架上，支架要有足够的强度和刚度，整个支架要牢固的安装在支架基础上。

二、光伏电站的施工安装

光伏电站设计寿命为 20 年以上，高质量的施工是光伏电站能够实现预期发电环保效益的保证。光伏系统安装应按照建筑设计和施工要求进行，应具备施工组织设计及施工方案。为规范光伏系统的施工安装，应先设计后施工，严禁无设计的盲目施工。施工组织设计、施工方案以及安全措施应经监理和建设方审批后方可施工。光伏系统安装应进行施工组织设计，制订详细的施工流程与操作方案。鉴于光伏电站的安装一般在土建工程完工后进行，而光伏电站的安装施工多由其他施工单位完成，因此应加强对已施工光伏电站的保护。

光伏系统安装前应具备以下条件：设计文件齐备，且已审查通过；施工组设计易方案已经批准；场地、电、道路等条件能满足正常施工需要：预留基座、预留引洞、预埋管和设施符合设计图样，并已验收合格。

（一）方阵基础及其光伏发电系统施工

1. 安装位置的确定

在光伏电站设计时，就要在计划施工的现场进行勘测，确定安装方式和位置，测量安装场地的尺寸，确定电池组件方阵的朝向方位角和倾斜角。太阳能电池方阵的安装地点不能有建筑或树木等遮挡物，如实在无法避免，也要保证光伏组件方阵在上午 9 时到下午 4 时能接收到阳光。方阵与方阵的间距等都要严格按照设计要求确定。光伏组件或方阵的支架应固定在预设的基础（或基座）上，不得直接放置在建筑面层上，否则既无法保证支架安装牢固，还会对建筑面层造成损害。

1）光伏组件吊装时，其底部要衬垫木，背面不得受到任何碰撞和重压；2）光伏组件在安装时表面应铺遮光板，遮挡阳光，防止电击危险；3）光伏组件的输出电缆不得非正常短路；4）对无断弧功能的开关进行连接时，不得在有负荷或能够形成低阻回路的情况下接通正负极或断开；5）连接完成或部分完成的光伏系统，遇有光伏组件破裂的情况应及时设置限制接近的措施，并由专业人员处置；6）电路接通后应注意热斑效应的影响，不得局部遮挡光伏组件；7）在坡度大于 10° 的坡屋面上安装施工，应设置专用踏脚板。

2. 方阵基础施工

（1）地面光伏电站

首先进行场地平整；然后按设计要求定点放线、布置预埋件、支基础模板及混凝土浇筑。应该注意的是，基础预埋件的地脚螺栓、基础模板的布置要做到纵横一条线，确保基础平面在一个平面上。钢基座及混凝土基座顶面的预埋件在支架安装前应涂防腐涂料，并妥善保护。对外露的金属预埋件应进行防腐、防锈处理，防止预埋件受损而失去强度。

（2）屋顶光伏电站

首先要使基座预埋件与屋顶主体结构的钢筋牢固焊接或连接，如果受到结构限制无法进行焊接或连接的，应采取措施加大基座与屋顶的附着力，并采用铁线拉紧法或支架延长固定法等加以固定。屋面结构层上现场砌（浇）筑的基础（或基座）完工后应做防水处理，并应符合国家现行标准《屋面工程质量验收规范》的要求。预制基础（或基座）应放置平稳、整齐，不得破坏屋面的防水层。

基础（或基座）关系到光伏系统的稳定和安全，因此必须由专业技术人员来完成。安装光伏组件或方阵的支架之前，应设置基础（或基座）。基础（或基座）应与建筑主体结构连凑牢固，并由专业施工人员完成施工。

3. 方阵支架安装

太阳能电池方阵支架应采用热镀锌钢材或普通角钢制作，沿海地区可考虑采用不锈钢等耐腐蚀钢材制作。支架的焊接制作质量要符合国家标准《钢结构工程施工质量验收规范》的要求。普通钢材支架的全部及热镀锌钢材支架的焊接部位，要进行涂防锈漆等防腐处理。太阳能电池支架与基础之间应焊接或安装牢固。

在方阵基础与支架的施工过程中，应避免对建筑物及附属设施的破坏，如施工需要不得已造成局部破损，在施工结束后应及时修复。钢结构支架焊接完毕，应按设计要求做防腐处理，应符合国家现行标准《建筑防腐蚀工程施工及验收规范》和《建筑防腐蚀工程质量检验评定标准》的要求，采用热镀锌钢材后喷塑或采用普通钢材制作后热镀锌喷塑。支架的焊接制作质量要符合国家标准《钢结构工程施工质量验收规范》的要求。电池组件边框及支架要与保护接地系统可靠连接。

支架应按设计要求安装在主体结构上，位置准确，与主体结构固定牢靠。同时，支架在基础（或基座）上的安装位置不正确将造成支架偏移，影响主体结构的受力。光伏组件或方阵的防风主要是通过支架实现的。由于现场条件不同，防风措施也不同。固定支架前应根据现场安装条件采取合理的抗风措施；钢结构支架应与建筑物接地系统可靠连接。为防止漏电伤人，钢结构支架应与建筑接地系统可靠连接。

常用工具如套筒扳手、呆扳手、梅花扳手、水准仪、指北针、钢卷尺及线绳等须符合工程施工需要及质量检测要求。方阵支架安装时应注意以下几点：

（1）支架零部件的检查校正

支架安装前应按材料进场检验要求进行全检，并根据图样检查支架零部件的尺寸应符合设计要求。检查是否变形，出现变形应及时校正。不允许有倒刺和毛边现象。所有零部件均应按图样设计要求进行表面防腐处理，保证不生锈，不腐蚀。

（2）标准螺栓的要求和质量检验

电池支架连接紧固件必须符合国家标准要求，采用镀锌件，达到保证其寿命和防腐紧固的目的。螺栓、螺母、平垫圈、弹簧垫圈数量、规格型号和品种应齐全，符合设计要求。每个螺栓紧固之后，螺栓露出部位长度应为螺栓直径的2/3。

（3）支架安装工艺

太阳能电池组件支架由钢支柱（其他预埋件）、前柱、后柱、固定块、电池组件固定杆、支撑杆等组成，其过程为：作业准备→支架放线、定位→前后柱安装→固定块安装→电池组件固定杆安装→支撑安装→横拉杆安装→检查调整。

4. 光伏组件安装

光伏组件安装在不同地面、屋面或不同的建筑部位，所受的风荷载、雪荷载和地震作用等均不同，安装时光伏组件的强度应与设计时选定的产品强度相符合。光伏组件应按设计要求可靠地固定在支架或连接件上，光伏组件或方阵应排列整齐，光伏组件之间的连接件应便于拆卸和更换。光伏组件的强度一般与无色透明强化玻璃的厚度、铝框的厚度及形状、固定用金属零件或螺钉与螺母的直径、数量等有关，安装时必须严格遵守产品厂家指定的安装条件。

光伏组件安装在地面或屋顶时，光伏方阵与地面、屋顶面层之间应留有空间以便散热。为抑制光伏组件使用期间产生温升，地面或屋顶面层与光伏组件之间的空间，即光伏方阵的下沿与地面或屋顶面层之间的间隙不宜小于100mm。如果在烟雾、寒冷、积雪等地区安装，对设备选型、安装工艺均有相应的要求，产品生产厂家和安装施工单位应共同研究制订适宜的安装施工方案。

常用工具如套筒扳手、开口扳手、梅花扳手、胶枪、喷灯、线绳等须符合工程施工需要及质量检测要求。光伏组件安装时应注意以下几点：1）太阳能光伏电池组件的存放、搬运、安装等过程中，不得碰撞或受损，特别要注意防止组件玻璃表面及背面的背板材料受到硬物的直接冲击。太阳能电池组件应无变形、玻璃无损坏、无划伤及裂纹。2）组件安装前测量太阳能电池组件在阳光下的开路电压，电池组件输出端与标识正负应吻合。对电池组件进行分组，将峰值工作电流相近的组件串联在一起，将峰值工作电压相近的组件并联在一起，以充分发挥电池方阵的整体效能。3）电池组件摆放必须横平竖直，同方阵内的电池组件间距保持一致，注意电池组件的接线盒的方向符合设计要求。将两根放线绳分别系于电池组件方阵的上下两端，并将其绷紧。以放线绳为基准分别调整其余电池组件，使其在一个平面内紧固所有螺栓，将组件与支架固定。4）按照方阵组件串并联的设计要求，用电缆将组件的正负极进行连接。对连接线和连接器的组件，在连接器上都标注有正、负极，只要将连接器接插即可。要用绑带、钢丝卡等将电缆固定在支架上，以免长期风吹摇动造成电缆磨损或接触不良。安装中要注意方阵的正负极两输出端不能短路，否则可能造成人身事故或引起火灾。在阳光下安装时，最好用黑塑料薄膜、包装纸片等不透光材料将太阳能电池组件遮盖，以免输出电压过高影响连接操作或造成施工人员触电的危险。5）光伏建筑一体化施工时，组件互相间的防雨连接结构必须严格，以免漏雨、漏水，外表面必须整齐美观，避免光伏组件扭曲受力。屋顶坡度大于10° 时，应设置施工脚踏板，防止人员或工具物品滑落。严禁下雨天在屋面施工。6）光伏方阵安装完毕之后要先测量总的电流和电压，如果不合乎设计要求，就应该对各组串支路分别测量。为了避免支路之间的互相影响，在测量其电流与电压时，要将各条支路相互断开。如果测量的每条组串的电流、电压一致，即可以接入汇流箱。然后测量相同规格的汇流箱的电流、电压是否一致，如果没有什么差异，即可以接入直流配电柜或直接接入逆变器。如果检测发现有差异，应断开相应连接查找问题所在。

5. 光伏幕墙安装

光伏幕墙是光伏建筑一体化的一种主要形式，也是我国大力推进绿色建筑的重要实现手段之一。这种技术将光伏发电与保持建筑物的外观和美感有机地结合在一起，受到很多用户的青睐。所有朝向太阳的建筑物外立面理论上都可以安装光伏幕墙，尤其是在城市中，高楼林立，能够安装太阳能光伏系统的框顶和空地都十分有限，而朝阳的幕墙立面有巨大的面积可以利用。因光伏幕墙被广泛认为有着巨大的市场前景。

光伏幕墙安装时，虽然目前还没有对应的国家标准，光伏幕墙的安装应符合《光伏幕墙建筑工程技术规范》和《建筑装饰工程施工验收规范》等现行国家标准的相关规定。

幕墙中常用的双玻光伏组件也是建材型光伏构件的一种，是指由两片以上的玻璃，采用PVB胶片将太阳能电池封装在一起，能单独提供直流输出的光伏构件。《光伏幕墙工程技术规范》

要求，光伏幕墙采用夹层玻璃时，应采用干法加工合成，其夹层宜采用聚乙烯醇缩丁醛（PVB）胶片。夹层玻璃合片时，应严格控制温、湿度。光伏幕墙施工包括定位放线、连接件的固定、骨架安装、组件安装。常用工具，如套筒扳手、呆扳手、梅花扳手、胶枪、喷灯、线绳等须符合工程施工需要及质量检测要求。光伏组件安装时应注意以下几点：

（1）定位放线

放线是指将骨架的位置弹到主体结构上，放线位置的准确与否，直接会影响安装质量，只有准确地将设计要求反映到结构的表面，才能保证设计意图。

①放线工作应根据中心线及标高点进行。因为光伏幕墙的设计一般是以建筑物的轴线为依据。②对于由横竖杆件组成的幕墙，一般先弹出竖向杆件的位置，然后再将竖向杆件的锚点确定。横向杆件一般要固定在竖向杆件上，与主体结构不直接相关联，待竖向杆件通长布置完毕，再将横向杆件的位置弹到竖向杆件上。③没有骨架的光伏幕墙，即幕墙组件直接与主体结构固定的结构类型，应首先将幕墙组件的位置弹到墙面上，然后再根据外缘尺寸固定锚点。

（2）连接件的固定

连接件与主体结构的固定，通常有两种固定方法。

①在主体结构上预埋铁件，连接件与铁件焊牢，但在焊接时要注意焊接质量。对于电焊所采用的焊条型号刻焊缝的高度及长度，均应符合设计要求，并应做好检查记录。②在主体结构上钻孔，然后用膨胀螺栓将连接件与主体结构相连。这种方法要注意保证膨胀螺栓埋入深度，因为膨胀螺栓的拉拔力大小与埋入的深度有关。采用冲击钻在混凝土结构上钻孔时，按要求的深度钻，当遇到钢筋时，应错开位置。光伏幕墙立柱与混凝土结构宜通过预埋件连接，预埋件应在主体结构混凝土施工时，随着浇灌混凝土，接着安放预埋件。

（3）骨架安装

将连接件与主体固定好后，可安装骨架。一般先安装竖向杆件，因为竖向杆件与主体结构相连，竖向杆件就位后，可安装横向杆件。骨架安装包括三个步骤：

①立柱的安装

立柱的固定。幕墙竖向杆件即竖框固定，也就是通过型钢联结件与主体结构相连。其联结件最常用的是角钢，将角钢与主体结构固定，再用不锈钢螺栓将幕墙立柱与角钢联结件连接。在固定前，应对铝合金骨架进行处理，要注意骨架氧护膜的保护。在与混凝土直接接触的部位，应对氧护膜进行防腐处理。

②横杆的安装

横向杆的连接，宜在竖向杆件安装后进行。横竖杆件均是型钢的一类材料，可以采用焊接，也可以采用螺栓或其他办法连接。当采用焊接时，大面积骨架需焊接部位较多，由于受热不均，容易引起骨架变形，故应注意焊接的顺序及操作，如有可能，应尽量减少现场的焊接工作量。

③幕墙组件安装

正确选择封缝材料，如氯丁橡胶等弹性材料、硅酮系列的密封胶。幕墙组件采用人工搬运，机械辅助的吊装方法。幕墙组件吊装就位后，及时用填缝材料进行固定和密封。幕墙组件安装后，采取相应的保护措施，防止碰撞。

（二）配电设备及其设备之间线缆施工

1. 关键配电设备安装

电站的关键配电设备可以分为光伏离网电站和光伏并网电站两种类型。除光伏组件外，光伏并网电站的关键配电设备仅有并网逆变器，而光伏离网电站的关键配电设备则有光伏控制器、离网逆变器和储能蓄电池组。

（1）逆变器的安装

逆变器是光伏离网电站和光伏并网电站的关键设备。逆变器按其规格型号的不同，有柜式、台式、壁挂式之分，其安装位置的确定可考虑逆变器的体积、重量，分别放置在工作台面、地面或墙壁上，大型光伏电站需要安装在室外配电室，制式的室外配电室符合密封防潮要求。

逆变器在安装前同样要进行外观和内部线路的检查，检查无误后先将逆变器的输入开关断开，再与控制器的输出接线连接。接线时要注意分清正、负极极性，并保证连接牢固。接线完毕后，可接通逆变器的输入开关，待逆变器自检测正常后，如果输入无短路现象，则可以打开输入开关，检查温升情况和运行情况，使逆变器处于运行状态。

逆变器的安装位置确定可根据其体积、重量大小分别放置在工作台面、地面等，若需要在室外安装时，必须符合密封防潮要求。

逆变器在大型光伏电站中需要安装在符合密封防潮要求的制式室外配电室。

（2）控制器的安装

光伏控制器是光伏离网电站关键设备。小功率控制器安装时要先连接蓄电池，再连接太阳能电池组件的输入，最后连接负载或逆变器，安装时注意正负极不要接反。中、大功率控制器安装时，由于长途运输的原因，要先检查外观有无损坏，内部连接线和螺钉有无松动等，中功率控制器可固定在墙壁或摆放在工作台上，大功率控制器可直接在配电室内地面安装。

控制器若需要在室外安装时，必须符合密封防潮要求。

控制器接线时要将工作开关放在关的位置，先连接蓄电池组输入引线，再连接太阳能电池方阵的输出引线，在有阳光照射时闭合开关，观察是否有正常的直流电压和充电电流，一切正常后，可进行逆变器的连接。

（3）蓄电池组的安装

对于没有条件并网的离网光伏系统，或是需要在紧急停电情况下确保电力供应的场所的并网光伏系统，必须安装蓄电池组。必须注意到蓄电池组的安装大大增加光伏系统的初始成本及维护成本，占用更多的场地，并且通常需要在 10 年内进行更换，因此条件允许的情况下应该尽量将光伏系统并网，避免安装蓄电池组。在小型光伏发电系统中，蓄电池的安装位置应尽可能靠近光伏组件和控制器。在中大型光伏发电系统中，蓄电池最好与控制器、逆变器及交流配电柜等分室而放。蓄电池的安装位置要保证通风良好，排水方便，防止高温，环境温度应尽量保持在10℃ ~ 25℃。蓄电池与地面之间应采取绝缘措施，一般可垫木块或其他绝缘物，以免蓄电池与地面短路而放电。如果蓄电池数量较多时，可以安装在蓄电池专用支架上，且支架要可靠接地。

蓄电池安装结束后，要测量蓄电池的总电压和单只电压，单只电压大小要相等。接线时辨别清楚正负极，并保证接线质量。蓄电池极柱与接线之间必须紧密接触，并在极柱与连接点处涂一层凡士林油膜，以防止腐蚀生锈造成接触不良。

2. 方阵与设备间的线缆铺设

光伏电站的线缆铺设与连接主要以直流布线工程为主，而且串联、并联接线场合较多，因此施工时要特别注意正负极。在进行光伏电池方阵与直流接线箱之间的线路连接时，所使用的导线的截面积要满足最大短路电流的需要。

各组件方阵串的输出引线要做编号和正负极性的标记，然后引入直流接线箱。线缆在进入接线箱或房屋穿线孔时，要做线缆防水弯，以防积水顺电缆进入屋内或机箱内。

当太阳能电池方阵在地面安装时要采用地下布线方式，地下布线时要对导线套线管进行保护，掩埋深度距离地面在 0.5m 以上。

（1）电缆及其辅助材料的准备

①材料的准备

线缆及其所需辅助材料（线缆、绑扎线、穿线管及胶带等）的规格、型号及电压电流等级应符合设计要求，并有产品合格证；每轴电缆上应标明电缆规格、型号、电压等级、长度及出厂日期；施工前应检查电缆规格、型号、截面及电压等级符合设计要求，铠装钢丝无锈蚀，无机械损伤，外观无扭曲、坏损现象。

②工具的准备

常用电工工具包括绝缘电阻表、钢锯、扳手及其电工工具（螺钉旋具、剥线钳、万用表、尖嘴钳、电工刀）等。

③线端的处理

连接导线的接头应镀锡，截面大于 6mm² 的多股导线应加装铜接头（鼻子），截面小于 6mm² 的单芯导线在组件接线盒打接头圈连接时，线头弯曲方向应与紧固螺钉方向一致，每处接线端最多允许两根芯线且两根芯线间应加垫片，所有接线螺钉均应拧紧。

④线缆的检测

光伏电缆、市电电缆的检测应符合设计图样的规定。选用导线时作正极、负极标识。组件方阵的布线应采用金属线槽敷设，金属线槽固定在支架结构上安装牢固，布线应符合设计及标准要求。电缆铺设前应进行绝缘测试。

⑤注意事项

汇线完毕应按施工图检查核对汇线是否正确；组件接线盒出口处的连接线应向下弯曲，防止雨水流入接线盒；组件连连接器和方阵引出电缆应用固定卡固定或绑扎在支架上；方阵的输出端应有明显的极性标识和子方阵的编号标识。

（2）光伏方阵的电缆连接

通过太阳能电池组件自带的引出线连接。此电气连接在光伏支架上完成；在此位置的电气连接中，必须对方阵的引出电缆线进行正负极标识。电池组件连接铺设走线，按接线方式分为MC4 插头、插座连接，P（+）/N（-）线连接。

①电池组件接线

根据电站设计图样确定电池组件的接线方式。电池组件连线均应符合设计图样的要求。对于接线盒直接带有连接线和连接器的组件，在连接器上都标注有正负极，只要将连接器接插即可。

②汇流箱接线

铠装电缆与汇流箱连接时，必须焊锡，用黏胶带缠裹两圈，用黑胶布缠两层，最后用塑料绝缘带包裹好。将电池组件串联的连线接入汇流箱内再用铠装电缆接入直流配电柜或逆变器，电缆的金属铠装应做接地处理。

③设备之间接线

根据电缆与设备连接尺寸，量好电缆并做好标记，剥除外护层。与并网逆变器连接时，电缆单线头部应焊锡，并紧固连接在接线柱上。将铠装电缆两头钢带的焊接部位用钢锉处理，以备焊接。在打钢带卡子的同时，多股铜线排列整齐后卡在卡子里。

④线卡制作方法

利用电缆本身钢带的 1/2 做卡子，采用咬口的方法将卡子打牢，必须打两道，防止钢带松开，两道卡于的间距为 15mm。剥电缆铠甲，用钢锯在第一道卡子向上 30 ～ 50mm 处锯一环型深痕，深度为钢带厚度的 2/3，不能锯透，用钳子将钢带撕掉，随后将钢带锯口处用钢锉修理好，使其光滑。

⑤接地线焊接

焊接地线用不小于 500W 电烙铁，采用焊锡焊接于电缆钢带上，焊接应牢固，不允许有虚焊，必须焊在两层钢带上，并应注意不允许将电缆烫伤。

（3）电缆铺设注意事项及其成品保护

光伏系统直流部分的接线由于目前采用了标准接头，一般不会发生正负极性错接的情况。但也经常会发生把接头切去、加长电缆后重新连接的情况，此时应严格防止接线错误。

带蓄能装置的光伏系统，蓄电池周围应保持良好通风，以保证蓄电池散热和正常工作。并网逆变器的工作环境应保持良好，以保证其安全工作和检修方便，保证设备的通风环境。

当线缆铺设需要通过楼面、屋面或墙面时，其防水套管和建筑主体之间的缝隙必须做好防水密封处理，建筑表面要处理光洁。同一电路馈线和回线应尽可能绞合在一起弯时，其转弯半径不应小于电缆所允许的弯曲半径。

电缆采用汇线槽作为二次保护，汇线槽经过折弯成型、热镀锌喷塑工艺处理。一般在光伏方阵基本完工后进行，防止其他工序施工时造成损伤。室外汇线槽嵌入地面，室内汇线槽放置于电缆沟内。电缆进入室内电缆沟时，应防止电缆保护套管防水处理不好，使电缆沟内进水，应严格按规范和工艺要求施工。

交流逆变器输出的方式有单相二线制、单相三线制、三相三线制和三相四线。

总之，连接线缆铺设还要注意以下几点：①不得在墙和支架的锐角边缘铺设电缆，以免切割、磨损伤害电缆绝缘层引起短路，或切断导线引起断路。②应为电缆提供足够的支撑和固定，防止风吹等对电缆造成机械损伤。③布线的松紧度要适当，过于张紧会因热胀冷缩造成断裂。④考虑环境因素影响，线缆绝缘层应能耐受风吹、日晒、雨淋及腐蚀等。⑤电缆接头要特殊处理，要防止氧化和接触不良，必要时要镀锡或锡焊处理。⑥同一电路馈线和回线应尽可能绞合在一起。⑦线缆外皮颜色选择要规范，如火线、零线和地线等颜色要加以区分。⑧线缆的截面积要与其线路工作电流相匹配，截面积过小，可能使导线发热，造成线路损耗过大，甚至使绝缘外皮熔化，产生短路甚至火灾。特别是在低电压直流电路中，线路损耗尤其明显。截面积过大，又会造成不必要的浪费。因此系统各部分线缆要根据各自通过电流的大小进行选择确定。⑨当线缆铺设需要穿过楼面、屋面或墙面时，其防水套管与建筑主体之间的缝隙必须做好防水密封处理，建筑表面要处理光洁。

3. 防雷接地及其监控检测系统施工

工艺适用于光伏建筑电力工程的光伏组件的防雷及防雷接地、保护接地、工作接地、重复接地及屏蔽接地装置。

（1）接地体材料和工具准备

接地体材料可以选用镀锌钢材（扁钢、角钢等）。使用时应注意采用冷镀锌还是采用热镀锌材料，应符合设计规定。产品应证明及产品出厂合格证。镀锌辅料有铝丝（即镀锌铁丝）、螺栓、垫圈、弹簧垫栓、元宝螺栓、支架等。

安装工具包括常用电工工具、手锤、钢锯、锯条、压力案子、铁锹、大锤、冲击钻、电焊机、电焊工具等。接地体作业时按设计位置清理好场地，底板筋与柱筋连接处进行绑扎。

（2）接地体和避雷针的安装

①接地体的安装

在配电室旁边开挖至少两个用于掩埋接地体约 2m 深的坑，其中的一个埋设配电设备等电位的接地体，另一个用于埋设避雷针的接地体。坑之间的间距应大于 3m 以上。坑内放入专用接地体，接地体应垂直放置在坑的中央，其上端离地面最小高度应≥ 0.7m，放置前要先将引下线与接地体可靠连接。将接地体放入坑中后，在其周围填充接地专用降阻剂，直至基本将接地体掩埋。填充过程中应同时向坑内注入一定的清水，以使降阻剂充分起效。最后用原土将坑填满整实。电器、设备保护等接电线的引下线角好采用截面积为 $35mm^2$ 的接地专用多股铜心电缆连接，避雷针的引下线可用直径为 8mm 的圆钢连接。

②避雷针的安装

最好依附在配电室等建筑物的旁边，以利于安装固定，并尽量在接地体的埋设地点附近。避雷针的高度根据要保护的范围而定，条件允许时尽量单独接地。避雷针所有金属部件必须镀锌，操作时注意保护镀锌层。采用镀锌钢管制作针尖，管壁厚度不小于 3mm，钉尖刷锡长度不得小于 70mm。

（3）防雷器与接地系统的安装施工

防雷器的安装比较简单，防雷器模块、火花放电隙模块及报警模块等都可以非常方便地组合并安装到配电箱中标准的 35mm 轨道上。

一般来说，防雷器都要安装在根据分区防雷理论要求确定的分区交界处。B 级（Ⅲ）防雷器一般安装在电缆进入建筑物的入口处，例如安装在电源的主配电柜中。C 级（Ⅱ）自雷器一般安装在分配电柜中，作为基本保护的补充。D 级（Ⅰ级）防雷器属于精细保护级，要尽可能地靠近被保护设备端进行安装。防雷分区理论及防雷器等级都是根据 DIIVDE0185 和 IEC61312.1 等相关标准确定的。

防雷器的连接导线必须尽可能短，以避免导线的阻抗和感抗产生附加的残压降。布线时必须将防雷器的输入线和输出线尽可能保持较远距离的排布。如果现场安装时连接线长度无法小于 0.5m，防雷器的连接方式必须用“V”字形方式连接，如图 7–9 所示为防雷器的连接方式。

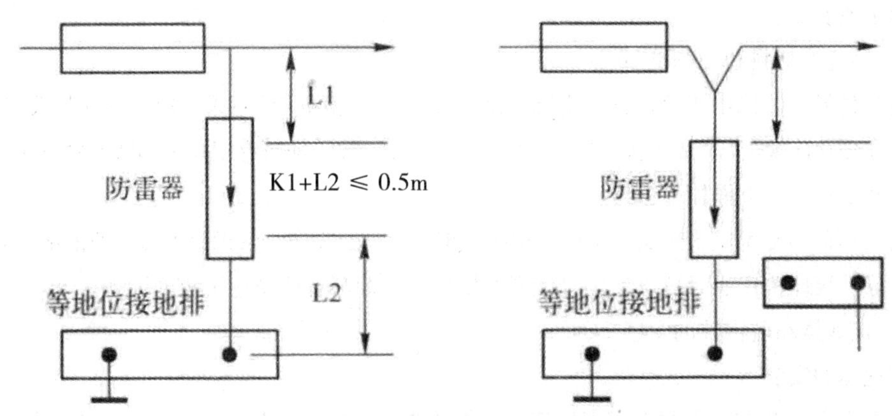

图 7–9 防雷器的连接方式

零线和地线的连接可以分流相当可观的雷电流，在主配电柜中，零线的连接线截面积应不小于 $16mm^2$，当在一些用电量较小的系统中，零线的截面积可以相应选择较小些。防雷器连接线的截面积应和配电系统的相线及零线（L1、L2、L3、N）的截面积相同或按照表 7–4 方式选取。

防雷器的接地线必须和设备的接地线或系统保护接地可靠连接。如果系统存在雷击保护等电位连接系统，防雷器的接地线最终也必须和等电位连接系统可靠连接。系统中每一个局部的等电位排也都必须和主等电位连接排可靠连接，连接线的截面积必须满足接地线的最大面积要求。

防雷器失效时的有效保护措施，在防雷器的接驳处须加装熔丝，以便防雷器遭雷击而导致保护击穿时，能够及时切断损坏的防雷器与电源之间的联系。为了保证短路保护器件的可靠性，一般 C 级防雷器前选取安装额定电流值为 32A 的空气开关，B 级防雷器前科选择额定电流值约为 63A 的空气开关。

表 7-4　防雷器连接线截面积选取对照表

项目	导线截面积（材质：铜）		
主电路导线截面积 /mm²	≤ 35	50	≥ 70
防雷器节点线截面积 /mm²	≥ 16	25	≥ 35
防雷器连接线截面积 /mm²	10	16	25

另外，布线时要注意将已经保护的线路和未保护的线路（包括接电线）绝对不要近距离平行排布，它们的排布必须有一定的空间距离或通过屏蔽装置进行隔离，以防止从未保护的线路向已经保护的线路感应雷电浪涌电流。

第三节　光伏电站的建设与运行

一、光伏电站建设

目前光伏电站施工规范还在出版中，现阶段只能参考常规定的工程建设规范，光伏电站施工规范及流程如图 7-10 所示。

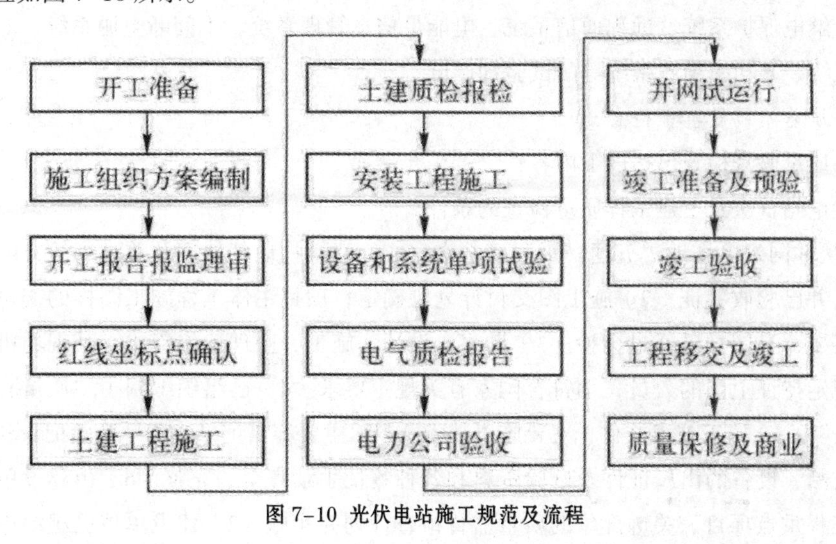

图 7-10　光伏电站施工规范及流程

（一）施工准备阶段

在工程开始施工之前，建设单位需要取得相应的审批手续（项目核准通过）。施工单位的资质、特殊作业人员资质、施工机械、施工材料和计量器具等已报审查完毕。

施工图经过会审（审图中心）。施工单位根据施工总平面布置图要求布置施工临建设施完毕。工程定位测量应具备条件。

（二）土建工程

土建工程包括土方工程（场地平整等）；支架及其他设备基础；场地及地下设施（场区道路、电缆沟、给排水、全场接地等）和建（构）筑物（门卫、水泵房、综合楼、开关站等）四项施工内容。

（三）安装工程

安装工程包括支架安装；组件安装；汇流箱、逆变器、升压箱变压器安装；电气二次系统；其他电气设备安装（高低压开关柜、主变压器、站用电系统及无功补偿等）；防雷与接地、线路和电缆敷设七项施工内容。

二、光伏电站验收

光伏电站验收包括施工单位三级检查、质监站质量监督检查、光伏电站并网验收、各单项竣工验收和竣工验收五项验收内容。

（一）施工单位三级检查

施工单位三级检查即设备和系统单项试验和调试，有以下内容：（1）光伏组件第三方实验室测试；（2）组串试验及调试；（3）跟踪系统试验及调试，即利用移动检测平台（也叫跟踪电站）进行的跟踪系统试验及调试。（4）其他电气设备试验及调试按《电气装置安装工程电气设备交接试验标准》GB 50150 进行。（5）二次系统试验及调试，二次系统试验及调试包括计算机监控系统、继电保护系统、远程通信系统、电能量信息管理系统、不间断电源系统、二次安防系统、稳控系统、光功率预测系统等的试验和调试。

（二）质监站质量监督检查

质监站质量监督检查包括以下内容：

1. 光伏电站首次及土建工程质量检查的条件

1）光伏并网发电场地“五通一平”已基本完成，建筑物地基处理及首批光伏方阵支架基础已施工完，并已验收签证。2）施工图交付计划已确定；项目主体工程施工图样的交付可满足连续施工的需要，且图样已通过会检。3）勘察、设计、施工、监理单位资质，其现场机构及人员配备，按规定持证上岗的人员，均符合国家有关规定要求。4）已组织编制了“质量验收及评定项目划分表”。5）施工技术文件，主要施工技术资料，主要施工记录、质量检验记录和原材料、成品、半成品、设备的出厂证件及试验资料和各种签证手续齐全、完整。6）由建设单位负责组织拟定对工程重点项目、关键部位的质量监督检查计划并实施。7）建设单位已组织进行了自查工作并整改验收完毕。

2. 光伏发电并网启动试运前质量监督检查的条件

1）各方阵的电池组件、防雷汇流箱、直流防雷配电柜、并网逆变器、三相干式变压器及相关的场内电力线路的建筑、安装工程已按设计全部施工完毕，并进行了工程的验收、签证。且其区域范围内环境整洁，无施工痕迹，安全警示和隔离措施以及消防器材布设均符合规定要求。2）设备投运前的电气试验（包括“五防”功能）、继电保护、远动、环境监控系统和通信系统调试完毕，并验收、签证完毕。3）消防系统已按设计范围和规定标准施工完毕，经地方消防主管部门验收，并取得同意投用的书面文件。4）环境保护按环评批复意见已落实建设，并取得地方环保部门同意并网启动试运的书面文件。

3. 光伏发电并网启动试运前质量监督检查的条件

1）光伏发电接入电网的技术方案和安全技术措施已报请相关部门审批，并报电网调度部门备案。2）售电后的管理方式已确定，相关的生产准备工作已经就绪。3）与电网管理部门已签署关于光伏发电上网调度协议和购售电合同等，涉及电网安全的技术条件满足电网的要求，且有调试部门的确认书。4）各种设备、器材和原材料的产品出厂合格证明、施工记录、试验报告和调试记录等完整，齐全、准确。5）有关设计变更、设备缺陷处理已闭环。6）工程投运范围内所涉及的《强制性条文》执行情况有检查记录。7）建设单位已按本《大纲》的规定，对工程质量进行了自查，对所提出的待整改的问题已全部处理完毕。

（三）光伏电站并网验收

根据地区的不同，光伏电站并网验收会有一定的差别。例如，在青海制订定了《青海电网光伏电站并网验收细则》，主要验收的内容如下：

1. 涉网资料验收

涉网资料验收包括以下九个方面：涉网安全管理、涉网工程资料验收、涉网设备及资料验收、涉网继电保护资料验收、电缆资料验收、光伏发电功率预测装置资料、安全稳控装置资料、通信自动化资料和计量装置资料。

2. 涉网技术条件验收

涉网技术条件验收包括以下几方面：电气一次、电气二次及自动化、稳控装置、光功率预测、站用直流系统、计量装置、自动化、调度通信、自动发电控制、光伏电站并网测试以及商业运行条件。

3. 单项竣工验收

单项竣工验收的内容有：消防工程、安全性评价、环境评价、并网测试和竣工验收五方面。

三、光伏电站的运行

光伏电站企业与其他火电、水电一样都是电源型企业，在建设验收合格的基础上才能投入运行，而电站运行的首要任务就是确保发电，为此必须建立起一整套完善的运行管理体系，才能保证安全正常发电。

（一）建立光伏电站的管理体系

光伏电站的后期运营、维护需求远低于其他发电形式，但考虑到环境影响和人为因素，对光伏电站仍要实行严格的管理。

1. 文件档案管理

首先要建立全面完整的技术文件资料档案，并设立专人负责技术文件的管理，为电站的安全可靠运行提供基础数据支持。电站的基本技术资料包括设计方案、施工与竣工图纸；验收文件；各设备的使用手册；所有操作开关、旋钮、手柄以及状态和信号指示的说明；启动设备运行的操作步骤；电站维护的项目及内容；维护日程和所有维护项目的操作规程；电站故障排除指南，包括详细的检查和修理步骤等。

2. 信息化管理系统

利用计算机管理系统建立电站信息资料，对电站建立数据库，数据库内容包括两个方面：一是电站的基本信息，主要有气象地理资料、交通信息、电站所在地的相关信息（如人口、户数、公共设施及交通状况等）、电站的相关信息（如电站建设规模、设备基本参数、建设时间、通电时间及设计建设单位等）；二是电站的动态信息，主要包括电站供电信息（用电户、供电时间、负载情况及累计发电量等），电站运行中出现故障和相应处理情况的描述与统计。

3. 数据记录与采集

记录和分析电站运行状况并制订维护方案。日常维护工作主要是每日测量并在日志上记录不同时间系统的工作参数，主要记录内容有日期、记录时间；天气状况；环境温度；蓄电池温度；方子阵电流、电压；蓄电池充电电流、电压；蓄电池放电电流、电压；逆变器直流输入电流、电压；交流配电柜输出电流、电压及用电量；记录人等。当电站出现故障时，电站操作人员要详细记录故障现象，并协助维修人员进行维修工作，故障排除后要认真填写故障记录表，主要记录内容包括出现故障的设备名称、故障现象描述、故障发生时间、故障处理方法、零部件更换记录、维修人员及维修时间等。电站巡检工作应由专业技术人员定期进行，在巡检过程中要全面检查电站及设备的运行情况和运行现状，并测量相关参数。并仔细查看电站操作人员对日维护、月维护记录情况，对记录数据进行分析，及时指导操作人员对电站进行必要的维护工作。同时还应综合巡检工作中发现的问题，对本次维护中电站的运行状况进行分析评价，最后对电站巡检工作做出详细的总结报告。

4. 运行分析制度

依据电站运行期的档案资料，组织相关部门和技术人员对电站运行状况进行分析，及时发现存在的问题，提出切实可行的解决方案。健全完善生产运行中各项规章制度，如光伏电站运行规程、各项生产专项制度和公司各项日常运行制度。建立运行分析制度，一是有利于提高技术人员的业务能力，二是有利于提高电站可靠运行水平。

（二）光伏电站维护管理的基本内容

1. 光伏阵列

光伏电站设计寿命一般为20年以上，故障率较低，但由于环境因素或雷击可能也会引起部件损坏。光伏阵列基本维护工作主要如下：1）保持光伏阵列采光面的清洁。在少雨且风沙较大的地区，应至少每月清洗一次，清洗时应先用清水冲洗，然后用干净的柔软布将水迹擦干，切勿用有腐蚀性的溶剂冲洗，或用硬物擦拭。清洗时应选在没有阳光的时间或早晚进行，白天时光伏组件被阳光晒热的情况下，如用冷水清洗组件，可能使光伏组件的封装玻璃盖破裂。2）定期检查光伏组件间连线和方阵汇线盒内的连线是否牢固，按需要紧固；目测光伏组件是否有损坏或异常，如破损、栅线消失及热斑等；测试光伏组件接线盒内的旁路二极管是否正常工作。当光伏组件出现问题时，及时更换，并详细记录组件在光伏阵列的具体安装位置。3）检查方阵支架间的连接是否牢固，支架与接地系统的连接是否可靠，电缆金属外皮与接地系统的连接是否可靠，按需要加固；检查方阵汇线盒内的防雷保护器是否失效，并按需要进行更换。

2. 蓄电池组

由于光伏电站是利用太阳能进行发电的，而太阳能是一种不连续、不稳定的能源，容易使得蓄电池组出现过充、过放和欠充电的状态。蓄电池组是独立光伏电站中最薄弱的环节，应对蓄电池按产品手册进行定期检查和维护。

首先，观察蓄电池表面是否清洁，有无腐蚀漏液现象，若外壳污物较多，用潮湿布沾洗衣粉擦拭即可。观察蓄电池外观是否有凹瘪或膨胀现象；其次，每半年应至少进行一次电池单体间连接螺钉的拧紧工作，以防松动，造成接触不良，引发其他故障。在维护或更换蓄电池时，有关的工具（如螺钉旋具等）必须带绝缘套，以防短路。

蓄电池放电后应及时进行充电。若遇连续多日阴雨天，造成蓄电池充电不足，应停止或缩短电站的供电时间，以免造成蓄电池过放电。维护人员应定期对蓄电池进行均衡充电，一般每季度要进行2～3次。对停用多时的蓄电池（3个月以上）应补充充电后再投入运行。

蓄电池室的温度应尽量控制在5℃～25℃，冬季要做好蓄电池室的保温工作，夏季则要做好蓄电池室的通风工作，每年要对蓄电池进行1～2次维护工作，主要是记录单体蓄电池电压和内阻等参数，将实际测量数据与原始数据进行比较，一旦发现个别单位电池差异加大，应及时更换。

3. 直流控制器及逆变器

直流控制器、逆变器虽然设计时间较长（>10年），但其工作可靠性受环境影响巨大，因此配电室内应控制温度和湿度。电子元器件经过长期运行可能会老化，雷击也可能导致元器件损坏。因此需要定期检查控制器、控制器与其他设备的连线是否牢固，检查控制器、逆变器的接地连线是否牢固，按需要紧固；检查控制器、逆变器内电路板上的元器件有无虚焊现象、有无损坏元器件，按需要进行焊接和更换。检查控制器的运行工作参数点与设计值是否一致，如不一致，按要求进行调整。检查控制器显示值与实际测量值是否一致，以判断控制器是否正常。

4. 防雷装置

定期测量接地装置的接地电阻值是否满足设计要求；定期检查各设备部件与接地系统是否连

接可靠，若出现连接不牢靠，必须要焊接牢固；在雷雨过后或雷雨季到来之前，检查方阵汇流盒以及各设备内安装的防雷保护器是否失效，并根据需要及时更换。

5. 低压配电线路

架空线路的巡检主要是检查危及线路安全运行的内容，及时发现缺陷，进行必要的维护。巡视维护工作内容主要包括：架空线路下面有无盖房和堆放易燃物；架空线路附近有无打井、挖坑取土和雨水冲刷等威胁安全运行的情况；导线与建筑物等的距离是否符合要求；导线是否有损伤、断股，导线上是否有抛挂物；绝缘子是否破损，绝缘子铁脚有无歪曲和松动，绑线有无松脱；有无电杆倾斜、基础下沉、水泥杆混凝土剥落露筋现象；拉线有无松弛、断股、锈蚀、底把上拨、受力不均、拉线绝缘子损伤等现象。

（三）光伏电站日常管理的制度

大部分的光伏电站为无人值守电站，管理人员可通过远程通信监控电站设备的运行情况，同时根据实际情况制定现场巡视的制度。按照电站容量、设备数量及每天供电时间等具体情况，可设站长 1 名及技术人员若干名。电站工作人员必须牢记岗位职责并执行管理维护规程。电站操作人员必须具备一定的电工知识，了解电站各部分设备的性能，并经过运行操作技能的专门培训，经考核合格后方可上岗操作。

1. 值班制度

值班人员是值班期间电站安全运行的主要负责人，所发生的一切事故均由值班人员负责处理。值班人员值班时应遵守以下事项：1）随时注意各项设备的运行情况，定时巡回检查，并按时填写各项值班记录；2）值班时不得离开工作岗位，必须离开时，应有人代替值班，并经站长允许；3）严格按照规章制度操作，注意安全作业，未经允许不得拆卸电站设备；4）未经有关部门批准，不得放人进入电站参观，要保证经批准的参观人员的人身安全。

2. 交接班制度两班以上运行供电时，交接班人员必须严格执行交接班制度

1）按时交接班，交接班时应认真清点工具、仪表，查看有无损坏或短缺。2）交班人员应向接班人员介绍运行情况，并填写运行情况记录。3）在接班人员接清各项工作后，交班人员方可离开工作岗位。4）交班时如发生事故，由交接班人员共同处理，严重事故应立即报告。5）未正式交班前，接班人员不得随意操作，交班人员不得随意离开岗位。

3. 生产管理制度

虽然光伏发电具有不确定性，但电站也应根据充分发挥设备效能和满足用电需要的原则，预测发电量和制订发供电计划。制定必要的生产检查制度，以保证发供电计划的完成。

同时电站应配合电网公司的要求，按规定的时间送电、停电，不随意借故缩短或增加用电时间。因故必须停电时，应尽可能提前通知电网和用户；在规定时间以外因故送电时，必须提前发出通知，不随意向外送电，以免造成事故。

4. 日常维护内容

1）光伏电站 35kV 开关站值班运行；2）光伏方阵、汇流箱、逆变器、升压箱变及 35kV 开关站电气设备日常巡检；3）根据调度，调节日发电量；4）做好发电量统计分析工作；5）做好电站停机检修计划；6）做好光伏组件清洗计划。

第八章 光伏电站的安装调试

第一节 安装前期准备

施工准备工作是保证工程顺利施工、全面完成各项技术指标的重要前提，是一项有计划、有步骤、有阶段性的工作，不仅在施工前，而且贯穿于整个施工全过程。并网光伏电站施工范围包括光伏电站内的所有土建工程、设备安装工程、电气工程、设备调试、消防环保工程及防雷接地等。

一、施工中涉及的术语

（一）并网光伏电站

接入公用电网（输电网或配电网）运行的光伏电站。

（二）组件（太阳能电池组件）

指具有封装及内部连接的，能单独提供直流电的输出，最小不可分割的太阳能电池组合装置。其又称为光伏组件。

（三）方阵（太阳能电池方阵）

由若干个太阳能电池组件或太阳能电池板，在机械和电气上按一定方式组装在一起，并且有固定的支撑结构而构成的直流发电单元，又称为光伏方阵。地基、太阳跟踪器、温度控制器等部件不包括在方阵中。

（四）汇流箱

在太阳能光伏发电系统中，将一定数量、规格相同的光伏组件串联起来，组成一个个光伏串列，然后再将若干个光伏串列并联汇流后接入的装置。

（五）逆变器

用于光伏电站内将直流电变换成交流电的设备。

（六）光伏跟踪系统

通过机械、电气及软硬件的联合作用，调整组件平面的空间角度，实现对太阳入射角跟踪，提高发电量的装置。它包括单轴跟踪系统、双轴跟踪系统。

（七）光伏支架

是太阳能光伏发电系统中为了摆放、安装、固定太阳能电池组件设计的特殊的支撑装置。

二、技术准备

（一）熟悉、会审图纸

图纸是工程的语言，施工的依据。开工前，施工人员首先应熟悉施工图纸；了解设计内容及设计意图，明确工程所采用的设备和材料，明确图纸所提出的施工要求、分项工程和主体工程以及其他安装工程的交叉配合，以便及早采取措施，不与其他工程发生位置冲突。复核图纸内容和材料，根据现场情况（照片、测量数据）进行施工的辅料的准备。对主要设备和辅材进行复核。加深对图纸的消化和理解，如发现不符合的地方，及时向设计部提出，并提出合理化的建议。如有不十分清楚的地方，及时向设计部门进行请教，做到心中无疑问。根据复核后的材料清单，提出采购申请。

（二）施工准备工作

根据工程合同、设计图纸，抓紧时间组织人员做好以下的施工准备工作：（1）进场初期，进行施工图深化设计以及施工图设计，如预埋阶段、安装前期等，解决好图纸及现场存在的问题。（2）绘制太阳能组件、桥架、接线箱、逆变器等比较复杂点的综合布置图，合理布置，布置时必须集合土建、装饰以及其他专业的布置情况，避免到安装施工时管道碰撞、交叉而影响施工质量及观感。（3）熟悉现场，规划总平面布置，编制施工组织设计或施工方案，送交监理、甲方审核，确认方案的可行性。（4）根据施工组织设计、施工进度计划编制材料用料量、材料计划，以确保材料满足施工进度要求。

（三）熟悉与工程有关的其他技术资料

如施工及验收规范、技术规程、质量检验评定标准以及设备制造厂提供的资料，即安装使用说明书、产品合格证、试验记录数据等。

（四）编制施工方案

在全面熟悉施工图纸的基础上，依据图纸并根据施工现场情况、技术力量及技术装备情况，综合做出合理的施工方案。

三、光伏电站施工基本规定

（一）开工前应具备的条件

在光伏发电系统工程开始施工之前，建设单位需取得相应的审批手续，包括省发改委的路条、核准文件、环评批复、电力批复等。施工单位的资质、特殊作业人员资质、施工机械、施工材料、计量器具等已报审查完毕。施工图经过会审。施工单位根据施工总平面布置图要求，布置施工临建设施完毕。工程定位测量工作也已完成。

设备和材料的规格应符合设计要求，不得在工程中使用未经鉴定和不合格的设备材料。对设备进行开箱检查，其合格证、说明书、测试记录、附件、备件等均应齐全。设备和器材的运输、保管，应符合要求，当产品有特殊要求时，应满足产品要求的专门规定。隐蔽工程部分，必须在隐蔽前会同有关单位做好中间检验及验收记录。施工记录齐全，施工试验记录齐全。

（二）土建工程的一般规定

（1）施工单位应按照《实施工程建设强制性标准监督规定》的相关规定，贯彻执行《工程建设标准强制性条文》。（2）基坑工程应满足《建筑地基基础施工工程质量验收标准》《建筑基坑支护技术规程》《建筑桩基技术规范》的要求。（3）钢筋、钢材进场时，其品种、级别、规格和数量应符合设计要求，并按国家现行相关标准的规定抽取试件做力学性能检验，质量应符合有关标准的规定。（4）水泥进场时，应对其品种、级别、包装或散装仓号、出厂日期等进行检查，并应对其强度、安定性及其他必要的性能指标进行复验，其质量应符合现行国家标准的规定。（5）模板及其支架应根据工程结构形式、荷载大小、地基土质类别、施工设备和材料供应等条件进行设计、制作。模板及其支架应具有足够的承载能力、刚度和稳定性，能可靠地承受浇筑混凝土的重量、侧压力以及施工荷载。（6）混凝土应严格按照试验室配合比进行拌制，混凝土强度检验应符合《混凝土强度检验评定标准》的相关规定；如要在混凝土中掺用外加剂，相关质量及应用技术应符合现行国家标准《混凝土外加剂》《混凝土外加剂应用技术规范》等规定。（7）混凝土养护应按施工技术方案及时采取有效措施，并应符合下列规定。①应在浇筑完毕后的 12 h 以内对混凝土加以覆盖并保湿养护；浇水次数应能保持混凝土处于湿润状态；混凝土养护用水应与拌制用水相同。②混凝土浇水养护的时间：对采用硅酸盐水泥、普通硅酸盐水泥或矿渣硅酸盐水泥拌制的混凝土，不得少于 7 天；对掺用缓凝型外加剂或有抗渗要求的混凝土，不得少于 14 天。③冬季混凝土宜采用塑料薄膜覆盖并保温养护。采用塑料薄膜覆盖养护的混凝土，其全部表面应覆盖严密，并应保持塑料布内有凝结水。（8）现浇混凝土基础浇筑结束后，如需进行沉降观测，应及时设立沉降观测标志，做好沉降观测记录。

（三）安装工程一般规定

1. 设备运输与保管的规定

（1）设备在吊、运过程中应做好防倾覆、防震和防护面受损等安全措施。必要时可将装置性设备和易损元件拆下单独包装运输。当产品有特殊要求时，应符合产品技术文件的规定。（2）设备到场后应做下列检查：①包装及密封是否良好；②开箱检查型号、规格是否符合设计要求，附件、备件是否齐全；③产品的技术文件是否齐全；④外观检查是否完好无损。（3）设备应存放在室内或能避雨、雪、风、沙的干燥场所，并应做好防护措施。（4）保管期间应定期检查，做好防护工作。

2. 光伏电站中间交接验收的规定

（1）光伏电站工程中间交接项目可包含：升压站基础、高低压盘柜基础、逆变器基础、电气配电间、支架基础、电缆沟道、设备基础二次灌浆等。（2）土建交付安装施工时，应由土建专业填写中间交接验收签证单，并提供相关技术资料，交安装专业查验。（3）中间交接项目应通过质量验收，对不符合移交条件的项目，移交单位负责整改合格。

3. 光伏电站隐蔽工程施工的规定

（1）光伏电站安装工程的隐蔽工程包括：接地、直埋电缆、高低压盘柜母线、变压器检查等。（2）隐蔽工程隐蔽之前，承包人应根据工程质量评定验收标准进行自检，自检合格后向监理部门提出验收申请。（3）监理工程师应在约定的时间组织相关人员与承包人共同进行检查验收。如检测结果表明质量验收合格，监理工程师应在验收记录上签字，承包人可以继续进行隐蔽工程的施工。如验收不合格，承包人应在监理工程师限定的期限内整改，整改后重新验收。隐蔽工程验收签证单应按照《电力建设施工质量验收及评定规程》相关要求的格式进行填写。

（四）设备和系统调试的一般规定

（1）调试单位和人员应具备相应资质并通过报验。（2）调试设备应检定合格。（3）使用万用表进行测量时，必须保证万用表挡位和量程正确。（4）设备和系统调试前，安装工作应完成并通过验收。（5）设备和系统调试前，建筑工程应具备下列条件：①所有装饰工作应完成并清扫干净；②装有空调或通风装置等设施的，应安装完毕并投入运行；③受电后无法进行或影响运行安全的工作，应施工完毕后再予以调试。

（五）消防工程的一般规定

（1）施工单位应具备相应等级的消防设施工程从业资质证书，并在其资质等级许可的业务范围内承揽工程。项目负责人及其主要的技术负责人应具备相应的管理或技术等级资格。（2）施工前应具备相应的施工技术标准、工艺规程及实施方案、完善的质量管理体系、施工质量控制及检验制度。（3）施工前应具备下列条件：①批准的施工设计图纸，如平面图、系统图（展开系统原理图）、施工详图等图纸及说明书、设备表、材料表等技术文件应齐全；②设计单位应向施工、建设、监理单位进行技术交底；③主要设备、系统组件、管材管件及其他设备、材料，应能保证正常施工，且通过设备、材料报验工作；④施工现场及施工中使用的水、电、气应满足施工要求，并应保证连续施工。（4）施工过程质量控制，应按下列规定进行：①各工序应按施工技术标准进行质量控制，每道工序完成后，应进行检查，检查合格后方可进行下道工序；②相关各专业工种之间应进行交接检验，并经监理工程师签证后方可进行下道工序；③安装工程完工后，施工单位应按相关专业调试规定进行调试；④调试完工后，施工单位应向建设单位提供质量控制资料和各类施工过程质量检查记录；⑤施工过程质量检查组织应由监理工程师组织施工单位人员组成。（5）消防部门验收前，建设单位应组织施工、监理、设计和使用单位进行消防自验。

（六）施工中安全和职业健康的一般规定

（1）根据工程自身特点及合同约定以及住房和城乡建设部及各级政府主管部门有关标准和规定，制定工程施工安全和职业健康总目标。（2）开工前应建立施工安全和职业健康管理组织机构，并应建立健全各项管理制度和奖惩制度。（3）安全和职业健康管理体系应同光伏电站的规模和特点相适应，并应同其他管理体系协调一致。体系的运行检查应填写安全和职业健康管理体系运行检查记录。（4）在施工准备、施工总平面布置、施工场地及临时设施的规划、主体施工方案制订等过程中，都应考虑满足施工安全和职业健康的需求。（5）应对施工人员和管理人员进行各级安全和职业健康教育、培训，经考试合格后，方可上岗。（6）危险区域应设立红白隔离带，设置明显的安全、警示标志。

四、光伏电站工程施工技术要求

（一）土建工程

1. 土方工程

（1）光伏电站宜随地势而建。当根据图纸设计要求需要进行土方平整时，应按照先进行土方平衡与调配工作，然后再进行测量放线与土方开挖等工作的顺序进行。（2）开挖场地内存在原有的沟道、管线等地下设施时，土方开挖之前应对原有的地下设施做好标记或相应的保护措施。（3）工程施工之前应根据施工设计等资料，建立全场高程控制网、平面控制网。平面控制桩与水准控制点需要定期进行复测。（4）土方开挖宜按照阵列方向通长开挖。基坑两侧宜堆放需要回填的土方，多余的土方应运至弃土场地堆放。（5）土方回填之前应检查回填土的含水量，并分层夯实。对于综合楼等重要工程，应现场试验检测合格。

2. 支架基础

（1）现浇混凝土支架基础

现浇混凝土支架基础的施工应符合下列规定：1）在混凝土浇筑前应先进行基槽验收，轴线、基坑尺寸、基底标高应符合设计要求。基坑内浮土、水、杂物应清除干净。2）在基坑验槽后应立即浇筑垫层混凝土。3）支架基础混凝土浇筑前应对基础标高、轴线及模板安装情况做细致的检查并作自检记录，对钢筋隐蔽工程应进行验收，预埋件应按照设计图纸进行安装。4）基础拆模后，应由监理（建设）单位、施工单位对外观质量和尺寸偏差进行检查，做出记录，并应及时按验收标准对缺陷进行处理。5）预埋件位置与设计图纸偏差不应超过 ±5 mm，外露的金属预埋件应进行防腐防锈处理。6）在同一支架基础混凝土浇筑时，混凝土浇筑间歇时间不宜超过 2 h；超过 2 h，则应按照施工缝处理。7）混凝土浇筑完毕后，应及时采取有效的养护措施。8）顶部预埋件与钢支架支腿焊接前，基础混凝土养护应达到 100% 强度。

（2）静压桩式基础

静压桩式基础的施工应符合下列规定：1）就位的桩应保持竖直，使千斤顶、桩节及压桩孔轴线重合，不应偏心加压。静压预制桩的桩头应安装钢桩帽。2）压桩过程中应检查压力、桩垂直度及压入深度，桩位平面偏差不得超过 ±10 mm，桩节垂直度偏差不得大于 1% 的桩节长。3）压桩应该连续进行，同一根桩中间间歇不宜超过 30 min。压桩速度一般不宜超过 2 m/min。4）钢管外侧宜包裹土工膜，钢管内应通过填粒注浆防腐。

（3）屋面钢结构基础

屋面钢结构基础的施工应符合下列规定：1）钢结构基础施工应不损害原建筑物主体结构，并应保证钢结构基础与原建筑物承重结构的连接牢固、可靠。2）接地的扁钢、角钢的焊接处应进行防腐处理。3）屋面防水工程施工应在钢结构支架施工前结束，钢结构支架施工过程中不应破坏屋面防水层，如根据设计要求不得不破坏原建筑物防水结构时，应根据原防水结构重新进行防水恢复。

3. 场地及地下设施

（1）道路应按照运输道路与巡检人行道路等不同的等级进行设计与施工。（2）电缆沟的施工除符合设计图纸要求外，尚应符合以下要求：①在电缆沟道至上部控制屏部分及电缆竖井采用防火胶泥封堵；②电缆沟道在建筑物入口处设置防火隔断或防火门；③电缆沟每隔 60 m 及电缆支沟与主沟道的连接处均设置一道防火隔断，并且在防火隔断两侧电缆上涂刷不小于 1.0 m 长的防火涂料；④电缆沟沟底设半圆形排水槽、阶梯式排水坡和集水井。（3）场区给排水管道的施工要求：①地埋的给排水管道应与道路或地上建筑物的施工统筹考虑，先地下再地上，管道回填后尽量避免二次开挖，管道埋设完毕应在地面做好标志；②地下给排水管道应按照设计要求做好防腐及防渗漏处理，并注意管道的流向与坡度。（4）雨水井口应按设计施工要求：①如设计文件未明确时，现场施工应与场地标高协调一致；②一般宜低于场地 20 ~ 50 mm，雨水口周围的局部场地坡度宜控制在 1% ~ 3%；③施工时应在集水口周围采取滤水措施。

4. 建（构）筑物

（1）光伏电站建（构）筑物应包括光伏方阵内建（构）筑物、站内建（构）筑物、大门、围墙等，光伏方阵内建（构）筑物主要是指变配电室等建（构）筑物。（2）设备基础应严格控制基础外露高度、尺寸与上部设备的匹配统一，混凝土基础表面应一次压光成型，不应进行二次抹灰。（3）站内建（构）筑物应包括综合楼、升压站、门卫室等建筑物及其地基与基础。主体结构应满足《工程建设国家标准管理办法》规定及《建筑工程施工质量验收统一标准》，严格按照《实施工程建设强制性标准监督规定》相关规定，贯彻执行《工程建设标准强制性条文》《混凝土结构工程施工质量验收规范》等相关施工规范，建筑装饰装修、建筑屋面、建筑给水、排水及采暖、通风与空调应满足相关施工质量验收规范要求。

站区大门位置、朝向应满足进站道路及设备运输需要。站区围墙应规整，避免过多凸凹尖角，大门两侧围墙应尽可能为直线。

（二）安装工程

1. 支架安装

（1）支架安装前准备

支架安装前应做下列准备工作：1）支架到场后应进行下列检查：①外观及保护层应完好无损；②型号、规格及材质应符合设计图纸要求，附件、备件应齐全；③产品的技术文件安装说明及安装图应齐全。2）支架宜存放在能避雨、雪、风、沙的场所，存放处不得积水，应做好防潮防护措施。

如存放在滩涂、盐碱等腐蚀性强的场所应做好防腐蚀工作。保管期间应定期检查，做好防护工作。3）支架安装前安装单位应按照方阵土建基础“中间交接验收签证单”的技术要求对水平偏差和定位轴线的偏差进行查验，不合格的项目应按照有关规范要求的规定进行整改后再进行安装。

（2）固定式支架及手动可调支架的安装

固定式支架及手动可调支架的安装应符合下列规定：1）支架安装和紧固应符合下列要求：①钢构件拼装前应检查清除飞边、毛刺、焊接飞溅物等，摩擦面应保持干燥、整洁，不宜在雨雪环境中作业；②支架的紧固度应符合设计图纸要求及《钢结构工程施工质量验收规范》中相关章节的要求；③组合式支架宜采用无组合框架后组合支撑及连接件的方式进行安装；④螺栓的连接和紧固应按照厂家说明和设计图纸上要求的数目和顺序，不应强行敲打，不应气割扩孔；⑤手动可调式支架调整动作应灵活，高度角范围应满足技术协议中定义的范围。2）支架安装的垂直度和角度应符合下列规定：①支架垂直度偏差每米不应大于 ±1°，支架角度偏差度不应大于 ±1°；②对不能满足安装要求的支架，应责成厂家进行现场整改。

（3）跟踪式支架的安装

跟踪式支架的安装应符合下列规定：1）跟踪式支架与基础之间应固定牢固、可靠。2）跟踪式支架安装的允许偏差应符合设计或技术协议文件的规定。3）跟踪式支架电机的安装应牢固、可靠。传动部分应动作灵活，且不应在转动过程中影响其他部件。4）聚光式跟踪系统的聚光镜宜在支架紧固完成后再安装，且应做好防护措施。5）施工中的关键工序应做好检查、签证记录。

（4）支架的焊接

支架的焊接工艺应满足设计要求，焊接部位应做防腐处理。

（5）支架的接地

支架的接地应符合设计要求，且与地网连接可靠，导通良好。

2. 组件安装

（1）组件的运输与保管应符合制造厂的专门规定。（2）组件安装前应做如下准备工作：①支架的安装工作应通过质量验收；②组件的型号、规格应符合设计要求；③组件的外观及各部件应完好无损；④安装人员应经过相关安装知识培训和技术交底。（3）组件的安装应符合下列规定：①光伏组件安装应按照设计图纸进行；②组件固定螺栓的力矩值应符合制造厂或设计文件的规定。（4）组件之间的接线应符合以下要求：①组件连接数量和路径应符合设计要求；②组件间接插件应连接牢固；③外接电缆同插接件连接处应搪锡；④组串连接后开路电压和短路电流应符合设计要求；⑤组件间连接线应进行绑扎，整齐、美观。（5）组件的安装和接线还应注意如下事项：①组件在安装前或安装完成后应进行抽检测试，测试结果应按照一定的格式进行填写；②组件安装和移动的过程中，不应拉扯导线；③组件安装时，不应造成玻璃和背板的划伤或破损；④组件之间连接线不应承受外力；⑤同一组串的正负极不宜短接；⑥单元间组串的跨接线缆如采用架空方式敷设，宜采用 PVC 管进行保护；⑦施工人员安装组件过程中不应在组件上踩踏；⑧进行组件连线施工时，施工人员应配备安全防护用品，不得触摸金属带电部位；⑨对组串完成但不具备接引条件的部位，应用绝缘胶布包扎好；⑩严禁在雨天进行组件的连线工作。（6）组件接地应符合下列要求：①带边框的组件应将边框可靠接地；②不带边框的组件，其接地做法应符合制造厂要求；③组件接地电阻应符合设计要求。

3. 汇流箱安装

（1）汇流箱安装前应做如下准备：

①汇流箱的防护等级等技术标准应符合设计文件和合同文件的要求；②汇流箱内元器件完好，连接线无松动；③安装前汇流箱的所有开关和熔断器宜断开。

（2）汇流箱安装应符合以下要求：

①安装位置应符合设计要求，支架和固定螺栓应为镀锌件；②地面悬挂式汇流箱安装的垂直度允许偏差应小于 1.5 mm；③汇流箱的接地应牢固、可靠，接地线的截面应符合设计要求；④汇流箱进线端及出线端与汇流箱接地端绝缘电阻不小于 2 MΩ（DC1000 V）；⑤汇流箱组串电缆接引前必须确认组串处于断路状态。

4. 逆变器安装

（1）逆变器安装前准备

逆变器安装前应做如下准备：

1）逆变器安装前，建筑工程应具备下列条件：①屋顶、楼板应施工完毕，不得渗漏；②室内地面基层应施工完毕，并应在墙上标出抹面标高，室内沟道无积水、杂物；门、窗安装完毕；③进行装饰时有可能损坏已安装的设备或设备安装后不能再进行装饰的工作应全部结束；④对安装有妨碍的模板、脚手架等应拆除，场地应清扫干净；⑤混凝土基础及构件到达允许安装的强度，焊接构件的质量符合要求；⑥预埋件及预留孔的位置和尺寸，应符合设计要求，预埋件应牢固。2）检查安装逆变器的型号、规格应正确无误；逆变器外观检查完好无损。3）运输及就位的机具应准备就绪，且满足荷载要求。4）大型逆变器就位时应检查道路畅通，且有足够的场地。

（2）逆变器安装和调整的要求

逆变器的安装与调整应符合下列要求：

（1）采用基础型钢固定的逆变器，逆变器基础型钢安装的允许偏差应符合表 8-1 的规定。（2）基础型钢安装后，其顶部宜高出抹平地面 10 mm。基础型钢应有明显的可靠接地。（3）逆变器的安装方向应符合设计规定。（4）逆变器安装在震动场所，应按设计要求采取防震措施。（5）逆变器与基础型钢之间固定应牢固可靠。（6）逆变器内专用接地排必须可靠接地，100 kW 及以上的逆变器应保证两点接地；金属盘门应用裸铜软导线与金属构架或接地排可靠接地。（7）逆变器直流侧电缆接线前必须确认汇流箱侧有明显断开点，电缆极性正确、绝缘良好。（8）逆变器交流侧电缆接线前应检查电缆绝缘，校对电缆相序。（9）电缆接引完毕后，逆变器本体的预留孔洞及电缆管口应做好封堵。

表8-1 逆变器基础型钢安装的允许偏差

项目	允许偏差	
	mm/m	mm/全长
不宜度	< 1	< 3
水平度	< 1	< 3
位置误差及不平行度	—	< 3

5. 电气二次系统安装

（1）二次系统盘柜不宜与基础型钢焊死，如继电保护盘、自动装置盘、远动通信盘等。（2）二次系统元器件安装除应符合《电气装置安装工程工程盘、柜及二次回路接线施工及验收规范》的相关规定外，还应符合制造厂的专门规定。（3）调度通信设备、综合自动化及远动设备应由专业技术人员或厂家现场服务人员进行安装或指导安装。

二次回路接线应符合《电气装置安装工程工程盘、柜及二次回路接线施工及验收规范》的相关规定。

6. 其他电气设备安装

（1）光伏电站其他电气设备的安装应符合现行国家有关电气装置安装工程施工及验收规范的要求。（2）光伏电站其他电气设备的安装应符合设计文件和生产厂家说明书及订货技术条件的有关要求。（3）安防监控设备的安装应符合《安全防范工程技术规范》的相关规定。（4）环境监测仪的安装应符合设计和生产厂家说明书的要求。

7. 防雷与接地

（1）光伏电站防雷与接地系统安装应符合《电气装置安装工程接地装置施工及验收规范》的相关规定和设计文件的要求。（2）地面光伏系统的金属支架应与主接地网可靠连接。（3）屋顶光伏系统的金属支架应与建筑物接地系统可靠连接。

（三）设备和系统调试

1. 光伏组串调试

（1）光伏组串调试前具备下列条件

①光伏组件调试前所有组件应按照设计文件数量和型号组串并接引完毕；②汇流箱内防反二极管极性应正确；③汇流箱内各回路电缆接引完毕，且标志清晰、准确；④调试人员应具备相应电工资格或上岗证并配备相应劳动保护用品；⑤确保各回路熔断器在断开位置；⑥汇流箱及内部防雷模块接地应牢固、可靠，且导通良好；⑦监控回路应具备调试条件；⑧辐照度宜在大于700 W/m^2 的条件下测试，最低不应低于400 W/m^2。

（2）光伏组串调试检测应符合下列规定

①汇流箱内测试光伏组串的极性应正确；②同一时间测试的相同组串之间的电压偏差不应大于5 V；③组串电缆温度应无超常温的异常情况，确保电缆无短路和破损；④直接测试组串短路电流时，应由专业持证上岗人员操作并采取相应的保护措施防止拉弧；⑤在并网发电情况下，使用钳形万用表对组串电流进行检测，相同组串间电流应无异常波动或差异；⑥逆变器投入运行前，

宜将逆变单元内所有汇流箱均测试完成并投入；⑦光伏组串测试完成后，应按照一定的格式填写记录。

（3）逆变器在投入运行后，汇流箱内光伏组串的投、退顺序应符合下列规定

①汇流箱的总开关具备断弧功能时，其投、退应按下列步骤执行：先投入光伏组串小开关或熔断器，后投入汇流箱总开关；先退出汇流箱总开关，后退出光伏组串小开关或熔断器。②汇流箱总输出采用熔断器，分支回路光伏组串的开关具备断弧功能时，其投、退应按下列步骤执行：先投入汇流箱总输出熔断器，后投入光伏组串小开关；先退出箱内所有光伏组串小开关，后退出汇流箱总输出熔断器。③汇流箱总输出和分支回路光伏组串均采用熔断器时，则投、退熔断器前，均应将逆变器解列。

（4）汇流箱的监控功能应符合下列要求

①监控系统的通信地址应正确，通信良好并具有抗干扰能力；②监控系统应实时准确地反映汇流箱内各光伏组串电流的变化情况。

2. 跟踪系统调试

（1）跟踪系统调试前，应具备下列条件

①跟踪系统应与基础固定牢固、可靠，接地良好；②与转动部位连接的电缆应固定牢固并有适当预留长度；③转动范围内不应有障碍物。

（2）在手动模式下通过人机界面等方式对跟踪系统发出指令，跟踪系统应符合下列要求

①跟踪系统动作方向应正确；传动装置、转动机构应灵活可靠，无卡滞现象；②跟踪系统跟踪的最大角度应满足技术要求；③极限位置保护应动作可靠。

（3）在自动模式调试前，应具备下列条件

①手动模式下应调试完成；②对采用主动控制方式的跟踪系统，还应确认初始条件的准确性。

（4）跟踪系统在自动模式下，应符合下列要求

①跟踪系统的跟踪精度应符合产品的技术要求；②风速超出正常工作范围时，跟踪系统应迅速做出避风动作；风速减弱至正常工作允许范围时，跟踪系统应在设定时间内恢复到正确跟踪位置；③跟踪系统在夜间应能够自动返回到水平位置或休眠状态，并关闭动力电源；④采用间歇式跟踪的跟踪系统，电机运行方式应符合技术文件的要求；⑤采用被动控制方式的跟踪系统在弱光条件下应能正常跟踪，不应受光线干扰产生错误动作。

（5）跟踪系统的监控功能调试应符合下列要求

①监控系统的通信地址应正确，通信良好并具有抗干扰能力；②监控系统应实时准确地反映跟踪系统的运行状态、数据和各种故障信息；③具备远控功能的跟踪系统，应实时响应远方操作，动作准确可靠。

3. 逆变器调试

（1）逆变器调试前，应具备下列条件

①逆变器控制电源应具备投入条件；②逆变器直流侧电缆应接线牢固且极性正确、绝缘良好；③逆变器交流侧电缆应接线牢固且相序正确、绝缘良好；④方阵接线正确，具备给逆变器提供直流电源的条件。

（2）逆变器调试前，应对其做下列检查

①逆变器接地应符合要求；②逆变器内部元器件应完好，无受潮、放电痕迹；③逆变器内部所有电缆连接螺栓、插件、端子应连接牢固，无松动；④如逆变器本体配有手动分合闸装置，其操作应灵活可靠、接触良好，开关位置指示正确；⑤逆变器临时标志应清晰准确；⑥逆变器内部应无杂物，并经过清灰处理。

（3）逆变器调试应符合下列规定

①逆变器的调试工作宜由生产厂家配合进行。②逆变器控制回路带电时，应对其做如下检查：工作状态指示灯、人机界面屏幕显示应正常；人机界面上各参数设置应正确；散热装置工作应正常。③逆变器直流侧带电而交流侧不带电时，应进行如下工作：测量直流侧电压值和人机界面显示值之间偏差应在允许范围内；检查人机界面显示直流侧对地阻抗值应符合要求。④逆变器直流侧带电、交流侧带电，具备并网条件时，应进行如下工作：测量交流侧电压值和人机界面显示值之间偏差应在允许范围内；交流侧电压及频率应在逆变器额定范围内，且相序正确；具有门限位闭锁功能的逆变器，逆变器盘门在开启状态下，不应做出并网动作。⑤逆变器并网后，在下列测试情况下，逆变器应跳闸解列：具有门限位闭锁功能的逆变器，开启逆变器盘门；逆变器网侧失电；逆变器直流侧对地阻抗高于保护设定值；逆变器直流输入电压高于或低于逆变器设定的门槛值；逆变器直流输入过电流；逆变器线路侧电压偏出额定电压允许范围；逆变器线路频率超出额定频率允许范围；逆变器交流侧电流不平衡，超出设定范围。⑥逆变器的运行效率、防孤岛保护及输出的电能质量等测试工作，应由有资质的单位进行检测。

（4）逆变器调试时，还应注意以下几点

①逆变器运行后，需打开盘门进行检测时，必须确认无电压残留后才允许作业；②逆变器在运行状态下，严禁断开无断弧能力的汇流箱总开关或熔断器；③如需接触逆变器带电部位，必须切断直流侧和交流侧电源、控制电源；④严禁施工人员单独对逆变器进行测试工作。

（5）逆变器的监控功能调试应符合下列要求

①监控系统的通信地址应正确，通信良好并具有抗干扰能力；②监控系统应实时准确地反映逆变器的运行状态、数据和各种故障信息；③具备远方启、停及调整有功输出功能的逆变器，应实时响应远方操作，动作准确可靠。

4. 其他电气设备调试

（1）电气设备的交接试验应符合《电气装置安装工程电气设备交接试验标准》的相关规定。

（2）安防监控系统的调试应符合《安全防范工程技术规范》和《视频安防监控系统技术要求》的相关规定。（3）环境监测仪的调试应符合产品技术文件的要求，监控仪器的功能应正常，测量误差应满足观测要求。

5. 二次系统调试

（1）二次系统的调试工作应由调试单位、生产厂家进行，施工单位配合。（2）二次系统的调试内容主要应包括：计算机监控系统、继电保护系统、远动通信系统、电能量信息管理系统、不间断电源系统、二次安防系统等。

计算机监控系统调试应符合下列规定：①计算机监控系统设备的数量、型号、额定参数应符合设计要求，接地应可靠；②调试时可按照《水力发电厂计算机监控系统设计规定》相关章节执行；③遥信、遥测、遥控、遥调功能应准确、可靠；④计算机监控系统防误操作功能应准确、可靠；⑤计算机监控系统定值调阅、修改和定值组切换功能应正确；⑥计算机监控系统主备切换功能应满足技术要求。

继电保护系统调试应符合下列规定：①调试时可按照《继电保护和电网安全自动装置检验规程》相关规定执行；②继电保护装置单体调试时，应检查开入、开出、采样等元件功能正确，且校对定值应正确；开关在合闸状态下模拟保护动作，开关应跳闸，且保护动作应准确、可靠，动作时间应符合要求；③继电保护整组调试时，应检查实际继电保护动作逻辑与预设继电保护逻辑策略一致；④站控层继电保护信息管理系统的站内通信、交互等功能实现应正确；站控层继电保护信息管理系统与远方主站通信、交互等功能实现应正确；⑤调试记录应齐全、准确。

远动通信系统调试应符合下列规定：①远动通信装置电源应稳定、可靠；②站内远动装置至调度方远动装置的信号通道应调试完毕，且稳定、可靠；③调度方遥信、遥测、遥控、遥调功能应准确、可靠，且应满足当地接入电网部门的特殊要求；④远动系统主备切换功能应满足相关技术要求。

电能量信息管理系统调试应符合下列规定：①电能量采集系统的配置应满足当地电网部门的规定；②光伏电站关口计量的主、副表，其规格、型号及准确度应相同，且应通过当地电力计量检测部门的校验，并出具报告；③光伏电站关口表的CT，PT应通过当地电力计量检测部门的校验，并出具报告；④光伏电站投入运行前，电度表应由当地电力计量部门施加封条、封印；⑤光伏电站的电量信息应能实时、准确地反映到当地电力计量中心。

不间断电源系统调试应符合下列规定：①不间断电源的主电源、旁路电源及直流电源间的切换功能应准确、可靠，且异常告警功能应正确；②计算机监控系统应实时、准确地反映不间断电源的运行数据和状况。

二次系统安全防护调试应符合下列规定：①二次系统安全防护应主要由站控层物理隔离装置和防火墙构成，应能够实现自动化系统网络安全防护功能；②二次系统安全防护相关设备运行功能与参数应符合要求；③二次系统安全防护运行情况应与预设安防策略一致。

（四）消防工程

1. 火灾自动报警系统

（1）火灾自动报警系统施工应符合《火灾自动报警系统施工及验收规范》的规定。（2）火灾报警系统的布管和穿线工作，应与土建施工密切配合。在穿线前，应将管内或线槽内的积水及杂物清除干净。（3）导线在管内或线槽内，不应有接头或扭结。导线的接头，应在接线盒内焊接或用端子连接。（4）火灾自动报警系统调试，应先分别对探测器、区域报警控制器、集中报警控制器、火灾报警装置和消防控制设备等逐个进行单机通电检查，正常后方可进行系统调试。（5）火灾自动报警系统通电后，可按照《火灾报警控制器通用技术条件》的相关规定，对报警控制器进行下列功能检查：①火灾报警自检功能；②消音、复位功能；③故障报警功能；④火灾优先功能；⑤报警记忆功能；⑥电源自动转换和备用电源的自动充电功能；⑦备用电源的欠压和过压报警功能。（6）火灾自动报警系统若与照明回路有联动功能，则联动功能应正常、可靠。（7）监控系统应能够实时、准确地反映火灾自动报警系统的运行状态。（8）火灾自动报警系统竣工时，施工单位应提交下列文件：①竣工图；②设计变更文字记录；③施工记录（所括隐蔽工程验收记录）；④检验记录（包括绝缘电阻、接地电阻的测试记录）；⑤竣工报告；⑥自动消防设施检验报告。

2. 灭火系统

（1）消火栓灭火系统

①消防水泵、消防气压给水设备、水泵接合器应经国家消防产品质量监督检验中心检测合格，并应有产品出厂检测报告或中文产品合格证及完整的安装使用说明；②消防水池、消防水箱的施工应符合《给水排水构筑物施工工程及验收规范》的相关规定和设计要求；③室内、室外消火栓宜就近设置排水设施；④消防水泵、消防水箱、消防水池、消防气压给水设备、消防水泵接合器等供水设施及其附属管道的安装，应清除其内部污垢和杂物，安装中断时，其敞口处应封闭；⑤消防供水设施应采取安全可靠的防护措施，其安装位置应便于日常操作和维护管理；⑥消防供水管直接与市政供水管、生活供水管连接时，连接处应安装倒流防止器；⑦供水设施安装时，环境温度不应低于5℃，当环境温度低于5℃时，应采取防冻措施；⑧管道的安装应采用符合管材材料的施工工艺，管道安装中断时，其敞口处应封闭；⑨消防水池和消防水箱的满水试验或水压试验应符合设计规定，同时保证无渗漏；⑩消火栓水泵接合器的各项安装尺寸，应符合设计要求，接口安装高度允许偏差为20 mm。

气体灭火系统的施工应符合《气体灭火系统现场施工及验收规范》的相关规定。自动喷水灭火系统的施工应符合《自动喷水灭火系统施工及验收规范》的相关规定。泡沫灭火系统的施工应符合《泡沫灭火系统施工及验收规范》的相关规定。

（五）环保与水土保持

1. 环境保护

（1）施工噪声污染控制应符合下列要求

①应按照《建筑施工场界噪声限值》的规定，对施工各个阶段的噪声进行监测和控制；②噪声超过噪声限值的施工机械不宜继续进行作业；③夜间施工的机械在出现噪声扰民的情况下，则不应夜间施工。

（2）施工废液污染控制应符合下列要求

①施工中产生的泥浆、污水不宜直接排入正式排水设施和河流、湖泊以及池塘，应经过处理才能排放；②施工产生的废油应盛放进废油桶进行回收处理，被油污染的手套、废布应统一按规定要求进行处理，严禁直接进行焚烧；③检修电机、车辆、机械等，应在其下部铺垫塑料布和安放接油盘，直至不漏油时方可撤去；④粪便必须经过化粪池处理后才能排入污水管道。

（3）施工粉尘污染控制应符合下列要求

①应采取在施工道路上洒水、清扫等措施，对施工现场扬尘进行控制；②水泥等易飞扬的细颗粒建筑材料应采取覆盖或密闭存放；③混凝土搅拌站应采取围挡、降尘措施。

（4）施工固体废弃物控制应符合下列规定

①应按照《中华人民共和国固体废物污染环境防治法》相关规定，对施工中产生的固体废弃物进行分类存放并按照相关规定进行处理，严禁现场直接焚烧各类废弃物；②建筑垃圾、生活垃圾应及时清运；③有毒有害废弃物必须运送专门的有毒有害废弃物集中处置中心处理，禁止将有毒有害废弃物直接填埋。

2. 水土保持

（1）施工中的水土保持应符合下列要求

①光伏电站宜随地势而建，不宜进行大面积土方平衡和场地平整而破坏自然植被；②宜尽量减少硬化地面的面积，道路、停车场、广场宜选用水泥砖等小面积硬化块作为路面铺设物；③光伏电站场地排水及道路排水宜采用自然排水。

（2）施工后的绿化应符合下列要求

①原始地貌植被较好的情况下，尽量恢复原始植被；②原始地貌植被覆盖情况不好的光伏电站内道路边栽种绿化树，场地中间人工种草。

（3）施工区域外的水土保持应符合下列要求

①临时弃土区应采用覆盖和围挡；②永久弃土区应恢复与周边相近的植被覆盖；③处于风沙较大地区的光伏电站周边应栽种树木；④处于植被较好区域的光伏电站周边应恢复原始植被。

第二节 安装并网光伏电站设备

一、项目施工分类

并网光伏发电项目施工类别如图 8-1 所示。

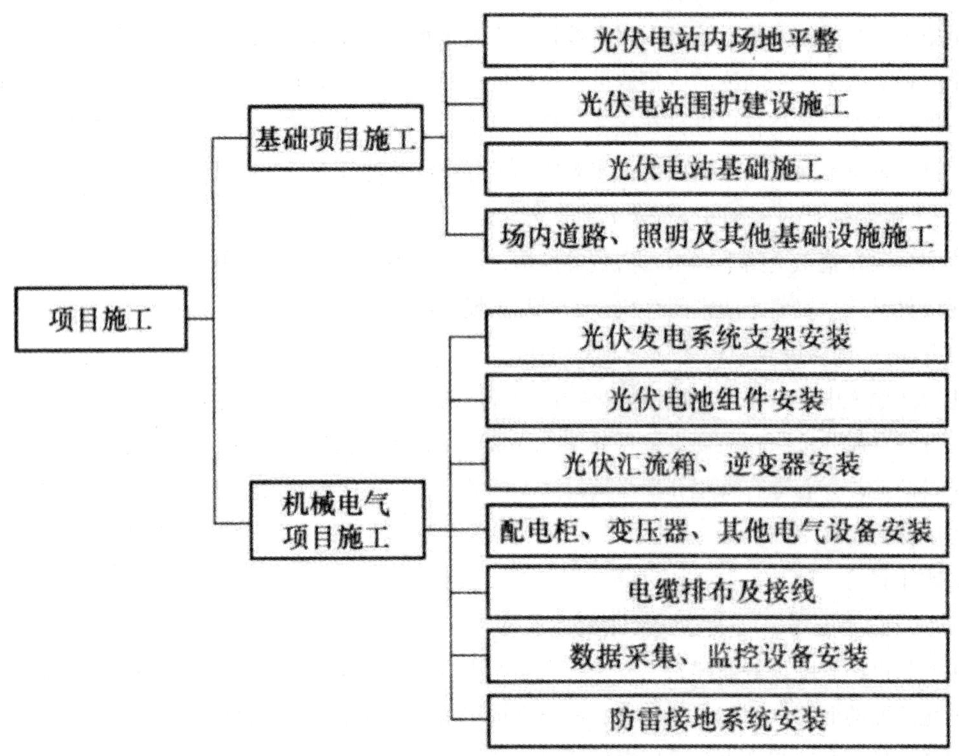

图 8-1 并网光伏发电项目施工类别

二、并网光伏项目总体施工工序

土建施工：①光伏电站内场地平整；②建筑物施工建设；③光伏支架基础施工；④电缆沟开挖；⑤防雷接地系统基础施工。

设备安装：①支架安装；②组件安装；③汇流箱安装；④逆变器安装；⑤交直流电缆敷设；⑥其他。

布线工程；防雷接地施工；升压站设备安装。

三、并网光伏项目具体施工内容

（一）土建施工

1. 基础工程

（1）场地平整

根据建设方提供的施工地点、现场勘测数据、太阳能电站方位、各项工程施工图对现场进行平整。平整面积应考虑除太阳能电站本身占地面积外还应留有余地，平地四周应留 0.5 m 以上，沿坡面应预留 1 m 以上距离，且不能以填方算起。靠山面坡度应在 60° 以下，且应做好相应的防护工作。如平整土地需爆破时，应找专业的爆破作业人员，并做好相应的安全防护工作，以免造成人员伤害和财产损失。

（2）定位放线

在平整过的场地上，根据现场太阳能电站方位、各项工程施工图、水准点及坐标控制点确定工程光伏组件基础设施、避雷针及接地系统、电气设备的位置。具体方法是将指南针水平放置在地面，找出正南方的平行线，配合角尺，按照电站图纸要求找出横向和轴向的水平线，确定立柱的中心位置，并依据图纸要求和基础控制轴线，确定基础开挖线。

（3）基坑开挖

施工过程中要控制开挖深度，以免造成混凝土材料的浪费，开挖尺寸应符合图纸的要求，遇沙土或碎石土质挖深超过 1 m 时要采取防护措施。

（4）验槽

按照施工图纸及施工验收规范的要求对基坑尺寸进行检验，使用水准仪检查坑底标准高应在同一水平面上，发生超挖现象应采用相同土质回填并夯实。

（5）混凝土工程和预埋件的安装

工艺流程为：作业准备→材料、水灰比→搅拌混凝土混凝土垫层→预埋件定位→混凝土浇筑振捣→检验→养护。

施工要求：垫层应采用 C10 的混凝土，基础应采用 C20 的混凝土；人工振捣时混凝土坍落度控制在 30 ~ 50 mm，水泥用量应比机搅拌振捣多 25 kg/m^3。受寒冷、雨雪露天影响的混凝土，水泥用量应适当增加，一般增加 25 kg/m^3；混凝土灌注前应对施工水平面的位置、标高、轴线数量及牢固情况做细致的检查并做自检记录，并把预埋件固定好位置。（预埋件丝纹应采取保护措施，可用保护或胶带。）

施工方法：将预埋件放入基坑中央，用 C20 混凝土进行浇筑，浇筑到与水平面一致时，然后用震动棒震实，震的过程中要不断地浇筑混凝土，保证震实后和水平面高度一样，要保证预埋件螺纹露出水泥台面与图纸一致，然后开始根据图纸的横向和轴向的中心距来校正尺寸。可利用两点一线原理进行每个预埋件螺栓位置的校正，预埋件位置与图纸偏差不得超过 5 mm。

保持混凝土持续浇筑，尽量不留施工层。凝固结束后，用水平管校正 0.00 mm 坐标，依次做各水平台面和地面台面，并在地面台面上确定设备的位置，根据设备图纸地面螺丝孔在台面预埋螺丝，也可在安装设备时用膨胀螺丝进行固定，设备安装位置应与光伏阵协调一致，方便走线，整体美观等。最后应对混凝土浇筑面进行抹灰处理，以细化其表面的光洁度，先用水湿润基层，按 1 ：3 水泥砂浆分层打底，用水泥砂浆罩面。采取自然养护（5℃以上），表面进行浇水养护，对普通混凝土应在浇灌后 10 ~ 12h 进行，炎夏可缩短至 2 ~ 3 h，15℃时每天浇水 2 ~ 4 次，气候干燥浇水次数适当增加，养护时间不少于 2 昼夜，若混凝土表面不便浇水或缺水，可在混凝土浇筑后 2 ~ 4 h 喷涂塑料膜养护。

2. 材料进场

钢筋、钢材进场时，检查其品种、级别、规格和数量是否符合设计要求；水泥进场时，应对其品种、级别、包装或散装仓号、出厂日期等进行检查，并应对其强度、安定性及其他必要的性能指标进行复验；模板及其支架应检查其承载能力、刚度和稳定性，能可靠地承受浇筑混凝土的重量、侧压力以及施工荷载。

3. 支架基础

（1）现浇混凝土支架基础的施工

1）在混凝土浇筑前先验收基槽，轴线、基坑尺寸、基底标高符合设计要求。清除干净基坑内的浮土、水、杂物。2）基坑验槽后立即浇筑垫层混凝土。3）支架基础混凝土浇筑前应对基础标高、轴线及模板安装情况做细致的检查并做自检记录，对钢筋隐蔽工程应进行验收，预埋件应按照设计图纸进行安装。4）基础拆模后，由监理（建设）单位、施工单位对外观质量和尺寸偏差进行检查，做出记录，并及时按验收标准对缺陷进行处理。5）预埋件位置与设计图纸偏差不能超过 ±5 mm，外露的金属预埋件进行防腐防锈处理。6）同一支架基础混凝土浇筑时，混凝土浇筑间歇时间不能超过 2 h；超过 2 h，则按照施工缝处理。7）混凝土浇筑完毕后，及时采取有效的养护措施。8）顶部预埋件与钢支架支腿焊接前，基础混凝土养护达到 100% 强度。

（2）静压桩式基础的施工

1）就位桩保持竖直，使千斤顶、桩节及压桩孔轴线重合。在静压预制桩的桩头安装钢桩帽。2）压桩过程中检查压力、桩垂直度及压入深度，桩位平面偏差不得超过 ±10 mm，桩节垂直度偏差不得大于 1% 的桩节长。3）连续进行压桩，同一根桩中间间歇不超过 30 min。压桩速度一般不超过 2 m/min。4）钢管外侧宜包裹土工膜，钢管内应通过填粒注浆防腐。

（3）跟踪式支架系统基础的施工

对于光伏电站跟踪式支架，基础施工必须采用混凝土浇筑的方式，以保证系统的稳定性、安全性和可靠性。

（二）太阳能方阵安装

1. 太阳能方阵总体施工工序

（1）支架预埋件、水泥墩浇筑。（2）方阵支架拼装。（3）太阳能电池组件安装。（4）安装太阳能组件之间的固定件。（5）整体调整，做到横平竖直、间隔均匀，整体美观。（6）直流汇流箱安装。（7）直流侧组串连接。（8）线缆固定。

2. 支架安装

（1）安装要求

光伏组件支架及其材料应符合设计要求，能满足抗恶劣环境要求，即抗风、防锈、耐腐蚀等；光伏组件支架应按设计要求安装在基础上，位置准确，安装公差满足设计要求，与基础固定牢靠；支架应与接地系统可靠连接；支架按设计图纸进行安装，要求组件安装表面的平整度，安装孔位、孔径应与组件一致。

（2）安装步骤

1）支架底梁安装步骤

①钢支柱的安装。钢支柱应竖直安装。连接槽钢底框时，槽钢底框的对角线误差不大于 10 mm，检验底梁（分前后横梁）和固定块。如发现前后横梁因运输造成变形，应先将前后横梁校直。根据图纸把钢支柱分清前后，把钢支柱底角上螺孔对准预埋件，并拧上螺母，但先不要拧紧。（拧螺母前应对预埋件螺丝涂上黄油。）再根据图纸安装支柱间的连接杆，安装连接杆时应注意连接杆应将表面放在光伏站的外侧，并把螺丝拧至六分紧。②根据图纸区分前后横梁，以免将其装混。③将前后固定块分别安装在前后横梁上，但勿将螺栓紧固。④调平好前后梁后，再把所有螺丝紧固，紧固螺丝时要先把所有螺丝拧至八分紧后，再次对前后梁进行校正，合格后再逐个紧固。⑤整个钢支柱安装后，应对钢支柱底与接触面进行水泥浆填灌，使其紧密结合。

2）电池板杆件安装步骤

检查电池板杆件的完好性，根据图纸安装电池板杆件。为了保证支架的可调余量，不得将连接螺栓紧固。

3）电池板安装面的粗调步骤

①调整首末两根电池板固定杆的位置并将其紧固；②将放线绳系于首末两根电池板固定杆的上下两端，并将其绷紧；③以放线绳为基准分别调整其余电池板固定杆，使其在一个平面内；④预紧固所有螺栓。

3. 组件安装

（1）安装要求

太阳能光伏电池组件的存放、搬运、安装等过程中，不得碰撞或受损，特别要注意防止组件玻璃表面及背面的背板材料受到硬物的直接冲击。太阳能电池组件应无变形，玻璃无损坏、划伤及裂纹。组件安装前测量太阳能电池组件在阳光下的开路电压，电池组件输出端与标志正负应吻合。对电池组件进行分组，将峰值工作电流相近的组件串联在一起，将峰值工作电压相近的组件并联在一起，以充分发挥电池方阵的整体效能。电池组件摆放必须横平竖直，同方阵内的电池组件间距保持一致，注意电池组件的接线盒的方向符合设计要求。将两根放线绳分别系于电池组件方阵的上下两端，并将其绷紧。以放线绳为基准分别调整其余电池组件，使其在一个平面内紧固所有螺栓，将组件与支架固定。按照方阵组件串并联的设计要求，用电缆将组件的正负极进行连接。对于接线盒直接带有连接线和连接器的组件，在连接器上都标注有正负极，只要将连接器接插即可。电缆连接完毕，要用绑带、钢丝卡等将电缆固定在支架上，以免长期风吹摇动造成电缆磨损或接触不良。光伏建筑一体化施工时，组件互相间的防雨连接结构必须严格，以免漏雨、漏水，外表面必须整齐美观，避免光伏组件扭曲受力。屋顶坡度大于10° 时，应设置施工脚踏板，防止人员或工具物品滑落。严禁下雨天在屋面施工。光伏方阵安装完毕应测量每个组串的电流、电压是否一致。如果没有什么差异，即可以接入汇流箱。然后测量相同规格的汇流箱的电流、电压是否一致。如果没有什么差异，即可以接入直流配电柜或直接接入逆变器。如果检测发现有差异，应断开相应连接查找问题所在。

（2）安装步骤

根据施工图纸，集合施工现场，确定安装顺序：1）电池板在运输和保管过程中，应轻搬轻放，不得有强烈的冲击和震动，不得横置重压。2）电池板的安装应自下而上，逐块安装，螺杆的安装方向为自内向外，并紧固电池板螺栓。安装过程中必须轻拿轻放，以免破坏表面的保护玻璃。电池板的连接螺栓应有弹簧垫圈和平垫圈，紧固后应将螺栓露出部分及螺母涂刷油漆，做防松处理，并且在安装结束后进行补漆。3）电池板安装必须做到横平竖直，同方阵内的电池板间距保持一致；注意电池板的接线盒的方向。

电池板调平步骤为：①将两根放线绳分别系于电池板方阵的上下两端，并将其紧固；②以放线绳为基准分别调整其余电池板，使其在一个平面内；③紧固所有螺栓。

4. 汇流箱安装

安装前按照机箱内的装箱单检查光伏阵列汇流箱、钥匙、合格证、保修卡、产品使用手册、出厂检查记录是否完备。

户外安装，防水等级为IP65，但尽量不要放置在潮湿的地方；输入路数不超过汇流箱允许的输入路数；环境温度应满足产品规格要求。在电气连接前，用万用表确认光伏阵列的正负极。光伏阵列的正极连到汇流箱直流输入的“DC+”，光伏阵列的负极连到汇流箱直流输入的“DC-”，并标明对应的编号。

光伏组件至汇流箱的配线性能及保护方法，必须满足电气设备技术基准的规定。

汇流箱的固定安装按照图纸实施，安装过程轻抬轻放，避免划伤油漆；应保证汇流箱安装水平，避免歪斜；安装完毕应检查所有螺栓是否完全紧固。

汇流箱出线接线方法：输出端的PV+和PV-铠装层在汇流箱体外部剥开，然后用电缆附件（电缆指套和热缩套管）将铠装电缆热缩，单根电缆分别从PV+和PV-防水接头接到箱体内相应的接线端子上，另外，防水锁头锁紧的地方加多层热缩管热缩，使电缆锁紧切置的直径为13 ~ 18 mm。另外，建议选用的ZRC—YJV—2 × 50铠装电缆剥线长度为250 ~ 350 mm；各组串的正负极导线最终会在直流汇流箱进行接线汇流，该箱内的电气设备具有开断、防雷、汇流等功能。

汇流箱之间以及汇流箱至箱变的电缆应敷设在金属线槽内，汇流箱与汇流箱之间的电缆沿桥架敷设，走线应整齐，在水平托架上的电缆每隔 10 m 或转弯处加以固定；垂直敷设电缆每隔 2 m 固定一次；通过走廊过道的线应穿管走线。对每路接线应做好明显标记。

汇流箱电气安装注意事项：（1）只有专业的电气或机械工程师才能进行操作和接线。（2）安装时，除接线端子外，不要接触机箱内部的其他部分。（3）输入输出均不能接反，否则后级设备可能无法正常工作，甚至损坏其他设备。（4）将光伏防雷汇流箱按原理及安装接线框图接入光伏发电系统中后，应将防雷箱接地端与防雷地线或汇流排进行可靠连接，连接导线应尽可能短直，且连接导线截面积不小于 16 mm^2。接地电阻值应不大于 4 Ω。（5）对外接线时，请确保螺钉紧固，防止接线松动发热燃烧。确保防水端子拧紧，否则有漏水导致汇流箱故障的危险。（6）配线要求使用阻燃电缆，要排列整齐、美观，安装牢固，导线与配置电气的连接线要有压线及灌锡要求，外用热塑管套牢，确保接触良好。

5. 逆变器

（1）安装流程

安装前准备→机械安装→电气接线→安装完成检查。

（2）安装要求

根据逆变器室内、室外的安装形式，安装在清洁环境中，通风良好，保证环境温度、湿度和海拔高度满足产品规格要求。如有必要，室内安装排气扇，以避免室温高。在尘埃较多的环境中，加装空气过滤网；安装与维护前必须保证交流侧均不带电，任何直流输入电压不超过直流输入电压限值，以免损坏逆变器；按照设计图纸和逆变器电气连接的要求，进行电气连接，并标明对应的编号，在电气连接前，用万用表确认光伏阵列的正负极；由于并网逆变器一般都比较重，所以安装过程中一定要确保设备安装的可靠；在进行接线时，要确保并网点的开关直流侧汇流箱中的直流断路器均处于断开状态；接线操作需严格照型号逆变器的说明书来进行。

（3）逆变器安装位置的要求

1）勿将逆变器安装在阳光直射处，否则可能会导致额外的逆变器内部温度，逆变器为保护内部元件将降额运行，甚至温度过高引发逆变器温度故障。2）选择安装场地应足够坚固能长时间支撑逆变器的质量。3）所选择安装场地环境温度为 −25℃ ~ 50℃，安装环境清洁。4）所选择安装场地环境湿度不超过 95%，且无凝露。5）逆变器前方应留有足够间隙使得易于观察数据以及维修。6）尽量安装在远离居民生活的地方，其运行过程中会产生一些噪声。7）安装地方确保不会晃动。

（4）逆变器安装注意事项

1）在安装前首先应该检查逆变器在运输过程中有无损坏。2）在选择安装场地时，应该保证周围没有任何其他电力电子设备的干扰。3）在进行电气连接之前，务必采用不透光材料将光伏电池板覆盖或断开直流侧断路器。暴露于阳光，光伏阵列将会产生危险电压。4）所有安装操作必须且仅由专业技术人员完成。5）光伏系统发电系统中所使用线缆必须连接牢固，良好绝缘以及规格合适。6）所有的电气安装必须满足当地以及国家电气标准。7）仅当得到当地电力部门许可后并由专业技术人员完成所有电气连接后才可将逆变器并网。

（5）安装步骤

1）做好安装前准备工作。检查配件是否齐全，安装工具及零件是否齐备，安装环境是否符合要求。2）进行机械安装。安装布局，运输、吊卸、移动逆变器。3）连接电气。从直流侧接线开始，依次连接交流侧接线、接地连接、通信线连接。4）安装完成后检查。检查内容包括光伏阵列端的检查，汇流箱端的检查，直流侧接线检查，交流侧接线检查，接地、通信线路以及附件连接检查。

6. 高倍聚光系统的安装

（1）高倍聚光光伏系统

1）高倍聚光原理

高倍聚光系统是通过高倍聚光技术，利用光学聚光设备将500倍以上太阳辐射能汇聚到太阳能电池表面进行发电的一种技术。聚光倍数越高，所需太阳能电池面积就越小，从而有效减少系统占地面积和降低太阳能电池的成本。

高倍聚光光伏系统主要由太阳能电池、聚光器等光学元件和太阳能追踪器组成。

实现聚光的方式很多，通常按照原理可分为反射式、折射式、组合式。可保持系统设计的简洁及可靠性，目前常用的是反射式和折射式。

2）散热系统

由于太阳光汇聚到电池表面后会产生非常高的温度，如不及时散热，光电转换效率将大大降低，甚至会导致太阳能电池烧毁，因此高倍聚光系统必须设置散热系统。

3）跟踪系统

一般情况下，对于聚光倍数超过10的聚光系统，为使太阳光准确汇聚在太阳能电池上，均须采用跟踪系统。跟踪系统分单轴和双轴。由于高倍聚光系统对直射光要求很高，多采用双轴跟踪方式。

4）太阳能电池

聚光系统所用太阳能电池是聚光光伏技术的核心和基础，目前多采用基于GaInP/GaAs/Ge的多结太阳能电池。这种电池可吸收更宽的太阳频谱能量，转换效率高，且具有很好的耐高温特性。

（2）高倍聚光系统的安装

1）地基建设

电站建设首先是把地基建好，地基是根据电站的大小来定，每个墩子之间的距离根据当地的实际地形情况而定，墩子是由钢筋、水泥、石子、大沙等铸成。

2）跟踪器架子安装

首先，安装跟踪器架子要先把跟踪器的柱子立起来并调平，要用吊车将其立放到之前做好的墩子上。另外要在旁边的墩子上组装架子，先把用来预装的小短柱子（方便组装）放在墩子上，用水平仪先将其调整平整，之后再用大螺母固定锁住。其次，往调平的预装柱子上安放减速轴，用螺栓将其固定，然后用吊车将架子的主梁臂（两边的轴需要先打磨光滑，涂抹黄油）放上，再将八根方钢梁架按照图纸说明装上，方钢之间的交叉处用三角铁件加固，并用不同型号的螺栓固定锁紧。最后，把U形槽钢安装在每根长螺栓上，放上相应大小的垫片，再把长铝型材放到螺栓上并进行调平固定，要达到整体平整。

3）安装光伏组件

首先是把四角的光伏组件放上，用钢板尺测量好两边的距离，保持对齐等分后，用螺丝将组件固定。然后再把其他的位置放上组件，但架子两端的中间两根方钢附近的位置留着不装，方便之后吊装时捆绑钢丝。其次是用水平线将所有组件的横向和纵向之间的距离定好，然后再一排排地将组件用螺栓固定锁紧。

4）整体吊装

把准备工作（螺栓上涂抹黄油等）做好后就可以进行吊装，吊装时要保持整体平整，慢慢放到调平的柱子上，对准后可以将螺栓固定上。然后再将推杆马达装上固定锁紧。之后把空余的位置补上组件，使其完整。

5）调平

先把架子调到水平位置，用激光水平仪将架子的每个支点调到同一个高度，以便使其整体达到平行。然后再将光控探头装好并进行调平（调到和组件在同一个平面内）。

6）布线

将接线箱安装在每台立起的柱子上进行固定，然后将方位马达、仰俯马达、光控探测器的连接线接到箱子里按电路图接好。另外，要在每台的架子下面挖掘电缆沟，要将整体的电源线、数据线、电缆线等布好，使其走地下电缆管。然后把组件之间的正负极导线连接完整。

7）调试

设置跟踪器的东西方位极限（硬体、软体两种），仰俯方位极限。然后再测试其运转效果是否理想。

（三）布线工程

安装要求：电缆线路施工符合《电气装置安装工程电缆线路施工及验收规范》的规定，电缆符合国家相应的标准；规范发电系统直流部分的施工，注意正负极性；对穿越楼板、层面和墙面的电缆，其防水套管与建筑物主体间的缝隙，必须做好防水密封，并做好建筑物表面光洁处理，同时满足阻燃性和阻热性；直流柜到逆变器和逆变器到交流配电柜的电缆敷设，要求直流配电柜、逆变器在同一配电室内，两者距离较近。交流配电柜、逆变器在同一配电室内，要求两者距离较近。安装电缆剖头处必须用胶带和护套封扎。光伏组件的连接电缆有足够的耐候性以保证线缆的使用寿命；连接要保证机械和电性能的完好；组件串联必须是同种型号组件，不同型号组件若串联电压相同也可以并联。布线完成后，要进行电压与极性的确认、短路电流的测量、非接地的检查；应按照产品说明书，用万用表测量是否有电压输出，用直流电压测试正极、负极的极性是否接错；可用直流电流测量短路电流。

（四）防雷和接地施工

安装要求：电气系统的接地必须符合《电气装置安装工程接地装置施工及验收规范》的规定；光伏发电系统的升压系统，满足《交流电气装置的接地》的规定；光伏发电系统和并网接口设备的防雷和接地，符合《光伏（PV）发电系统过电压保护——导则》的规定；对需要接地的光伏发电系统设备，应保持接地的连续性和可靠性。接地装置的接地电阻值必须符合设计要求。当以防雷为目的进行接地时，其接地电阻应小于 10Ω，光伏发电系统保护接地、工作接地、过压保护接地使用一个接地装置，其接地电阻不大于 4Ω。

（五）电气设备施工安装

1. 安装内容

主变设备安装→母线安装→屏柜安装→接地装置施工→电缆敷设→防火封堵→二次接线。

2. 施工工序

（1）一次设备安装工序

一次设备基础调整→一次设备安装调整试验→一次设备连线→主变及辅助设备安装调整试验。

（2）二次设备安装工序

二次盘、柜安装→电缆敷设→二次配线。

（3）继电保护调试

保护元件调试→查线对线→整组模拟试验。

（4）高压设备试验

变压器、互感器、断路器、隔离开关、避雷器等设备试验。

3. 电气设备安装要求

设备安装符合规范和制造厂要求，设备转动点动作灵活，正确可靠，接触良好，指示正确，电气、机械闭锁可靠，所有密封件密封良好，瓷件无损伤、裂纹，设备外观无损伤、无污染（如断路器及其操作机构的联动应正常，无卡阻现象；分、合闸指示正确；辅助开关动作可靠正确；密度继电器的报警、闭锁定值符合规定；电气回路传动正确；六氟化硫气体压力、泄漏率和含水量应符合规定）。保证土建施工的精度，确保基础预埋件标高误差在设计要求范围内，实现安装无调整垫片，另外，在设备选型时尽量选用螺栓调节型设备，以方便现场调节。

（1）母线安装要求

1）软母线

导线应无松散、断股及损伤，扩径导线无凹陷、变形；设备间软导线弯曲自然、弧度一致、排列整齐；软母线与设备连线弧垂一致、松紧适意、整齐美观；跳线平顺、三相跳线弧垂一致。

2）管型母线

三相母线管段轴线应互相平行、标高一致，挠曲度符合设计及规范要求；外观光洁，焊接工艺良好，焊口距支持器边缘距离，50 mm；相色标志齐全、正确。

（2）屏柜安装要求

控制、保护、自动化及直流成列，屏柜屏面平整，屏柜面误差应满足相邻两屏屏面平整，相邻屏柜间隙≤ 1.5 mm；采用螺栓固定，固定牢靠；屏柜的正面、背面均有命名编号，屏柜（端子箱、就地柜）柜内元件标志齐全、清晰；屏柜（端子箱、就地柜）本体应可靠接地，屏柜（端子箱、就地柜）可开启的门应用软铜线可靠连接接地。（对应的强制性条文：电气装置的下列金属部分，均应接地或接零。）

（3）接地装置安装要求

1）接地体埋设深度应符合设计规定，当设计无规定时，不宜小于 0.6 m；钢接地体的搭接应采用搭接焊，搭接长度和焊接方式应满足规范要求。对应的强制性条文：接地体（线）的焊接应采用搭接焊，其搭接长度必须符合下列规定：①扁钢为其宽度的两倍（且至少 3 个棱边焊接）；②圆钢为其直径的 6 倍；③圆钢与扁钢连接时，其长度为圆钢直径的 6 倍；④扁钢与钢管、扁钢与角钢焊接时，为了连接可靠，除应在其接触部位两侧进行焊接外，并应焊以由钢带弯成的弧形（或直角形）卡子或直接由钢带本身弯成弧形（或直角形）与钢管（或角钢）焊接。接地焊接结束后应及时做好防腐处理，钢材的切断面、镀锌钢材在焊接时镀锌层被破坏处也应进行防腐处理。2）变电站的接地装置应与线路的避雷线相连，且有便于分开的连接点。3）避雷针（带）与引下线之间的连接应采用焊接或热剂（放热）焊接。4）设备及构支架接地位置应规范统一、连接可靠，制作美观，接地标志明显、正确。5）每个电气装置的接地应以单独的接地线与接地汇流排或接地干线相连接，严禁在一个接地线中串接几个需要接地的电气装置。6）重要设备和设备构架应有两根与主地网不同地点连接的接地引下线，且每根接地引下线均应符合热稳定及机械强度的要求。7）高压配电装置间隔和电抗器、电容器等的栅栏门铰链处应用软铜线连接。8）在主控室、保护室屏柜下层的电缆沟内，按屏柜布置的方向敷设 100 mm² 的专业铜排（缆），将该铜排（缆）首末端连接，形成保护室内的等电位接地网，等电位接地网必须用至少 4 根以上、截面不小于 50 mm² 的铜排（缆）与变电站的主接地网在电缆竖井处可靠连接。

（4）电缆敷设要求

1）室外电缆不外露。2）电缆保护管与地面垂直并与构支架平行，多个同一构支架或设备安装单根电缆管时，应在同一轴线上，多根电缆管排装时，弯曲半径和高度应一致；管口应光滑无毛刺，保护管应接地。3）直线段电缆应平直、顺畅，不允许直线沟内支架上电缆有弯曲或下垂现象；电缆沟转弯、电缆层井口处的电缆弯曲弧度一致、绑扎牢固，避免交叉；电缆在终端、建筑物进出口、排管进出口、电缆沟转弯等处应装设标志牌，标志清晰。

（5）防火封堵要求

在户外电缆沟内、至控制室或配电装置的沟道入口处、电缆竖井内、电缆至屏（柜、箱、台）开孔部位、电缆穿管等处均应实施防火封堵；户外电缆沟的隔断采用防火墙，防火墙两侧采用10 mm以上厚度防火隔板封隔，中间采用无机堵料、防火包或耐火砖堆砌，防火墙内的电缆周围必须采用不得小于20 mm的有机堵料进行包裹，防火墙紧靠两侧不小于1 m区段内所有电缆应加涂防火涂料；防火封堵应严密、平整（电缆管口的堵料要成圆弧形），有机堵料不能与电缆芯线及网络电缆直接接触。

（6）二次接线要求

1）电缆头采用热缩，密实、整齐；电缆标志牌为机打，清晰、正确、齐全且字体一致，不易脱落，悬挂整齐；二次芯线顺宜，应按垂直或水平有规律地配置，不得任意歪斜、交叉连接，接线紧固，芯线弯圈弧度、长度一致；芯线号头为机打，清晰、正确、齐全且字体一致，不易脱落，交直流回路号头用黄白颜色区分；一个端子同一侧接线数不大于2根，不同截面芯线不得插接入同一端子同一侧；二次芯线绝缘层良好；备用芯应留有适当的余量，应有号头，金属芯线不外露。2）电缆的屏蔽线宜在电缆背面成束引出，编织在一起引至接地排，单束的电缆屏蔽线根数不超过5 ~ 8根，引至接地排时应排列自然美观；屏蔽线接至接地排时，可以采用单根压接或多根压接的方式，多根压接时数量控制在5 ~ 8根，并对线鼻子的根部进行热缩处理，压接应牢固、可靠；屏蔽线接至接地排的接线方式一致，弧度一致。

（7）主变安装要求

1）选择晴朗无风沙的天气，空气相对湿度不大于80%。2）若要芯部检查，应与气象部门联系。控制器身暴露的时间，并准备好干湿温度表，及时掌握干湿度，且派人作专门记录。3）清扫场地四周，不允许有机动车辆在附近通过，以免灰尘进入器身。4）在主变四周拉上警示线，并规定非工作人员不得入内。5）拆装用的工具派专人保管签用，安装完毕后要一一清点。以防止工器具掉入变压器内，引起不良后果。6）器身检查及安装时，工作人员配备新的专用工作服、工作鞋及口罩，身上不准带金属物品。7）起吊变压器附件时，设专人指挥。起重人员指挥与操作人员注意协调，起吊前应先验证吊环的负载能力。起吊索与铅重线夹角不宜大于30° ，在起吊过程中不得有碰撞现象。8）真空注油。绝缘油必须按现行的国家标准《电气装置安装工程电气设备交接试验标准》的规定试验合格后，方可注入变压器中。

4. 电气设备安装步骤

（1）变压器

1）设备到场后进行验收检查：包括外观检查和冲撞情况检查，检查油箱密封是否良好，充氮压力是否正常等。2）本体及密封零部件的储存与保管。3）工具设备准备和人员准备，场地准备和安全措施准备。4）芯部检查：采取从闷板进入芯部检查方式，注油排氮，控制器身在大气中的暴露时间，同时注意天气情况。5）附件安装：包括套管、引线及冷却装置安装等。6）真空处理和注油。7）安装前本体及附件检查与确认。8）进行电气试验。

（2）封闭式组合电气

（H）GIS 就位前，以母管的中心为基准，标出各间隔的中心线。间隔槽基础最大允许水平误差为 ±3 mm，槽钢基础全长最大误差不超过 ±5 mm。

（H）GIS 设备用室内桥式起重机就位时，要选择好吊点，吊装角度要符合要求，避免设备倾斜，吊装过程中要设专人指挥，吊车操作人员应持证上岗并需要定期复审，定期复审的间隔为 2 年。

（H）GIS 装配工作应在空气相对湿度小于 80% 的条件下进行，使用的清洁剂、密封胶和擦拭材料符合产品技术规定，各分隔气室气体的压力值和含水量应符合产品技术规定。

在安装连接母线时，检查对接面应光滑，没有划痕、凹凸点、铸造砂眼等缺陷；检查支持绝缘子和盆式绝缘子应无裂纹、无闪络痕迹，内膛无粉尘、无焊渣，导体和内壁应平整且无尖端、无毛刺。

在金属容器内，应有两人以上在一起工作，外面应有人监护。必须由专门指定人员完成，作业时必须戴好帽子、穿无扣连体工作服，所用工具须记录，工作完毕后再清点，防止遗留在容器内。

SF_6 气体充注前，气体应按要求进行抽样全分析，分析结果符合要求方可充入设备内部，充注 SF_6 气瓶不可与其他气瓶混放。

GIS 母线每完成一次性对接工作，都必须随时测量对接后的接触电阻值。如不合格必须返工，使其值达到规程或厂家规定（而不是预期）的要求，并随时检查对接后的相位是否正确。

电压互感器的安装需在 HV AC 高压交流试验后进行，避雷器安装需在工频耐压后进行。

SF_6 气体密封舱都应先抽真空后充 SF_6 气体，抽真空过程中如真空泵突然停止，应立即关闭有关阀门，并检查确定真空泵的气体是否回流至胶管或 SF_6 气体密封室。

组合电气的安装是将元件按照一定的工序规律进行组装，安装工艺要求精细，作业环境要求较高，要确保工程质量。不但要抓好每道工序质量，更要在事前、事中和事后进行质量控制以保证整个进度和质量。

（3）断路器安装

断路器预埋螺栓安装应按图纸及支架尺寸画好中心线，用专用模具固定地脚螺栓，断路器支架装好后，固定螺栓螺母紧固后应露出 3 ~ 5 扣，用混凝土进行二次灌浆，其保养时间不少于 7 天。三相联动断路器连杆机管道等附件安装必须在厂家的现场代表的指导下进行。在调整断路器及安装引线时，严禁攀登套管绝缘子。断路器检漏试验、微水测量应在断路器充气 48 h 后进行。断路安装完成后应对其进行成品保护，成品保护的一般方法包括防护、包囊、覆盖、封闭。安装

后断路器 SF_6 气压正常、无泄漏，压力表报警、闭锁值符合厂家和规范要求。各连接紧固螺栓必须按要求达到力矩紧固值。

（4）隔离开关安装

隔离开关安装前应根据装箱清单清点设备的各组件、附件、备件是否齐全。发现的缺件及缺陷应做好记录并通知厂家处理，避免影响进度。隔离开关调整后的三相同期、合闸后插入深度、合后最小断口距离、备用行程应符合产品技术要求值，在调整隔离开关及安装引线时，严禁攀登套管绝缘子。电压等级≥ 110 kV 隔离开关，相间距离误差小于 20 mm；电压等级 < 110 kV 的隔离开关，相间距离误差小于 10 mm；相间连杆应在同一水平线上。隔离开关所有转动部分应涂以适应当地气候的润滑脂，设备接线端子应涂以薄层电力复合脂。调整隔离开关使用的脚手架，脚手架的荷载不得超过 2.65 kPa（270 kg/m²），脚手架搭设后应经施工及使用部门验收合格并挂牌后方可交付使用。安装刀闸使用的气瓶（特别是乙炔气瓶）使用时应直立放置，不得卧放。机械、电气闭锁安装好才允许进行电动操作，操作时需确认闭锁情况。调试人员、一次工作人员相互提醒、相互配合。

（5）互感器、避雷器、支桩绝缘子安装

互感器的开箱应检查变比分接头的位置和极性是否符合规定，油浸式互感器需检查油位指标器、瓷套法兰连接处、放油阀均无渗油现象。互感器三相中心应在同一直线上，铭牌及指示仪表应位于易观察的同一侧，安装应注意互感器的变比和准确度是否符合设计要求，同一互感器的极性方向应一致。

SF_6 式互感器充气完成后需检查气体压力是否符合要求，气体继电器动作正确。电流互感器的备用端子必须短接并接地。对不可互换的多节基本元件组成的避雷器，应严格按出厂编号、顺序进行叠装，避免各节元件相互混淆和位置颠倒、错乱。安装设备使用的氧气、乙炔站周围 10 m 范围内严禁烟火。

（6）母线的安装

1）管型母线安装

焊接管母线的焊工应具有相应资格，并在母线施工前，焊工必须经过考试合格，焊接人员焊接时必须戴好防护用具，防止弧光灼伤皮肤、眼睛。

焊条应采用与管母相同材料的焊丝，使用的材料、设备和构件的试验结果只有符合设计要求才允许用于施工。管母线焊接前应进行焊接试样检验。焊缝直流电阻测定，其值应不大于同截面、同长度的原金属的电阻值；焊缝抗拉强度试验，其焊接头的平均最小抗拉强度不得低于原材料的 75%；试样的焊接材料、接头型式、焊接位置、工艺等应与实际施工时相同。

管母切断前应根据母线平断面图实测确定每条焊接管母的长度，保证母线焊接部位离管母的固定线夹及支柱绝缘子母线夹板边缘距离不小于 50 mm。管母线吊装用的吊绳强度安全系数应不小于 5 倍，管母线上的绑扎点应考虑防滑和易于解脱，绑绳夹角一般大于 90°，最大不超过

120°，应在管母两端加缆风绳，以免管母与其他设备碰撞。悬挂式管型母线吊装，为避免防止弯曲变形，应采用多点同步吊装。

2）软母线安装

检查绝缘子型号规格是否符合设计要求，在安装前应进行耐压试验；凡外观检查不合格或耐压值达不到要求的，均应标上明显标志，另行存放。

检查软母线使用的所有金具型号是否符合设计要求才允许投入使用。其质量检验的方法一般为三类：目测法、量测法和试验法。

软母线施工须满足设计规定的弧垂，其值应在设计弧垂的允许范围 -2.5% ~ 5%，且要求三相弛度达到同一水平。

导线的展放、测量、切割等施工应在平地进行。放线过程中，不得与地面摩擦，并应对导线严格检查。当导线有扭结、断股和明显松股，或同一截面处损伤面积超过导线部分总截面的 5%，不得使用。

各种导线及线夹压接前应进行拉力试验，试验合格后方可正式施工。压接导线时，压接用的钢模必须与被压管配套。压接时必须保持线夹的正确位置，不得歪斜，相邻两模间重叠不应小于 5 mm。

在软母线上作业前应检查金属连接是否良好，横梁是否牢固，只能在截面积不小于 120 mm^2 的母线上使用竹梯或竹竿横放在导线上骑行作业并应系好安全带。

3）矩形母线安装

母线桥架制作前先测量母线总长度，确定支柱绝缘子位置，以保证绝缘子基本平均分配，且两绝缘子之间间隔不应大于 1.2 m，安装绝缘子位置离母线接头应不小于 50 mm。

母线矫正应用木槌或加工垫板间接敲打，打槌时，应保护握槌的手，禁止戴手套工作。穿墙套管的安装前应检查瓷件完好，水平安装时法兰在外，安装孔径应比套管直径大 5 mm 以上，1500 A 以上套管周围不能形成闭合磁路，套管板应按规定进行接地。

母线弯曲处距母线金具及母线搭接位置不应小于 50 mm。不宜煨直角弯，弯曲处不得有裂纹或显著折皱，母线的最小弯曲半径应符合规范要求，矩形母线应进行冷弯。

母线搭接连接螺栓使用规格大小应符合规范要求，螺栓两外侧均应有平垫圈，螺母侧应装有弹簧垫圈或锁紧螺母，应由下往上贯穿，长度宜露出螺母 2 ~ 3 扣，螺栓应受力均匀，母线的接线触面应连接紧密。连接螺栓紧固力矩应符合规范要求。

（7）高压开关柜安装

检查基础槽钢长度、宽度、标高及相对位置是否符合设计要求以及检查基础槽钢的直线度和水平度，误差不得超过允许值；检查高压及控制电缆的孔洞是否对应开关柜的排列布置。

现场搬运盘柜应配备足够的施工人员，以保证人身和设备安全。柜内母线的搭线接面应连接紧密，并应在接触面上涂一层电力复合脂。连接螺栓用力矩扳手紧固。其紧固力矩值应符合规定，交流母线的固定金具或其他支持金具不应成闭合磁路，母线对地及相与相之间最小电气距离应符合规程中的规定。

柜内隔离开关的调整，应检查其三相同期性，触头是否偏心，触头与触指的接触情况。在10 kV及以上电压的变电所（配电室）中进行扩建时，已就位的设备及母线应接地或屏蔽接地。

（8）电容器安装

电容器安装前，应核算三相电容量的值，当设计无规定时，最大一相与最小相的差值不应超过三相平均电容值的3%。安装母线支柱绝缘子，要求绝缘子中心线误差不超过2 mm，高度误差不超过2 mm，母线相邻支柱瓷瓶的距离不大于1.2 m。

母线连接时，不要使电容器套管（接线端子）受机械应力，跌落式熔断器要求熔丝长度一致，使得跌落指示牌排列一致。安装网门围栏，要求网门围栏制作平整，没有明显变形，接地良好，满足安全距离要求，围栏网门不应形成闭环造成网门发热。电容器进行电气试验后，必须经过充分放电后才能触摸及安装。

（9）电抗器安装

电抗器的基础槽钢焊接及接地线不能形成闭合磁路。电抗器重叠安装时，底层的支柱绝缘子底座均应接地，其余的支柱绝缘子不接地。

三相垂直排列时，中间一相线圈的绕向应与上、下两相相反。三相水平排列时，三相绕向一致。电抗器母线及接线端子安装完后用力矩扳手校验检查，力矩大小应符合要求，母线与电抗器接线板搭接面涂电力复合脂；电抗器侧要用不锈钢螺丝连接。

（10）站用变、接地变安装

变压器到达现场后，检查铭牌额定容量，一、二次额定电压、电流、阻抗及接线组别等技术数据应符合设计要求。变压器就位时，应按设计要求的方位和距离尺寸就位，固定采用设计要求连接方式，并固定可靠。

油浸式变压器吸湿器与储油箱的连接管的密封应良好，管道通畅，吸湿剂应干燥；油封油位应在油面线上或按产品的技术要求进行。站用变、接地变的动力线、电热线等强电线路不得与二次弱电回路共用电缆。变压器电压切换装置各分接点与线圈的连接线压接正确，切换电压时，接线位置正确，并与指示位置一致。站用变、接地变冲击合闸前，中性点必须接地，避免造成变压器损坏事故发生。

（11）屏柜安装及二次接线

在屏柜采用人工搬运时，应派有经验的人员做现场指挥，并设专职监护人员进行现场监护，同时配备足够的施工人员，以保证人身和设备的安全。盘、柜单独或成列安装时，其垂直度、水平偏差以及盘、柜面偏差和盘、柜间接缝的允许偏差应符合规定的要求。二次屏柜内接地铜排用于各类保护接地、电缆屏蔽层接地，并有两种不同形式，一种是与柜体绝缘的接地铜排，另一种是与柜体不绝缘的接地铜排，无论是哪种形式，每根均须通过两根截面不小于25 mm^{2}铜导线与变电站主地网可靠连接。

小母线不同相或不同极的裸露载流部分之间，裸露载流部分与未经绝缘的金属体之间，电气间隙不得小于 12 mm，爬电距离不得小于 20 mm。

二次电缆接地时，不得将电缆芯两端同时接地的方法作为抗干扰措施。在已运行或已装仪表的盘上补充开孔前应编制施工措施。开孔时应防止铁屑散落到其他设备及端子上。对邻近由于震动可引起误动的保护应申请临时退出运行。

（12）电缆敷设

电缆到货后要检查外观是否良好，型号、电压等级、规格、长度应与电缆敷设清单相符，出厂资料是否齐全，测试电缆芯之间及对屏蔽层和铠装层的绝缘电阻，电阻值应符合规定要求，试验完毕必须放电。电缆支架应安装牢固，横平竖直，支架、桥架的起始端和终点端应与站主地网可靠连接，电缆支架的层间允许最小距离，当设计无规定时，按规程要求进行，但层间净距离不小于两倍电缆外径加 10 mm，10 kV 及以上的高压电缆不小于 2 倍电缆外径加 50 mm。电缆穿入带电的盘内时，盘上必须有专人接引，严防电缆触及带电部位。敷设电缆时，拐弯处的施工人员应站在电缆外侧。电缆在各层桥架布置应符合高、低压顺序，控制电缆分层敷设，并按从上至下高压、低压、控制电缆原则敷设，不得将电力电缆及控制电缆混在一起。电缆采用机械敷设时，速度不宜超过 15 m/min，牵引的强度不大于 7 kg/mm^2，电缆转弯处的侧压力不大于 3 kN/m^2。

高压电缆敷设过程中不应使电缆过度弯曲，注意电缆弯曲的半径，防止电缆弯曲半径过小损坏电缆。电缆拐弯处的最小弯曲半径应满足规范要求，对于交联聚乙烯绝缘电力电缆其最小弯曲半径单芯为直径的 20 倍，多芯为直径的 15 倍。电缆敷设时，在电缆终端和接头处应留有一定的备用长度，电缆接头处应相互错开，电缆敷设整齐不宜交叉，单芯的三相电缆宜放置“品”字形，并用相色缠绕在电缆两端的明显位置。

第九章 光伏电站的运营与维护

第一节 光伏方阵和蓄电池（组）的检查维护

一、光伏电站运行维护管理体系

（一）光伏电站运维所具备的条件

1. 业务条件

这些业务条件是为保证光伏电站安全可靠并网发电、进行相关统计、上报及结算等工作奠定基础的。主要有以下业务工作需要完成：（1）并网发电的光伏电站应取得发电业务许可证。（2）光伏发电企业应与电力公司签订完成《购售电合同》。（3）光伏电站并网点所用的关口表已在电力公司客服中心履行完成报装手续。(4)光伏发电企业已与调度中心签订完成《并网调度协议》。（5）光伏电站的设备及其构筑物均已安装施工完毕并通过竣工验收。（6）光伏电站经过电监局专业人员的安全性评价。（7）光伏电站已通过相关质量监督、环保及防雷等部门的安全检查。

2. 设备条件

光伏电站设备众多，要保证设备安装完好、试验合格、安全可靠并网发电的前提是要在设备并网调试前和过程中针对设备开展一系列的工作，主要有以下几点：（1）光伏电站相关电气设备出厂合格证齐全，主要一、二次设备、防雷设备及接地系统、变压器油样等安装完毕后经实验人员实验合格具备运行条件。（2）光伏电站并网点关口电表、CT、PT 应经供电公司校核后方可使用。（3）光伏电站相关设备遥信、遥测信息已传至集中控制室后台并按调度要求已传至调度主站系统。（4）光伏电站的相关三相交流一次电缆已经核对确认无误。（5）接入汇流箱、直流柜、逆变器的组件无正负极接反、接地、开路、过负荷等情况的发生。（6）光伏电站相关消防、安防等设施应完好、充足、可用。（7）光伏电站相关继电保护整定计算正确，配合合理，已正确输入设备，并经试验人员试验具备保护功能，相关整定值已送至调度处备案。（8）光伏电站管理者应准备一些设备必备的安全工器具及备品备件。

3. 人员条件

从目前我国新建的大多光伏电站的实际情况来看，设立人员常驻电站值班是必不可少的，对技术人员的自身素质也有很高的要求：（1）运行人员经过专业培训并具有高压电工进网作业许可证。（2）调度值班人员已经过培训并取得调控中心下发调度系统运行值班合格证书。（3）公司领导及主管生产、技术、安全部门的负责人及安全管理人员均已参加安全机构的培训考试合格，具备良好的安全管理经验和相关知识。(4)光伏电站人员应经过户内外高压开关、变压器、逆变器、直流柜、汇流箱、无功补偿装置、后台监控等厂家专业技术人员的培训，了解和掌握各个单位设备工作原理、各个部件名称、作用，维护、操作、故障判断及缺陷处理等方法。（5）光伏电站的人员应认真学习《电业安全工作规范》，掌握从事电力行业的安全知识和紧急救护知识。（6）光伏电站人员应熟悉掌握所辖电站的一、二次系统的接线方式、各个部件的电压等级，以便保证"两票"执行流程正确，工作到位。（7）光伏电站人员应掌握表计、安全工具、用具及试验仪器等的正确使用方法，新从事电站运维的值班人员须经过相关培训。

4. 安全工器具

使用合格齐备的安全工器具及劳工防护用品能大大提高人员在设备检修维护、试验等工作过程中的安全性和工作效率。安放必要的环境情况采集设备对电站在相关对比分析，资料统计有很大的用处，主要有以下几点：（1）日常检测用的工具，如万用表、钳形电流表、绝缘电阻表、验电器及点温仪等。（2）日常操作用的工具，如操作摇杆、地刀操作杆、储能摇杆等。（3）安全用具，如放电棒、安全帽、绝缘手套、接地线、安全围栏、绝缘套、绝缘挡板、标示牌、喷灯、灭火器及消防斧等。（4）检测、试验仪器，如一次试验台、二次试验台、电能质量检测仪及电缆故障检测仪等。（5）环境情况采集系统，能实时检测辐照度、风速、环境温度等设备，如光功率预测仪、环境检测仪等设备。

（二）完善的技术文件及信息管理

每个电站都要建立全面完整的技术文件资料档案，并设立专人负责电站技术文件的管理，为电站安全可靠运行提供强有力的技术基础数据支持。

1. 设备技术档案和设计施工图样档案

这是电站的基本技术档案资料，主要包括设计施工、竣工图样、验收文件；各设备的基本工作原理、技术参数、设备安装规程、设备调试的步骤；所有操作开关、旋钮、手柄以及状态和信号指示的说明；继电保护定值单；设备的运行操作步骤；电站维护的项目及内容；维护日程和所有维护项目的操作规程；电站故障排除指南以及详细的检查修理步骤等。

2. 电站运行期档案

（1）电站运行日志及班长工作日志

运行日志是班组在管理设备期间最重要的记录之一，在运行日志上记录下设备的运行状况、操作情况、报警信息、检修情况等内容便于人员及时了解和查看设备运行情况，便于汇总和整理设备在运行期内的一些情况，对电站技术改造、设备可靠性分析等设备管理工作有着非常重要的作用。班长日志的作用也很大，它能记录班组在管理人员和设备工作时的安排情况、人员的分工情况、人身设备安全情况、人员出勤情况等班组日常工作，是设备运行日志的有力补充，对顺利开展班组事物发挥巨大作用。

（2）电站缺陷登记记录

当电站出现故障时，电站操作人员要详细记录故障现象，并协同维修人员进行维修工作，故障排除后要认真填写《缺陷登记本》，缺陷登记本应体现缺陷地点、内容、发现时间、发现人及消缺意见，消缺危险点预控及事故预想、消缺人、消缺时间及验收人等内容。陕西光伏太阳能发电有限公司率先将消缺危险点预控及事故预想编进缺陷记录中去是不同于一般缺陷记录的一个创新，此做法的好处是能将危险点预控和事故预想非常方便地落到实处，并能让现场人员把事故预想工作当作一个常态性的工作开展下去。

（3）电站巡检记录

电站巡检工作也是光伏电站管理的重点工作之一，包括后台监控巡检和现场实地巡检。该工作应由专业技术人员定期进行，在巡检过程中要全面检查电站各设备的运行情况并记录相关参数。光伏电站设备虽然繁多，但设备种类并不多。一般运行人员在经过专业培训后就基本能胜任了基本的巡检任务。但人员的技术水平、责任心等情况不同就会出现巡检质量不一致的情况。在巡检管理中，管理者首先要以身作则，多去现场、多看后台监控、多检查运检记录台账、参加班前、班后会及多与设备厂家进行技术沟通等多种途径随时了解人员和设备情况。通过培训、教育、激励等方法提高人员的责任心和工作积极性，使巡检工作质量大幅提高。规模较大、设备间较多的光伏电站为了提高效率、节约成本也可引入巡检仪、视屏监控、烟感及消防报警等技防设备，从而更加有效地提高巡检质量。

3. 定期工作制度

电站的报表报送，安全工器具的定期试验，设备检查、维护、保养及试验，人员的安全教育培训等诸多工作都是定期需要完成的。要想避免疏漏，完成好这一系列的工作就要求光伏电站管理人员梳理电站的日常工作，制定一套翔实可行的定期工作表和制度，并配合制作一些定期工作记录本，安排专人定期落实和完成各项定期工作，安排专人定期检查和考核定期工作的质量并不断进行各项工作的总结。

（三）不断优化设备维护管理

组织人员讨论，不断优化维护管理，制定详细的巡检维护范围说明，保证巡检维护的质量和效率，保证巡检维护时不会出现漏项检查的现象，维护工作水平应不断提高。

1. 光伏阵列

光伏阵列设计寿命能达到 25 年以上，其故障率较低，当然由于环境因素或雷击可能会引起部件损坏。其维护工作主要如下：

保证光伏阵列采光面的清洁。在少雨且风沙较大的地区，应每月清洗一次，清洗时应先用不易结垢的清水冲洗，然后用干净柔软布将水迹擦干，切勿用有腐蚀性的溶剂冲洗，或用硬物擦拭；

有些电站还做了依靠自然风清洁电池板的尝试，主要过程是在夜间在电池板上的适当位置挂絮状物体，利用夜间的强风作用使絮状物与电池板产生摩擦，从而起到清洁电池板的作用。

定期检查光伏组件板间连接是否牢固，方阵接线盒内连线是否牢固，按需要紧固；检查光伏组件是否有损坏或异常。当光伏组件出现问题时，及时更换并详细记录组件在光伏阵列的具体安装分布位置。

检查方阵支架间的连接是否牢固，支架与接地系统的连接是否可靠，电缆金属外皮与于接地系统的连接是否可靠，按需要可靠连接；检查方阵汇流箱内防雷保护是否完好，按需要进行更换。

2. 逆变器及升压变压器

逆变器及所对应的升压变压器是并网光伏电站的核心电气设备。该套设备的正常、优质运行与电站保发电量密切相关；该套设备的低耗、高效运行是电站增发电量的强力推手。定期检查逆变器直流输入、交流输出电缆接头有无虚接发热；检查逆变器各电能参数显示均正常且无报警信息；检查相关电能曲线与实际天气相符合。定期检查升压变压器各测控装置正常；检查变压器无漏液、异音、发热及异常振动等现象；对定期检查的逆变器及升压变压器相关参数进行记录以为备案。

3. 高、低压开关

高低压开关有的是逆变器与升压变压器之间的纽带，有的是站内一次系统与电网之间的关口，有的是一次设备的辅助电源，对整个电站正常投退、安全维护起着举足轻重的作用。在投退高低压开关前后要完全遵循行业相关规定，严禁无票操作、操作前进行模拟预演、执行唱票复诵制度等。在巡检高、低压开关的过程中要仔细检查并做好记录。高低压开关的定期维护按照相关规程执行。

4. 高压架空出线

高压架空出线是保证大型并网光伏电站送出电量的生命线。对架空出线的高质量维护至关重要，日常巡检主要是检查危及线路安全运行的内容，定期进行巡线及时发现并处理缺陷，对系统安全运行作用很大。

（四）开展多种培训提高人员综合素质

目前，全国多地的光伏电站如雨后春笋般在全国各地新建和投运。优秀的光伏电站的运维和管理人员显得较为稀缺。光伏发电企业应该把培养和输送新型光伏发电管理技术人员当作一项长效机制来推行。在培训内容方面要有侧重点和针对性；在培训方式上要灵活多样；在用人机制上要选拔技术较好、技能较全面、善于协调与组织的人员担任重要的工作岗位；在绩效考核上要将培训质量和工资奖金挂钩。可通过以下途径实现：

1. 采取开展安全活动的培训方式

通过实时的开展安全日、安全周、安全月及百日安全无事故等活动。对人员开展培训考试、技术讲课比武及劳动竞赛比武，能有效提高人员的安全、技术知识水平及操作检修技能。

2. 在实践工作中提高人员运维检修技能

在日常检修及春秋大修工作中，通过人人参与检修工作，在工作前后加强人员对检修工作流程的实时教育工作，对在工作中发现的问题及时纠正，可在班前班后会上对近期检修工作进行点评、讨论工作过程中的优点与不足，使人员在实践中不断总结，在总结中不断进步，形成一种动态的人才成长机制。

3. 划分个人责任田与基础管理台账

有针对性地将电站设备进行分类划分，将电站各项安全基础管理工作层层分解，让员工参与其中，充当电站安全管理的主人，不断学习与交流，从而在提高其技术水平和职业素养的同时提高人员的荣誉感和爱岗敬业的奉献精神。

4. 采取送出去请进来的培训办法

组织人员观摩及学习其他管理水准较高的光伏发电企业或其他生产企业，让管理水平提升、技术交流成为一项常态机制；邀请设备厂家、同类电厂、安全及应急等相关领域的专业人士对电站人员进行相关领域的培训，从而拓展人员的知识面，对完成好电站日常基础管理工作有很大帮助。

我国光伏电站在运营和管理方面尚处于开始阶段，运营管理要走向成熟还有很多路要走。

二、光伏方阵的检查维护及故障排除

（一）光伏方阵的检查维护

1. 组件方阵采光面的清洗

要保持太阳能电池组件方阵采光面的清洁，如积有灰尘，可进行清扫。如有污垢清扫不掉时，可用清水进行冲洗，然后用干净的抹布将水迹擦干。切勿用有腐蚀性的溶剂清洗或用硬物擦拭。

2. 雨雪过后的清理

遇有大雨、冰雹、大雪等情况后，尽管太阳能电池方阵一般不会受到损坏，但应对电池组件表面及时进行清扫、擦拭。遇有积雪时要及时清理。

3. 组件金属支架的防腐处理

要定期检查太阳能电池方阵的金属支架有无腐蚀，并定期对支架进行油漆防腐处理。方阵支架要保持接地良好。

4. 定期检测光电参数及输出功率

使用中要定期（如 1 ~ 2 个月）对太阳能电池方阵的光电参数及输出功率等进行检测，以保证电池方阵的正常运行。

5. 定期检查组件的封装及连线接头

使用中要定期（如 1 ~ 2 个月）检查太阳能电池组件的封装及连线接头，如发现有封装开胶进水、电池片变色及接头松动、脱线及腐蚀等，要及时进行维修或更换。

6. 定期检查跟踪系统的性能

对带有极轴自动跟踪系统的太阳能电池方阵支架，要定期检查跟踪系统的机械和电气性能是否正常。

7. 定期检查直流汇流箱的使用

使用中要定期（如 1 ~ 2 个月）检查直流汇流箱内的各个电气元器件有无接头松动、脱线、腐蚀等现象。在雷雨季节，还要特别注意汇流箱内的避雷器模块是否失效，如已失效，应及时更换。

8. 定期检查清理遮挡物

定期检查方阵周边植物的生长情况，查看是否对光伏方阵造成遮挡，并及时清理。

（二）光伏方阵的故障排除

太阳能电池组件的常见故障有外电极断路、内部断路及旁路二极管短路、旁路二极管反接、热斑效应、接线盒脱落、导线老化、导线短路、背膜开裂、EVA 与玻璃分层进水、铝边框开裂、电池玻璃破碎、电池片或电极发黄、电池栅线断裂以及太阳能电池板被遮挡等。可根据具体情况检查更换或修理。

1. 太阳能电池组件的热斑效应

当太阳能电池组件或某一部分表面不清洁、有划伤或被鸟粪、树叶、建筑物阴影及云层阴影覆盖或遮挡时，被覆盖或遮挡部分所获得的太阳能辐射会减少，其相应电池片的输出功率也将随之降低。由于整个组件的输出功率与被遮挡面积不是线性关系，所以即使一个组件中只有一个电池片被覆盖，整个组件的输出功率也会大幅度降低。如果被遮挡部分只是方阵组件串的并联部分，那么问题还较为简单，只是该部分输出的发电电流将减少。如果被遮挡的是方阵组件串的串联部分则问题较为严重，一方面会使整个组件串的输出电流减少为该被遮挡部分的电流，另一方面被遮挡的电池片不仅不能发电，还会被当作负载消耗其他有光照的太阳能电池组件的能量，引起局部发热，这就是热斑效应。这种效应能严重地破坏太阳能电池，可能会使焊点熔化、封装材料破坏，甚至会使整个组件失效。产生热斑效应的原因除了以上情况外，还有个别质量不好的电池片混入电池组件，电极焊片虚焊、电池片隐裂或破损、电池片性能变坏等。

2. 防反充（防逆流）和旁路二极管

在太阳能电池方阵中，二极管是很重要的器件，常用的二极管基本都是硅整流二极管，在选用时注意规格参数要留有余量，防止击穿损坏。一般反向峰值击穿电压和最大工作电流都要取最大运行工作电压和工作电流的两倍以上。二极管在太阳能光伏发电系统中主要分为两类。

（1）防反充（防逆流）二极管

防反充二极管的作用之一是防止太阳能电池组件或方阵在不发电时，蓄电池的电流反过来向组件或方阵倒送，不仅消耗能量，而且会使组件或方阵发热甚至损坏；作用之二是在电池方阵中，防止方阵各支路之间的电流倒送。这是因为串联各支路的输出电压不可能绝对相等，各支路电压总有高低之差，或者某一支路因为故障、阴影遮蔽等使该支路的输出电压降低，高电压支路的电流就会流向低电压支路，甚至会使方阵总体输出电压降低。在各支路中串联接入防反充二极管就避免这一现象的发生。

（2）旁路二极管

当有较多的太阳能电池组件串联组成电池方阵或电池方阵的一个支路时，需要在每块电池板的正负极输出端反向并联 1 个（或 2 ~ 3 个）二极管，这个并联在组件两端的二极管就叫旁路二极管。

旁路二极管的作用是防止方阵串中的某个组件或组件中的某一部分被阴影遮挡或出现故障停止发电时，在该组件旁路二极管两端会形成正向偏压使二极管导通，组件串工作电流绕过故障组件，经二极管旁路流过，不影响其他正常组件的发电，同时也保护被旁路组件避免受到较高的正向偏压或由于“热斑效应”发热而损坏。

三、蓄电池（组）的检查维护

（一）蓄电池（组）的摆放要求

保持蓄电池室内清洁，防止尘土入内；保持室内干燥和通风良好，光线充足，但不应使阳光直射到蓄电池上。

（二）存放室严禁烟火

室内严禁烟火，尤其在蓄电池处于充电状态时。

（三）维护人员的要求

维护蓄电池时，维护人员应佩戴防护眼镜和身体防护用品，使用绝缘器械，防止人员触电，防止蓄电池短路和断路。

（四）形成定期检查制度

经常进行蓄电池正常巡视的检查项目。

（五）正确使用蓄电池

正常使用蓄电池时，应注意请勿使用任何有机溶剂清洗电池，切不可拆卸电池的安全阀或在电池中加入任何物质，电池放电后应尽快充电，以免影响电池容量。

第二节 光伏控制器与逆变器的检查维护

一、太阳能光伏控制器

光伏控制器是太阳能光伏电站的核心部件之一，也是平衡系统的主要组成部分。在小型光伏发电系统中，控制器主要用来保护蓄电池。在大中型系统中，控制器起着平衡光伏系统能量、保护蓄电池及整个系统正常工作和显示系统工作状态等重要作用。控制器可单独使用，也可和逆变器等合为一体。光伏控制器具有以下功能：（1）防止蓄电池过充电和过放电，延长蓄电池寿命。（2）防止太阳能电池板或电池方阵、蓄电池极性接反。（3）防止负载、控制器、逆变器和其他设备内部短路。（4）具有防雷击引起的击穿保护。（5）具有温度补偿的功能。（6）显示光伏发电系统的各种工作状态，包括蓄电池（组）电压、负载状态、电池方阵工作状态、辅助电源状态、环境温度状态和故障报警等。

（一）光伏控制器的分类及电路原理

光伏控制器按电路方式不同分为并联型、串联型、脉宽调制型、多路控制型、两阶段双电压控制型和最大功率跟踪型；按电池组件输入功率和负载功率的不同分为小功率型、中功率型、大功率型及专用控制器（如草坪灯控制器）等；按放电过程控制方式不同，分为常规过放电控制型和剩余电量（SOC）放电全过程控制型。对于应用了微处理器的电路，实现了软件编程和智能控制，并附带有自动数据采集、数据显示和远程通信功能的控制器，称为智能控制器。

（二）光伏控制器的主要性能特点

1. 小功率光伏控制器

（1）目前大部分小功率控制器都采用低损耗、长寿命的 MOSFET 场效应晶体管等电子开关元件作为控制器的主要开关器件。（2）运用脉冲宽度调制（PWM）控制技术对蓄电池进行快速充电和浮充充电，使太阳能发电能量得以充分利用。（3）具有单路、双路负载输出和多种工作模式。其主要工作模式有普通开 / 关工作模式（即不受光控和时控的工作模式）、光控开 / 光控关工作模式和光控开 / 时控关工作模式。双路负载控制器控制关闭的时间长短可分别设置。（4）具有多种保护功能，包括蓄电池和太阳能电池接反、蓄电池开路、蓄电池过充电和过放电、负载过压、夜间防反充电和控制器温度过高等多种保护。（5）用 LED 指示灯对工作状态、充电状况和蓄电池电量等进行显示，并通过 LED 指示灯颜色的变化显示系统工作状况和蓄电池的剩余电量等的变化。（6）有温度补偿功能。作用是不同工作环境温度下，能对蓄电池设置更合理充电电压，防止过充电和欠充电状态而造成电池充放电容量过早下降甚至过早报废。

2. 中功率光伏控制器

一般把额定负载电流大于 15A 的控制器划分为中功率控制器。其主要性能特点如下：（1）采用 LCD 液晶屏显示工作状态和充放电等各种重要信息：如电池电压、充电电流和放电电流、工作模式、系统参数和系统状态等。（2）具有自动 / 手动 / 夜间功能：可编制程序设定负载的控制方式为自动或手动方式。手动方式时，负载可手动开启或关闭。当选择夜间功能时，控制器在白天关闭负载；检测到夜晚时，延迟一段时间后自动开启负载，定时时间到，又自动地关闭负载，延迟时间和定时时间可编程设定。（3）具有蓄电池过充电、过放电、输出过载、过电压和温度过高等多种保护功能。（4）具有浮充电压的温度补偿功能。（5）具有快速充电功能：当电池电压低于一定值时，快速充电功能自动开始，控制器将提高电池的充电电压，当电池电压达到理想值时，开始快速充电倒计时程序，定时时间到后，退出快速充电状态，以达到充分利用太阳能的目的。（6）中功率光伏控制器同样具有普通充放电工作模式（即不受光控和时控的工作模式）、光控开 / 光控关工作模式和光控开 / 时控关工作模式等。

3. 大功率光伏控制器

大功率光伏控制器采用微型计算机芯片控制系统，具有下列性能特点：（1）具有LCD液晶点阵模块显示，可根据不同的场合通过编程任意设定、调整充放电参数及温度补偿系数，具有中文操作菜单，方便用户调整。（2）适应不同场合特殊要求，可避免各路充电开关同时开启和关断时引起振荡。（3）可通过LED指示灯显示各路光伏充电状况和负载通断状况。（4）1 ~ 18路太阳能电池输入控制电路，与主电路完全隔离，有极高抗干扰能力。（5）电量累计功能可实时显示电压、负载电流、充电电流、光伏电流、温度、累计光伏发电量（单位：安时或瓦时）和累计负载用电量（单位：瓦时）等参数。（6）历史数据统计显示功能，例如显示过充电次数、过放电次数、过载次数和短路次数等。（7）用户可分别设置蓄电池过充电保护和过放电保护时负载的通断状态。（8）各路充电电压检测具有“回差”控制功能，可防止开关器件进入振荡状态。（9）具有蓄电池过充电、过放电、输出过载、短路、浪涌、太阳能电池接反或短路、蓄电池接反和夜间防反充等一系列报警和保护功能。（10）可根据系统要求提供发电机或备用电源启动电路所需要的无源干节点。（11）配接RS232/485接口，便于远程遥信、遥控；PC监控软件可测实时数据、报警信息显示和修改控制参数，读取30天每天最高电压、最低电压、光伏发电量累计和负载用电量累计等历史数据。（12）参数设置具有密码保护功能且用户可修改密码。（13）过电压、欠电压、过载和短路等保护报警。多路无源输出报警或控制接点，含过充电、放电、其他发电设备启动控制、负载断开、控制器故障和水淹报警等。（14）工作模式可分为普通充放电工作模式（阶梯形逐级限流模式）和一点式充放电模式（PWM工作模式）选择设定。其中一点式充放电模式分4个充电阶段，控制更精确，更好地保护蓄电池不被过充电，对太阳能予以充分利用。（15）具有不掉电实时时钟功能，可显示和设置时钟。（16）具有雷电防护功能和温度补偿功能。

（三）光伏控制器的配置选型

根据整个系统各项技术指标并参考生产厂家提供的产品样本手册来确定。一般考虑下列几项技术指标。

1. 系统工作电压

系统工作电压指太阳能发电系统中蓄电池或蓄电池组的工作电压，根据直流负载工作电压或交流逆变器的配置选型确定，一般有12V、24V、48V、110V和220V等。

2. 额定输入电流和输入路数

控制器的额定输入电流取决于太阳能电池组件或方阵的输入电流，选型时控制器的额定输入电流应等于或大于太阳能电池的输入电流。

控制器的输入路数要多于或等于太阳能电池方阵的设计输入路数。小功率控制器一般只有一路太阳能电池方阵输入，大功率控制器通常采用多路输入，每路输入的最大电流 = 额定输入电流 / 输入路数，因此，各路电池方阵的输出电流应小于或等于控制器每路允许输入的最大电流值。

3. 控制器的额定负载电流

控制器的额定负载电流也就是控制器输出到直流负载或逆变器的直流输出电流，该数据要满足负载或逆变器的输入要求。

除上述主要技术数据要满足设计要求以外，使用环境温度、海拔高度、防护等级和外形尺寸等参数以及生产厂家和品牌也是配置选型时要考虑的因素。

二、太阳能光伏逆变器

太阳能光伏逆变器是一种将太阳能电池所产生的直流电能转换为交流电能转换装置。它使转换后交流电电压、频率与电力系统交流电的电压、频率相一致，满足各种交流用电装置、设备供电及并网发电需要。

光伏电站对逆变器的具体要求如下：（1）合理的电路结构，严格的元器件筛选，具备各种保护功能。（2）较宽的直流输入电压适应范围。（3）较少的电能变换中间环节，以节约成本、提高效率。（4）高的转换效率。（5）高可靠性，无人值守和维护。（6）输出电压、电流满足电能质量要求，谐波含量小，功率因数高。（7）具有一定的过载能力。

（一）逆变器的分类及结构原理

1. 逆变器的分类

逆变器种类很多，可以按照不同方式进行分类。

按照逆变器输出交流电的相数不同，可分为单相逆变器、三相逆变器和多相逆变器。按照逆变器逆变转换电路工作频率的不同，可分为工频逆变器、中频逆变器和高频逆变器。按照逆变器输出电压的波形不同，可分为方波逆变器、阶梯波逆变器和正弦波逆变器。

按照逆变器线路原理的不同，可分为自激振荡型逆变器、阶梯波叠加型逆变器、脉宽调制型逆变器和谐振型逆变器等。

按照逆变器主电路结构不同，可分为单端式逆变器、半桥式逆变器、全桥式逆变器、推挽式逆变器、多电平逆变结构、正激逆变结构和反激逆变结构等。其中，小功率逆变器多采用单端式逆变结构、正激逆变结构和反激逆变结构。

中功率逆变器多采用半桥式逆变结构、全桥式逆变结构等；高压大功率逆变器多采用推挽式逆变器、多电平逆变结构等。

按照逆变器输出功率大小不同，可分为小功率逆变器（< 5kW）、中功率逆变器（5 ~ 50kW）和大功率逆变器（> 50kW）。

按照逆变器隔离（转换）方式的不同，可分为带工频隔离变压器方式、带高频隔离变压器方式和不带隔离变压器方式等。

按照逆变器输出能量的去向不同，可分为有源逆变器和无源逆变器。对太阳能光伏电站来说，在并网型光伏电站中需要有源逆变器，而在离网独立型光伏电站中需要无源逆变器。

在并网型逆变器中，又可根据光伏电池组件或方阵接入方式不同，分为集中式并网逆变器、组串式并网逆变器、微型（组件式）并网逆变器和双向并网逆变器等。

2. 逆变器的电路原理与构成

逆变器主要由半导体功率器件和逆变器驱动、控制电路两大部分组成。随着技术发展新型大功率半导体开关器件和驱动控制电路出现促进逆变器快速发展和技术完善。目前逆变器多数采用功率场效应晶体管（VMOSFET）、绝缘栅极晶体管（IGBT）、门极可关断晶体管（GTO）、MOS 控制晶体管（MGT）、MOS 控制晶闸管（MCT）、静电感应晶体管（SIT）、静电感应晶闸管（SITH）以及智能型功率模块（IPM）等多种先进且易于控制的大功率器件，控制逆变驱动电路也从模拟集成电路发展到单片机控制，甚至采用数字信号处理器（DSP）控制，使逆变器向着高频化、节能化、全控化、集成化和多功能化方向发展。

逆变器根据逆变转换电路工作频率的不同分为工频逆变器和中、高频逆变器。工频逆变器首先把直流电逆变成工频低压交流电，再通过工频变压器升压成 220V/50Hz 的交流电供负载使用。工频逆变器的优点是结构简单，各种保护功能均可在较低电压下实现，因其逆变电源与负载之间有工频变压器存在，故逆变器运行稳定、可靠，过载能力和抗冲击能力强，并能够抑制波形中的高次谐波成分。但是工频变压器存在笨重和价格高的问题，而且其效率也比较低，一般不会超过 90%，同时因为工频变压器在满载和轻载下运行时铁损基本不变，所以在轻载运行时空载损耗较大，效率也较低。

高频逆变器首先通过高频 DC-DC 变换技术，将低压直流电逆变为高频低压交流电，然后经过高频变压器升压，再经过高频整流滤波电路整流成 360V 左右高频低压交流电，最后通过工频逆变电路得到 220V 的工频交流供负载使用。由于高频逆变器采用的是体积小、重量轻的高频磁性材料，因而大大提高了电路的功率密度，使逆变电源的空载损耗很小，逆变效率提高，因此在一般用电场合，特别是造价较高的光伏发电系统中，都首选高频逆变器。

逆变器的基本电路结构示意图如图 9-1 所示，由输入电路、输出电路、主逆变开关电路（简称为主逆变电路）、控制电路、辅助电路和保护电路等构成。各电路作用如下。

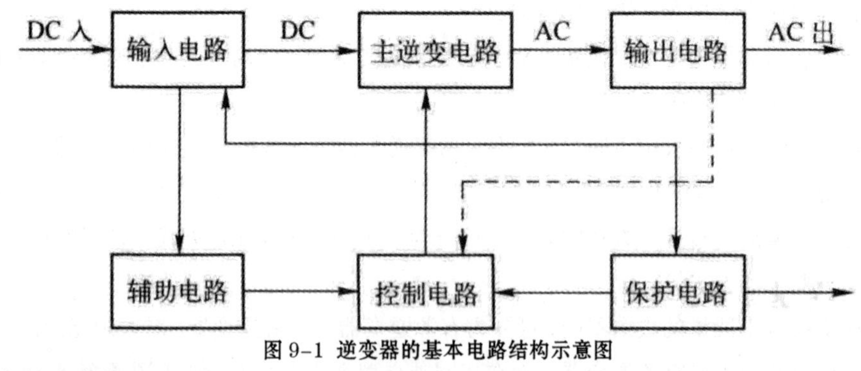

图 9-1 逆变器的基本电路结构示意图

（1）输入电路

主要作用是为主逆变电路提供可确保其正常工作直流工作电压。

（2）主逆变电路

是逆变电路的核心，主要作用是通过半导体开关器件的导通和关断完成逆变的功能。逆变电路分为隔离式和非隔离式两大类。

（3）输出电路

主要是对主逆变电路输出的交流电的波形、频率、电压、电流的幅值相位等进行修正、补偿、调理，使之能满足使用需求。

（4）控制电路

主要是为主逆交电路提供一系列的控制脉冲来控制逆变开关器件的导通与关断，配合主逆变电路完成逆变功能。

（5）辅助电路

主要是将输入电压变换成适合控制电路工作的直流电压。辅助电路还包含了多种检测电路。

（6）保护电路

主要包括输入过电压、欠电压保护，输出过电压、欠电压保护，过载保护，过电流和短路保护，过热保护等。

（二）并网型逆变器的电路及应用

1. 并网逆变器的技术要求

太阳能光伏电站并网运行，对逆变器提出了较高技术要求：（1）要求系统能根据日照情况和规定的日照强度，在使太阳能矩阵发出的电力能有效利用的限制条件下，对系统进行自动启动和关闭。（2）要求逆变器必须输出正弦波电流。光伏系统馈入公用电网的电力，必须满足电网规定的指标，如逆变器的输出电流不能含有直流分量，高次谐波必须尽量减少，不能对电网造成谐波污染。（3）要求逆变器在负载和日照变化幅度较大的情况下均能高效运行。光伏系统的能量来自太阳能，而日照强度随着气候而变化，所以工作时输入的直流电压变化较大，这就要求逆变器在不同的日照条件下都能高效运行。同时要求逆变器本身也要有较高的逆变效率，一般中小功率逆变器满载时的逆变效率要求达到 85% ~ 90%，大功率逆变器满载时的逆变效率要求达到 90% ~ 95%。（4）要求逆变器能使光伏方阵始终工作在最大功率点状态。太阳能电池的输出功率与日照、温度、负载的变化有关，即其输出特性具有非线性关系。这就要求逆变器具有最大功率跟踪功能，即不论日照、温度等如何变化，都能通过逆变器的自动调节实现太阳能电池方阵的最佳运行。（5）要求具有较高的可靠性。许多光伏发电系统处在边远地区和无人值守和维护的状态，这就要求逆变器要具有合理的电路结构和设计，具备一定的抗干扰能力、环境适应能力、瞬时过载保护能力以及各种保护功能，如输入直流极性接反保护、交流输出短路保护、过热保护和过载保护等。（6）要求有较宽的直流电压输入适应范围。太阳能电池方阵的输出电压会随着负载和日照强度、气候条件的变化而变化，对于接入蓄电池的并网光伏系统，虽然蓄电池对太阳能电池输出电压具有一定的钳位作用，但由于蓄电池本身电压也随着蓄电池的剩余电量和内阻的变化而波动，特别是不接蓄电池的光伏系统或蓄电池老化时的光伏系统，其端电压的变化范围很大。（7）要求逆变器要体积小、重量轻，以便于室内安装或墙壁上悬挂。（8）要求在电力系统发生停电时，并网光伏系统即能独立运行，又能防止孤岛效应，能快速检测并切断向公用电网的供电，防止触电事故的发生。待公用电网恢复供电后，逆变器能自动恢复并网供电。

2. 并网型逆变器的应用特点

（1）集中式并网逆变器

集中式并网逆变器就是把多路电池组串构成的方阵集中接入到一台大型的逆变器中。一般是先把若干个电池组件串联在一起构成一个组串，然后再把所有组串通过直流接线箱汇流，并通过直流接线汇流箱集中输出一路或几路后输入到集中式并网逆变器中。当一次汇流达不到逆变器的输入路数的要求时，还要进行二次汇流。这类并网逆变器容量一般为 10 ~ 1000kW。其主要特点如下：①由于光伏电池方阵要经过一次或二次汇流后输入到并网逆变器，该并网逆变器的最大功率跟踪（MPPT）系统不可能监控到每一路电池组串的工作状态和运行情况，即不可能使每一组串都同时达到各自的 MPPT 模式，所以当电池方阵因照射不均匀、部分遮挡等原因使部分组串工作状况不良时，会影响到所有组串及整个系统的逆变效率。②集中式并网逆变器系统无冗余能力，整个系统的可靠性完全受限于逆变器本身，如其出现故障将导致整个系统瘫痪，并且系统修复只能在现场进行，修复时间较长。③集中式并网逆变器通常为大功率逆变器，其相关安全技术花费较大。④集中式并网逆变器一般体积都较大、重量较重，安装时需要动用专用工具、专业机械和吊装设备，逆变器也需要安装在专门配电室内。⑤集中式并网逆变器直流侧连接需要较多的直流线缆，其线缆成本和线缆电能损耗相对较大。⑥集中式并网逆变器的光伏电站可以集中并网，便于管理。在理想状态下，集中式并网逆变器还能在相对较低的投入成本下提供较高的效率。

（2）组串式并网逆变器

组串式并网逆变器是基于模块化的概念，即把光伏方阵中每个光伏组件串输入到一台指定的逆变器中，多个光伏组串和逆变器又模块化地组合在一起，所有逆变器在交流输出端并联并网。这类逆变器的容量一般为 1 ~ 10kW。其主要特点如下：①每路组串的逆变器都有各自的 MPPT 功能和孤岛保护电路，不受组串间光伏电池组件差异和局部遮影的影响，可以处理不同朝向和不同型号的光伏组件，也可以避免部分光伏组件上有阴影时造成巨大的电量损失，提高了发电系统的整体效率。②组串式并网逆变器系统具有一定的冗余运行能力，即使某个电池组串或某台并网逆变器出现故障也只是使系统容量减小，可有效减小因局部故障而导致的整个系统停止工作所造成的电量损失，提高了系统的稳定性。③组串式并网逆变器系统可以分散就近并网，减少了直流电缆的使用，从而减少了系统线缆成本及线缆电能损耗。④组串式并网逆变器体积小、重量轻，搬运和安装都非常方便，不需要专业工具和设备，也不需要专门的配电室。直流线路连接也不需要直流接线箱和直流配电柜等。⑤组串式并网逆变器分散分布于光伏系统中，为了便于管理，对信息通信技术提出了相对较高的要求，但随着通信技术的不断发展，新型通信技术和方式的不断出现，这个问题也已经基本解决。

（3）微型并网逆变器

微型并网逆变器也叫作组件式并网逆变器或模块式并网逆变器。微型并网逆变器可以直接固定在组件前背后，每一块电池组件都对应匹配一个具有独立的DC-AC逆变功能和MPPT功能的微型并网逆变器。微型并网逆变器特别适用于1kW以内的小型光伏电站，如光伏建筑一体化玻璃幕墙等。用微型并网逆变器构成的光伏电站更为高效、可靠、智能，在光伏电站的运行寿命期内，与应用其他的光伏电站相比，发电量最高可提高25%。

微型并网逆变器有效地克服了集中式逆变器的缺陷以及组串式逆变器的不足，并具有以下一些特点：①发电量最大化。微型并网逆变器针对每个单独组件做MPPT，可以从各组件分别获得最高功率，发电总量最多可提高25%。②对应用环境适应性强。微型并网逆变器对光伏组件的一致性要求较低，实际应用中诸如出现阴影遮挡、云雾变化、污垢积累、组件温度不一致、组件安装倾斜角不一致、组件安装方位不一致、组小裂缝和组件效率衰减不均等内外部不理想条件时，问题组件不会影响其他组件，从而不会显著降低整个系统的整体发电效率。③能快速诊断和解决问题。用微型并网逆变器构成的光伏电站采用电力载波技术，可以实时监控光伏电站中第一块组件的工作状况和发电性能。④几乎不用直流电缆，但交流侧需要较多的布线成本和费用。⑤避免单点故障。传统集中式逆变器是整个光伏电站的薄弱环节和故障高发单元，微型并网逆变器的使用不但取消了这一薄弱环节，而且其分布式架构保证不会因单点故障导致整个系统停止工作。⑥施工安装快捷、简便、安全。微型并网逆变器的应用使光伏电站摆脱了危险的高压直流电路，安装时组件性能不必完全一致，因而不用对光伏组件挑选匹配，使安装时间和成本都降低了15% ~ 25%。⑦微型并网逆变器内部主电路采用了谐振式软开关技术，开关频率最高达几百千赫，兹，开关损耗小，变换频率高。同时采用体积小、重量轻的高频变压器实现电气隔离及功率变换，功率密度高，实现了高效率、高功率密度和高可靠性的需要。

三、光伏控制器和逆变器检查维护与故障处理

（一）光伏控制器和逆变器的检查维护

光伏控制器和逆变器的操作使用严格按使用说明书要求和规定进行。开机前要检查输入电压是否正常；操作时要注意开关机的顺序是否正确，各表头和指示灯的指示是否正常。

控制器和逆变器在发生断路、过电流、过电压和过热等故障时，一般都会进入自动保护而停止工作。这些设备一旦停机，不要马上开机，要查明原因并修复后再开机。

逆变器机箱或机柜内有高压，操作人员一般不打开，柜门平时锁死。

环境温度超过30℃应采取降温散热措施，防止设备故障，延长使用寿命。经常检查机内温度、声音和气味等是否异常。

控制器和逆变器的维护检修：严格定期查看控制器和逆变器各部分接线有无松动现象（如保险、电风扇、功率模块、输入和输出端以及接地等），发现接线松动要立即修复。

（二）光伏控制器的常见故障及处理

光伏控制器常见故障有因电压过高造成损坏，蓄电池极性反接损坏，因雷击造成损坏，工作

点设置不对或漂移造成充放电控制错误，空气开关或继电器触点拉弧，功率开关晶体管器件损坏等。可根据具体情况维修或更换控制器系统。

（三）逆变器的常见故障及处理

光伏逆变器常见故障有因运输不当造成损坏，因极性反接造成损坏，因内部电源失效损坏，因遭受雷击而损坏，功率开关器件损坏，因输入电压不正常造成损坏，输出保险损坏等。可根据具体情况检修或更换逆变器系统。

第三节 电站配电室及监控系统的运行维护

一、电站配电室的检查维护及故障排除

配电室是带有低压负荷的室内配电场所（也或者是安装有分配多路低压负荷开关的房间）。其功能是为低压用户或用电设施配送电能之用。主要由中压进线（可有少量出线）、配电变压器和低压配电装置组成。10kV 及以下电压等级设备的设施，可分为高压配电室和低压配电室。高压配电室一般指 6 ~ 10kV 高压开关室；低压配电室一般指 10kV 或 35kV 站用变出线的 400V 配电室（或者说低压配电室的进线一般是由 35kV 或 10kV 变配电站内的低压开关柜分配出的 400V 电缆）。配电室是供电企业的心脏，虽然配电室其结构形式简单，但建造时多预埋件和孔洞，防渗漏等级要求高，且内部布有多种高压电气设备，在使用过程中，一旦发生雨季渗漏，将严重威胁供电安全。因此，必须要对其有所要求。

（一）光伏电站对配电室的要求

1. 建筑要求

（1）高压配电室宜设不能开启的自然采光窗，窗台距室外地坪不宜低于 1.8m；低压配电室可设能开启的自然采光窗。配电室临街的一面不宜开窗。（2）配电室的门应向外开启。相邻配电室之间有门时，此门应能双向开启。（3）配电所各房间经常开启的门、窗，不宜直通相邻的酸、碱、蒸汽、粉尘和噪声严重的场所。（4）配电室应设置防止雨、雪和蛇、鼠类小动物从采光窗、通风窗、门及电缆沟等进入室内的设施。（5）配电室的顶棚、内墙表面应抹灰刷白。地（楼）面宜采用高标号水泥抹面压光。长度大于 7m 的配电室应设两个出口，并宜布置在配电室的两端。长度大于 60m 时，宜增加一个出口。当变电所采用双层布置时，位于楼上的配电室应至少设一个通向室外的平台或通道的出口。（6）配电所的电缆夹层、电缆沟和电缆室，应采取防水、排水措施。

2. 防漏措施

（1）控制墙体的裂缝

在当今施工技术水平下，无论采取什么结构形式的外墙，都很难完全避免裂缝的产生。另外配电室外墙本身存在大量的窗洞、门洞、脚手架洞、预留管线洞等薄弱部位，外墙防渗特别注意这些薄弱点。再有提高墙体材料的抗渗能力对墙体防渗有很大的帮助。选取合理的砌体材料用于

外墙砌筑，对砌块间的缝隙注重填堵，防止因浸润引起墙体渗漏。

（2）加强墙面排水

加强墙面排水常见的做法是对外墙面采取憎水处理措施。例如采用有机硅乳液对外墙面进行处理，使外墙不能被水湿润，以防止由于毛细作用引起的渗漏。

（3）推广新型涂膜防水涂料

随着防水施工工艺的推陈出新以及新型外墙防水材料（如高分子、高聚物改性沥青、沥青基等不同基料组成卷材、涂料和密封材料系列产品以及为提高刚性防水混凝土抗渗、抗裂所用的各种外加剂等）的广泛应用，外墙防渗变得越来越容易。

（4）加强使用中的维护

建筑物装修完工以后，还应加强使用管理和维护，避免因外力撞击、冻胀等环境因素导致抹灰等结构脱落，从而造成外墙的防渗漏能力降低。

3. 安全制度

（1）选择有理论与经验的人值班，严格按照安全制度执行。（2）建全管理机制，认真做好各项记录。

（二）光伏电站配电室的检查维护

1. 配电柜及输电线路的检查维护

检查配电柜的仪表、开关和熔断器有无损坏；各部件接点有无松动、发热和烧损现象；漏电保护器动作是否灵敏可靠；接触开关的触点是否有损伤。配电柜的维护检修内容主要有定期清扫配电柜，修理更换损坏的部件和仪表；更换和紧在固各部件接线端子；箱体锈蚀部位要及时清理并涂刷防锈漆。定期检查输电线路的干线和支线，不得有掉线、搭线、垂线和搭墙等现象；不得有私拉偷电现象；定期检查进户线和用户电表。

2. 防雷接地系统的检查维护

（1）每年雷雨季节前应对接地系统进行检查和维护。主要检查连接处是否紧固、接触是否良好、接地体附近地面有无异常，必要时挖开地面抽查地下隐蔽部分锈蚀情况，如果发现问题应及时处理。（2）接地网的接地电阻应每年进行一次测量。（3）每年雷雨季节前利用防雷器元件老化测试仪对运行中的防雷器进行一次检测，雷雨季节中要加强外观巡视，发现防雷模块显示窗口出现红色及时更换处理。

（三）电站配电室的故障维护

1. 交流配电柜的选型设计与故障

（1）交流配电柜的选型设计

交流配电柜是在太阳能光伏发电系统中连接在逆变器与交流负载之间的接受和分配电能的电力设备，它主要由开关类电器（如空气开关、切换开关和交流接触器等）、保护类电器（如熔断器、防雷器等）、测量类电器（如电压表、电流表、电能表和交流互感器等）以及指示灯、母线排等组成。交流配电柜按负荷功率大小分为大型配电柜和小型配电柜；按照使用场所的不同，分为户内型配电柜和户外型配电柜；按照电压等级不同，分为低压配电柜和高压配电柜。

中、小型光伏电站一般采用低压供电和输送方式，选用低压配电柜就可以满足输送和电力分配的需要。大型光伏电站大都采用高压配供电装置和设施输送电力，并入电网，因此要选用符合大型发电系统需要的高低压配电柜和升、降压变压器等配电设施。

交流配电柜一般可以由逆变器生产厂家或专业厂家设计生产并提供成型产品。当没有成型产品提供或成品不符合系统要求时，就要根据实际需要自己设计制作了。

光伏电站的交流配电柜与普通交流配电柜大同小异。也要配置总电源开关，并根据交流负载设置分路开关。面板上要配置电压表、电流表，用于检测逆变器输出的单相或三相交流电的工作电压和工作电流等。对于相同部分完全可以按照普通配电柜的模式进行选型设计，对配电柜的功能和技术要求等内容也是一样。在此主要介绍一下光伏电站中交流配电柜与普通配电柜不同部分。

①接有防雷器装置

光伏电站的交流配电柜中一般都接有防雷器装置，用来保护交流负载或交流电网免遭雷电破坏。防雷器一般接在总开关之后。

②接有发电和用电两块电度表

在可逆流的太阳能并网光伏电站中，除了正常用电计量的电度表之外，为了准确地计量发电系统馈入电网的电量（卖出的电量）和电网向系统内补充的电量（买入的电量），就需要在交流配电柜内另外安装两块电度表进行用电量和发电量的计量。

（2）交流配电柜的故障处理

无论是选购或者设计生产光伏电站所用交流配电柜，都要按下列各项技术要求进行故障处理：①选型和制造都要符合国标要求，配电和控制回路都要采用成熟可靠的电子线路和电力电子器件。②操作方便，运行可靠，双路输入时切换动作准确。③发生故障时能够准确、迅速切断事故电流，防止故障扩大。④在满足需要、保证安全性能的前提下，尽量做到体积小、重量轻、工艺好及制造成本低。⑤当在高海拔地区或较恶劣的环境条件下使用时，要注意加强机箱的散热，并在设计时对低压电器元件的选用留有一定余量，以确保系统的可靠性。⑥交流配电柜的结构应为单面或双面门开启结构，以方便维护、检修及更换电器元件。⑦配电柜要有良好的保护接地系统。主接地点一般焊接在机柜下方的箱体骨架上，前后柜门和仪表盘等都应有接地点与柜体相连，以构成完整的接地保护，保证操作及维护检修人员的安全。⑧交流配电柜还要具有负载过载或短路的保护功能。当电路有短路或过载等故障发生时，相应的断路器应能自动跳闸或熔断器熔断，断开输出。

2. 直流接线箱的选型设计与故障

直流接线箱由箱体、分路开关、总开关、防雷器件、防逆流二极管和端子板等构成。

（1）机箱箱体

机箱箱体的大小根据所有内部器件数量及排列所占用的位置确定，还要考虑布线排列整齐规范，开关操作方便，不宜搞得太拥挤。箱体根据使用场合的不同分为室内型和室外型，根据材料的不同分为铁制、不锈钢制和工程塑料制作。金属制机箱使用板材厚度一般为 1.0 ~ 1.6mm。机箱可以根据需要定制，也可以直接购买尺寸合适的机箱产品。

（2）分路开关和主开关

设置在太阳能电池方阵输入端的分路开关是为了在太阳能电池方阵组件局部发生异常或需要维护检修时，从回路中把该路方阵组件切断，与方阵分离。

主开关安装在直流接线箱的输出端与交流逆变器输入端之间。对于输入路数较少的系统或功率较小的系统，分路开关和主开关可以合二为一，只设置一种开关。但必要的熔断器等依然需要保留。当接线箱要安装到有些不容易靠近的场合时，也可以考虑把主开关与接线箱分离另行安装。

无论是分路开关还是主开关，都要采用能满足各自太阳能电池方阵最大直流工作电压和通过电流的开关器件，所选开关器件的额定工作电流要大于、等于回路的最大工作电流，额定工作电压大于、等于回路的最高工作电压。

（3）防雷器件

防雷器件是用于防止雷电浪涌侵入到太阳能电池方阵、交流逆变器和交流负载或电网的保护装置。在直流接线箱内，为了保护太阳能电池方阵，每一个组件串中都要安装防雷器件。对于输入路数较少的系统或功率较小的系统，也可以在太阳能电池方阵的总输出电路中安装。防雷器件接地侧的接线可以一并接到接线箱的主接地端子上。

（4）端子板和防反充二极管元件

端子板可根据需要选用，输入路数较多时考虑使用，输入路数较少时，则可将引线直接接入开关器件的接线端子上。端子板要选用符合国标要求的产品。

防反充二极管一般都装在电池组件的接线盒中，当组件接线盒中没有安装时，可以考虑在直流接线箱中加装。防反充二极管的性能参数已经在前面介绍过，大家可根据实际需要选用。为方便二极管与电路的可靠连接，建议安装前在二极管两端的引线上，焊接两个铜焊片或小线鼻子。

（5）直流熔断器

直流熔断器主要用于汇流箱中对可能产生的太阳能电池组串及逆变器的电流反馈所产生的线路过载及短路电流的分断。

二、监控系统的运行维护与故障排除

（一）监控测量系统与软件的选型

光伏电站中的监控测量系统是各相关企业针对太阳能光伏发电系统开发的软件平台，一般可配合逆变器系统对系统进行实时监视记录和控制，系统故障记录与报警以及各种参数的设置，还可通过网络进行远程监控和数据传输。监控测量系统运行界面一般可以显示当前发电功率、日发电量累计、月发电量累计、年发电量累计、总发电量累计和累计减少 CO_2 排放量等相关参数，还可以显示日照辐射强度、组件温度、环境温度等气象数据。逆变器各种运行数据通过 RS485 接口及 RS485/232 转换器与监控测量系统主机中的数据采集器连接。监控测量系统一般用在中大型光伏电站中，可根据光伏电站的重要性和投资预算等因素考虑选用。

（二）监控检测系统的检查维护

大型光伏电站都有完善的监控检测系统，所有跟电站运行相关的参数都会通过 RS485 通信的方式汇总并通过显示系统实时显示。

通过显示系统可看到实时显示的累计发电量、方阵电压、方阵电流、方阵功率、电网电压、电网频率、实际输出功率和实际输出电流等参数信息。在检查过程中可以通过比对存档在微型计算机上的历史记录以及相关操作手册上的数据来发现电站当前运行状况是否正常。

当发现电站运行异常时要及时找出异常原因并加以排除，如无法解决则应及时上报。

第四节 光伏电站典型故障及维修

一、智能故障诊断技术及诊断方法

智能故障诊断（IFD）是基于人工智能理论和方法的一种故障诊断新技术，被广泛应用于远程诊断领域。由于系统存在复杂性，非线性、时变性、不确定性和不完全性等，一般无法获得精确的数学模型，所以针对这种系统的故障诊断处理方法，又可称为智能化的诊断技术。智能化的故障诊断技术一般分为信号预处理方法和故障模式识别诊断方法。

（一）智能故障诊断技术

1. 基于信号检测的故障诊断技术

基于信号检测的故障诊断是根据检测所得的故障信号，通过特征提取和故障识别找出故障源。因此，基于信号检测的故障诊断，其关键在于正确选择能真正反映设备运行状态的检测参数，然后采用小波分析、信息融合等方法进行故障诊断。

2. 基于模型的故障诊断技术

基于模型的鼓掌诊断方法，其核心问题是产生残差，将残差作为故障的指示信号。其常用的诊断方法有参数辨识法、状态估计法和等价空间法等。基于模型的故障诊断方式不但能够克服专家系统知识的获取瓶颈，而且能够诊断未预测的故障，因此受到了业界的广泛关注。

3. 基于知识的故障诊断技术

此方法不需要对象的精确数学模型，而是根据人们长期的实践经验和大量故障信息设计出的一套智能计算机程序。知识有浅知识和深知识之分。目前被广泛采用的是基于浅知识和深知识相结合的智能诊断，如模糊专家系统、神经网络专家系统和故障树专家系统等。

4. 基于感知行为的故障诊断技术

基于感知行为的故障诊断能感知环境变化，并且有自识别、自处理及自适应能力，被广泛应用于航空航天飞行器、高速列车等重大工程和尖端技术领域。

（二）智能故障诊断方法

迄今为止，故障诊断方法已有数十种之多，典型的智能诊断方法有如下几种。

1. 专家系统

专家系统是把领域专家以往诊断的经验归纳成规则，并运用经验规则通过推理来进行故障诊断。专家系统由知识库、数据库、学习机、推理机、解释器、上下文、征兆获取和人机交互界面组成。

2. 模糊故障诊断方法

模糊故障诊断是指通过研究故障信号与征兆之间的模糊关系来判断系统运行状态的方法。在系统故障诊断过程中，模糊故障诊断方法能测到的是许多信号，通过信号分析得到许多故障征兆。

3. 神经网络故障诊断方法

神经网络的故障诊断方法的研究，主要集中在三个方面：一是从模式识别角度应用神经网络作为分类器进行故障诊断；二是从预测角度应用神经网络作为动态预报模型进行故障预测；三是从知识处理角度建立基于神经网络的诊断专家系统。

4. 模糊专家故障诊断方法

专家系统是一个智能计算机程序，可求解特定领域的问题，而现实中诊断领域存在的经验性专家知识往往具有模糊性，降低了知识表达的准确性，因此可以将模糊数学知识和专家经验相结合，引入到专家的模糊知识表示中。模糊专家故障诊断系统主要由传输输入、神经网络、模糊逻辑和故障输出组成。

5. 模糊神经网络故障诊断方法

神经网络是从被训练或受控的系统中抽取信息，而模糊逻辑技术最常用的是从专家中获取口头和语言信息。模糊系统和神经网络集成后则可拥有两方面的优点，既可具有神经网络的学习能力、优化能力、联想记忆能力等，又具有模糊系统类似于人类思维方式的 if-then 规则并易于嵌入专家知识。

二、光伏发电智能故障诊断系统的运用

（一）光伏电站应用智能故障诊断技术的意义

随着社会生产的日益发展，对能源的需求量在不断增加，全球范围内的能源危机也日益突出。近年来，太阳能光伏发电正在逐步由特殊应用转向民用、由辅助能源向基础能源过渡，尤其是光伏并网系统的出现，使太阳能光伏发电的应用前景更加光明。世界能源危机的提前到来，推动光伏发电在发达国家开始大规模使用。光伏电站的运行一般都是在无人值守的情况下进行的，要对地域上广泛分散的光伏系统进行监测维护是十分困难、烦琐的，需要大量的人力、物力，因此智能诊断系统应用在太阳能发电设备故障诊断中具有重大意义。

（二）光伏电站智能故障诊断系统的建立

1. 多传感器信息融合方法

太阳能光伏发电设备故障诊断系统的信息变化比较快，不能仅根据几个主要特征量就进行诊断，必须充分利用监测到的各种诊断信息，将单个传感器获取的单维信息融合起来形成多维的信息，这种信息含量比任何一个单维信息的或几个单维信息简单相加的信息量都要大得多。多传感器信息融合充分利用多个传感器资源，通过多各种传感器及其观测信息的合理支配与使用，以各种传感器在空间和时间上的互补与冗余信息可为故障的检测和分离提供诊断为依据，采用某种优化准则，产生反映环境信息特征的一致性解释和描述。信息融合的目标是基于各种传感器分别观测信息，通过对信息的优化组合导出更多的有效信息，降低信息的不确定性，将其应用到状态检测和故障诊断就能得到更加准确和可靠的信息。目前比较典型的信息融合方法有加权平均、卡尔曼滤波器、采用一致传感器的贝叶斯估计、多贝叶斯、统计决策理论、论证推理、模糊逻辑和产生式规则等。

2. 故障诊断信息集成策略

以上方法虽然能够有效地利用传感器，但系统性能过分依靠传感器性能，传感器失效可能导致整个系统性能的破坏。为了适应实际问题的需要，对太阳能光伏发电设备故障诊断，提出并实现如下的诊断信息集成策略。

（1）同一部位多传感器信息的集成

如相距很近的两个光照强度测点，如果读数相差较小，则用平均值代替该处光照强度值；同一截面相距很小的两个温度和湿度测点，如果读数相差较小可用平均值代替该点温度、湿度值。

（2）对于单个太阳能电池板传感器信息的集成

单个太阳能电池板的电流和电压值测点，则需要同一传感器不同时刻的采样数据进行分析。对单个太阳能电池板阵列的电流和电压值测点，也是需要同一传感器采集不同时刻数据进行分析。

（3）不同的电池板的传感器信息的集成

太阳能电池板在制造时有差别，因此发电的电量也是不同的，在对太阳能电池板做评估时也应该考虑。

（4）对于太阳能电池的并网电压值有关的诊断信息集成

并网电压值与太阳能电池板自身因素有关，如电池板的老化等，因此在诊断时也要加以考虑。

三、光伏电站的典型故障及处理

前面已分析了光伏电站中光伏方阵和蓄电池（组）、光伏控制器与逆变器的检查维护与故障处理。将基于事例的诊断方法引入光伏电站主要设备的故障诊断，分析了光伏电站监测与诊断系统的可靠性、使用性、可扩展性和可维护性能要求，提出了电站分布式监测和诊断系统的网络结构模型。下面研究光伏电站主要设备的一些典型故障和处理方法。

（一）电站出线开关跳闸处理

若出线开关跳闸，首先检查继保装置，查明保护动作，根据保护动作判明故障性质和范围；其次检查各级分路是否正常。

若发现异常则拉开该分路开关，对出线开关检查无异常后可以试送电一次。

若分路开关都正常，则需要对各分路逐级检查，未查明原因不得对出线开关以及母线送电。

（二）直流系统接地处理

1. 站用直流系统接地

（1）检查接地回路极性，判定接地性质。（2）在直流屏检查接地阻值。（3）采用短时拉路法确定接地所属回路。（4）需要停用保护电源、自动装置须汇报主管及以上人员。（5）如确定接地点位于直流母线上，通知检修处理。

2. 发电子系统直流接地处理

（1）检查接地相别及性质。（2）通过分段检查确定接地部位。（3）如系逆变器本身系统接地，通知厂家处理。（4）检查汇流箱避雷器是否正常。（5）检查组件回路是否正常。（6）检查汇流电缆是否正常。

（三）逆变器故障处理

1. 逆变器关闭后的处理

（1）检查、检修工作正常关闭时，需要等待 5min，待电容放电完毕后，方可打开逆变器柜门。（2）因外部电网原因导致逆变器关闭时，逆变器将自动进入重启状态，连续重启 5 次（可调）不成功后，逆变器将锁定 1 小时（可调）。（3）逆变器内部故障时，根据显示面板报警信息，判断故障类型，并及时处理汇报。

2. 直流输入不足

（1）检查直流侧刀闸确已合好，检查宜流汇流母线电压。（2）检查直流电压测量值于显示面板数值一致，若一致则确定是电压传感回路不正常，检查接线有无脱落，熔丝是否熔断，电路板有无损坏。

3. 线路准备未就绪

（1）检查交流侧刀闸确已合好，检查变压器低压侧电压在 270V 左右。（2）检查交流电压、频率测量值于显示面板数值一致，若一致则确定是线路电压传感回路不正常，检查接线有无脱落，熔丝是否熔断，电路板有无损坏。

4. 逆变器熔丝熔断

（1）检查确认逆变器熔丝是否熔断，检查逆变模块是否有损坏的 IGBT 或门极信号驱动板。（2）若模块完好，更换击穿的熔丝，并在投运前检查门极信号控制模板正常。

5. 逆变器温度高

（1）检查空气过滤器是否清洁无杂物，是否堵塞。（2）检查电风扇是否正常工作。（3）检查温度测量装置是否正常。

6. 门极反馈故障

（1）检查门极驱动板确有电压，若无电压，LED 灯不亮。（2）检查门极驱动板上的光缆连接是否良好，其他有无松动的连接线。（3）检查逆变模块是否有缺陷的 IGBT，检查门极驱动电源的输出是否正常。（4）更换门极驱动板。（5）联系厂家处理。

7. 直流输入过流

（1）检查直流电流传感器的接线是否正确、接线牢固、无脱落等。（2）检查直流母线是否有短路现象，逻辑电源 LPS4/LPS4A 是否正常。（3）将逆变器的功率调节点设定为 10%，让逆变器运行，测量实际电流是否与面板显示一致。

8. 交流输出过流

（1）检查线路传感器 CT1、CT2、CT3 和 VCSB 有无损坏，有无连接松动。（2）将逆变器的功率调节点设定为 10%，让逆变器运行，测量实际电流是否与面板显示一致，并确认三相电流是否平衡。（3）联系厂家处理。

（四）开关的典型故障

1. 开关拒绝合闸或跳跃

（1）开关拒绝合闸或跳跃的原因

操作电压或合闸电压低；接触器卡住或弹簧过紧；接触器线圈或合闸线圈烧毁；合闸回路不通或回路电阻过大（断线、操作开关辅助接点接触不良）；铁心卡涩和机械失灵；辅助接点断开过早，跳闸连杆调整不当或出现不正常的跳闸电源；防跳回路或防跳继电器不应。

（2）开关拒绝合闸或跳跃的处理

①检查直流电压及操作、合闸保险。②断开隔离开关以手动合接触器，若合闸良好，证明控制回路不良，对操作把手、辅助接点检查并用万用表或绝缘电阻表做导通试验。若合闸不良，做远方操作试验，接触器正常动作时，应对合闸保险线圈和机械部分进行检查。③检查操作开关及辅助接点动作情况，不良时由检修消除。④开关跳跃不许带电作合闸试验。⑤当控制开关在合闸位置时，绿灯闪光或红灯反复亮、熄时，应立即停止合闸，进行检查。⑥电动操作拒绝合闸，若一时查不出原因，而急需送电，只要跳闸良好，可手动合上开关送电。⑦开关拒绝合闸，应记入《设备缺陷记录本》内，如以后已能合闸，也应查明原因，消除缺陷后再投入运行。

2. 开关拒绝跳闸

（1）开关拒绝跳闸的原因

操作电压不对或操作熔丝熔断；跳闸线圈烧毁；跳闸回路不通或回路电阻过大；跳闸铁心卡住或机构不灵或失灵。

（2）开关拒绝跳闸的处理

①调整操作电压或更换熔丝。②当控制开关在分闸位置时，红灯闪光、绿灯不亮应立即停止拉闸。③以手动打闸，若仍不行，应设法用上一级开关停电，具体按不同开关分别处理：线路开关，必要时汇报调度部门后，用手动跳开开关，进行检查处理；厂用电开关，应将备用电源开关投入后，再手动跳闸，进行检查处理；主变压器开关或发电机主开关，应调整运行后，以良好开关为例，手动跳开故障开关，进行检查处理。④停电后由检修进行全面检查，在拒跳故障消除前，不得将开关投入运行。⑤对于自动跳闸的开关，必须查明跳闸原因，是保护装置的正确动作跳闸，还是由于误动作跳闸（如人员误操作，继电器误动作、操作回路故障、操作机构故障等）并进行外部检查。如果开关已经重合，则禁止对开关的操作机构和操作回路和继电保护装置进行检查。⑥停用开关发现电动跳不开时，应手动拉开开关，联系有关人员检查，拒绝跳闸的开关不得投入运行。

（五）互感器的故障处理

1. 电压互感器的故障

（1）熔丝熔断的处理

母线电压互感器熔丝熔断时，故障相绝缘监视电压表指零，高压熔丝熔断时，母线接地信号动作，发出预告声、光信号。注意三点：①按其他正常表计监视运行，并尽可能不改变运行方式。②采取安全措施，及时更换故障熔丝。③对电量计算有影响的压变熔丝熔断时，应准确记录时间，以便补加电量。

（2）内部典型故障的处理

电压互感器内部典型故障现象如下：①高压熔丝接连熔断。②内部或套管有放电声和弧光。③有焦味、烟火或大量漏油。

故障处理方法如下：拉开互感器电源侧各开关，10kV 电压互感器应汇报当值组长，断开线路电源。如有着火，应用四氯化碳等专用灭火器灭火，地面上的烟火可用干砂扑灭。

2. 电流互感器的故障

（1）故障现象

电流互感器二次开路是其典型故障，表现为表计指示失常，可能发出预告声、光信号。

（2）故障处理

①尽可能迅速地在端子板上将二次回路短路。②做好安全措施，设法降低电流，会同电气检修人员。③如故障互感器已冒烟、焦味等现象时，立即拉开该互感器回路的开关。④当电流互感器内部或充油式电压互感器中油着火时，应立即将其连接的接线切换，并用干砂或干式灭火器进行灭火。

（六）变压器的故障处理

1. 变压器温度明显升高

故障现象：温度上升。

故障处理：在正常负荷和正常冷却条件下，变压器温度较平时高出10℃或变压器负荷不变，温度不断上升，如检查冷却装置、温度计正常，则认为变压器发生内部故障，应立即将变压器停运，以防事故变大。

2. 变压器着火

首先将变压器各侧电源切断；有备用设备的，则应迅速用备用设备；迅速使用干粉或1211灭火器灭火。

3. 变压器自动跳闸

变压器自动跳闸时，如有备用变压器，应迅速启用备用设备，然后检查原因，如无备用，则需要根据指示，查明何种保护动作，跳闸时有何外部征象（如外部短路、过负荷等），经检查不是内部故障引起的，可试送一次，否则须进行检查、试验，以查明变压器跳闸的原因。

4. 变压器过负荷

故障现象如下：（1）电流指示可能超过额定值。（2）有功、无功表指示有可能增大。（3）信号、警铃有可能动作。

故障处理如下：（1）检查各侧电流是否查过额定值，及时调整运行方式，有备用变压器应立即投入。（2）检查变压器温度是否正常，同时将冷却装置全部投入。（3）对变压器及其有关系统进行全面检查，若发现异常，立即汇报处理。（4）联系调度，及时调整负荷分配。（5）如属正常过负荷，可根据正常过负荷倍数确定允许时间，并加强温度监视，若超过规定时间，则应立即减负荷。（6）如属事故过负荷，可根据允许倍数和时间运行，否则减少负荷。（7）变压器过负荷时应进行温度监视，不超过限额。（8）如温度不超过55°，则可不开电风扇在额定负荷下运行，过负荷运行时，应自动启动电明。（9）变压器过负荷运行时，应将过负荷的大小和持续时间记录入簿。

5. 变压器过流保护动作

（1）检查母线及母线上设备是否有短路，有无树枝及杂物等。（2）检查变压器及各侧设备是否有短路。（3）如系母线故障应考虑切换母线或转移负荷。（4）经检查是越级跳闸的，汇报的当值组长后，试送电。（5）试送电良好，逐路查出故障分路。（6）若因短路引起，则应在故障排除后立即送电。

6. 变压器差动保护动作

（1）检查变压器本体有无异常，检查差动保护范围内的瓷瓶是否有闪络、损坏，引线是否有短路。（2）如果差动保护范围内的设备无明显故障，应检查继电保护及二次回路是否有故障，直流回路是否两点接地。（3）经上述检查，无异常后，应在切除负荷后试送电一次，不成功时不准再送。（4）如果是继电器、二次回路、直流两点接地造成的误动，应将差动保护退出运行，将变压器送电后处理，处理好后先投“信号”位置，如果不动作再投“跳闸”位置。（5）差动保护及过流保护同时动作使变压器跳闸时，不经内部检查和试验，不得将变压器投入运行。

（七）保护装置动作后的处理

第一步，立即检查信号，看清为何信号。第二步，收集和保存动作打印报告。第三步，所有报告、记录，分析动作原因，并做详细记录。第四步，必要时立即联系厂家协助分析。

参考文献

[1] 宋洋，宋凯 . 太阳能光伏发电技术 [M]. 南昌：江西科学技术出版社 .2016.
[2] 罗晓曙 . 光伏发电技术与应用设计 [M]. 北京：科学出版社 .2016.
[3] 崔青恒，华晓峰 . 光伏发电系统电能变换 [M]. 北京：中国水利水电出版社 .2016.
[4] 廖东进，黄建华 . 光伏发电系统规划与设计 [M]. 北京：中国铁道出版社 .2016.
[5] 陈圣林，董圣英 . 光伏发电系统安装与调试 [M]. 北京：中国水利水电出版社 .2016.
[6] 金步平等 . 太阳能光伏发电系统 [M]. 北京：电子工业出版社 .2016.
[7] 裴勇生，叶云云，许洪龙 . 光伏发电系统电气控制 [M]. 北京：中国水利水电出版社 .2016.
[8] 崔健，梁强 . 光伏发电系统组态监控 [M]. 北京：中国水利水电出版社 .2016.
[9] 乔琦，吕芳，谢明辉 . 光伏发电环境友好 [M]. 北京：中国环境科学出版社 .2017.
[10] 郑雅楠 . 光伏发电的复杂不确定性建模分析及应用 [M]. 北京：中国经济出版社 .2017.
[11] 沈洁，丁玮 . 光伏发电系统设计与施工 [M]. 北京：化学工业出版社 .2017.
[12] 李天福，钱斌，潘启勇 . 新能源光伏发电及控制 [M]. 北京：科学出版社 .2017.
[13] 李婉萍 . 太阳能光伏发电技术及应用探究 [M]. 北京：原子能出版社 .2017.
[14] 杨金焕 . 太阳能光伏发电应用技术第 3 版 [M]. 北京：电子工业出版社 .2017.
[15] 乔俊强 . 太阳能光伏发电与储能技术 [M]. 北京：科学技术文献出版社 .2017.
[16] 胡昌吉 . 并网光伏发电系统设计与施工 [M]. 北京：机械工业出版社 .2017.
[17] 詹新生 . 光伏发电系统设计、施工与运维 [M]. 北京：机械工业出版社 .2017.
[18] 邱美艳 . 光伏发电系统集成 [M]. 西安：西安电子科技大学出版社 .2018.
[19] 丁男菊，朱芳 . 光伏发电系统设计与应用 [M]. 上海：上海交通大学出版社 .2018.
[20] 童巧英 . 分布式电源光伏发电 [M]. 上海：上海财经大学出版社 .2018.
[21] 程卫民，刘海波，赵鑫 . 高效光伏发电工程设计技术 [M]. 武汉：长江出版社 .2018.
[22] 廖育武，薛建科 . 光伏发电技术原理及工程应用 [M]. 武汉：华中科技大学出版社 .2018.
[23] 郭天斌，黄新剪 . 光伏发电运维 [M]. 杭州：浙江人民出版社 .2018.
[24] 毕大强，郭瑞光 . 光伏发电技术及实验 [M]. 北京：科学出版社 .2018.
[25] 赵文录，张盼辉 . 太阳能光伏发电技术 [M]. 成都：四川大学出版社 .2018.
[26] 谢军 . 太阳能光伏发电技术 [M]. 北京：机械工业出版社 .2018.

[27] 陈志磊 . 光伏发电并网认证技术 [M]. 北京：中国水利水电出版社 .2018.

[28] 王学奎 . 微型光伏发电系统创新设计与应用 [M]. 广州：华南理工大学出版社 .2019.

[29] 李钟实 . 太阳能分布式光伏发电系统设计施工与运维手册 [M]. 北京：机械工业出版社 .2019.

[30] 刘文富 . 光伏发电技术与应用 [M]. 北京：中国农业出版社 .2019.

[31] 黄建华，张要锋，段文杰 . 光伏发电系统规划与设计 [M]. 中国铁道出版社有限公司 .2019.

[32] 刘海波，喻飞 . 漂浮式水上光伏发电 [M]. 武汉：长江出版社 .2020.

[33] 蒋术，张萍 . 光伏发电建设项目档案管理手册 [M]. 北京：中国电力出版社 .2020.

[34] 沈湉 . 分布式光伏发电投资指南 [M]. 上海：立信会计出版社 .2020.

[35] 谢斌 . 光伏发电与预制外墙一体化技术规程 [M]. 北京：中国建筑工业出版社 .2020.